高等教育“十四五”系列教材
工业机器人应用创新型技能人才培养精品系列教材

工业机器人技术基础

主　编　戎新萍　王玉鹏
副主编　徐海璐　季春天

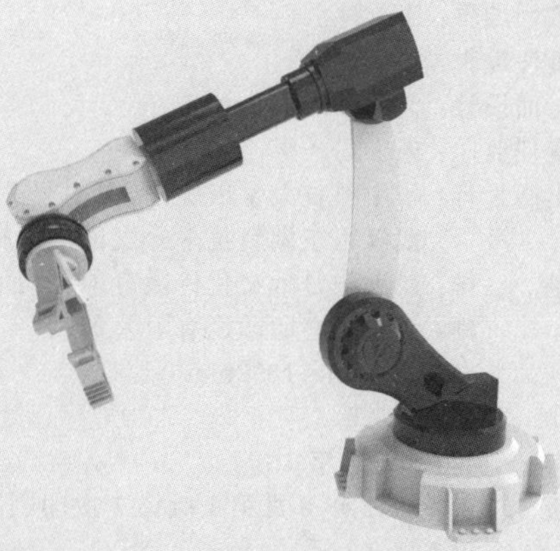

華中科技大學出版社
http://www.hustp.com
中国·武汉

内 容 简 介

本书主要介绍工业机器人系统的基本概念、结构组成、技术参数、运动学分析、动力学分析、控制系统，以及典型的机械结构设计，包括臂部、机身、腕部和手部结构，并借助 SolidWorks、ADAMS 软件对工业机器人的典型部件进行建模设计与动力学仿真分析。本书为高等院校本科生和研究生的教材，同时也可为从事工业机器人制造业研究人员提供参考。

图书在版编目(CIP)数据

工业机器人技术基础/戎新萍，王玉鹏主编. —武汉：华中科技大学出版社，2022.6
ISBN 978-7-5680-8338-6

Ⅰ.①工… Ⅱ.①戎… ②王… Ⅲ.①工业机器人-教材 Ⅳ.①TP242.2

中国版本图书馆 CIP 数据核字(2022)第 091273 号

工业机器人技术基础
Gongye Jiqiren Jishu Jichu

戎新萍　王玉鹏　主编

策划编辑：康　序
责任编辑：狄宝珠
封面设计：孢　子
责任监印：朱　玢
出版发行：华中科技大学出版社(中国·武汉)　　电话：(027)81321913
　　　　　武汉市东湖新技术开发区华工科技园　　邮编：430223
录　　排：武汉三月禾文化传播有限公司
印　　刷：武汉开心印印刷有限公司
开　　本：787mm×1092mm　1/16
印　　张：13.25
字　　数：336 千字
版　　次：2022 年 6 月第 1 版第 1 次印刷
定　　价：48.00 元

前言

PREFACE

工业机器人技术是近年来新技术发展的重要领域之一，也是衡量一个国家科技创新和高端制造业水平的重要标志。要大力围绕汽车、机械、国防军工等工业机器人应用需求，积极研发新产品，促进机器人标准化、模块化发展，扩大市场应用。

工业机器人涉及力学、机械、电子、控制技术与自动化、人工智能等学科，是一门跨学科的综合技术。因此，工业机器人技术不但在许多学校被列为机电一体化专业的必修课程，而且也成为广大工程技术人员与机电爱好者迫切需要掌握的知识。本书比较系统地介绍串联机器人本体结构、运动及动力分析、控制、三维设计及动力学仿真等基础知识，能够作为机械电子工程、机械设计制造及其自动化、机械工程等专业本科生教材，也适合这些专业研究生中的初学者使用。

本书共分 7 章，涉及工业机器人系统的基本概念、结构组成、技术参数、运动学分析、动力学分析、控制系统，以及典型的机械结构设计、三维建模与动力学仿真分析等内容。第 1 章给出了工业机器人的定义，系统性地阐述了工业机器人的发展概况及发展趋势，分析了工业机器人的组成与主要技术参数，并从不同的角度出发，对工业机器人进行了分类。第 2 章介绍了工业机器人的位姿描述、齐次变换和运算的定义，并分析了工业机器人末端执行器位姿的描述，建立了工业机器人的运动学方程，并给出了典型工业机器人正向运动学和逆向运动学的应用计算实例。第 3 章以串联机器人为研究对象，通过实例介绍与工业机器人速度和静力有关的雅可比矩阵，在工业机器人雅可比矩阵分析的基础上进行工业机器人的静力分析，利用拉格朗日方法和牛顿-欧拉方法，推导出工业机器人的动力学模型。第 4 章介绍了工业机器人控制系统的组成和几种典型的工业机器人控制方式，并对工业机器人的位置控制方式、力(力矩)控制方式进行了详细的讨论与讲解，对其控制方式控制参数的确定也进行了详细介绍；另外，还介绍了作业约束、控制策略、柔顺控制等工业机器人力控制的一些基本概念，简单分析了力和位置混合控制问题。第 5 章明确指出工业机器人的总体设计方案与设计流程，系统地分析了工业机器人的结构组成，包括机座、臂部、腕部和末端执行器四个部分，在每一部分都给出了其结构设计要点和常用的结构形式，并分析了典型的结构原理和特点；另外还介绍了工业机器人常用的传动机构，包括关节、齿轮、谐波减速器和 RV 减速器、滚珠丝杠、带传动和链传动等，并以 SCARA 为例，对其进行了一步步系统设计，指出设计过程中的要点及注意事项。第 6 章以 SolidWorks 2016 三维软件为绘图平台，对工业机器人的基座及手腕进行了一步步详细建模，并以工业机器人的手腕为例，介绍了 SolidWorks 2016 的装配过程及方法；另外还介绍了工程图的创建过程及注意事项。第 7 章以 ADAMS 2014 为仿真平台，介绍了 ADAMS/View 和 ADAMS/PostProcessor 两个模块的特点、应用与注意事项，并以最简单的二连杆模型和典型的工业机器人模型为例，来讲解 ADAMS 模型创建、添加约束、施加驱动、运动仿真及后数据处理的方法与步骤。

为了方便教学，本书还配有电子课件等教学资源包，任课教师和学生可以登录“我们爱读书”网（www. ibook4us. com）免费注册并浏览，或者发邮件至 husttujian@163. com 索取。

本书是编者在积累多年的教学、科研实践的基础上编写而成的。由于编者水平有限，书中内容难免存在不足之处，恳请广大读者给予批评指正。

编　者

2022 年 5 月

目录

CONTENTS

第1章 绪论

1.1 工业机器人的定义

工业机器人是机器人学的一个分支，是目前发展最成熟、应用最多的一类机器人。它能自动执行工作，是靠自身动力和控制能力来实现各种功能的一种机器，是面向工业领域的多关节机械手或多自由度的机器装置。它可以接受人类指挥，也可以按照预先编排的程序运行，现代的工业机器人还可以根据人工智能技术制定的原则纲领行动，具有可编程、拟人化、通用性、机电一体化等特点。虽然各国对工业机器人的定义不尽相同，但是作用、特点却是非常的相似。

1. 可编程

生产自动化的进一步发展是柔性启动化。工业机器人可随其工作环境变化的需要而再编程，因此它在小批量多品种具有均衡高效率的柔性制造过程中能发挥很好的功用，是柔性制造系统中的一个重要组成部分。

2. 拟人化

工业机器人在机械结构上有类似人的行走、腰转、大臂、小臂、手腕、手爪等部分，在控制上有电脑。此外，智能化工业机器人还有许多类似人类的“生物传感器”，如皮肤型接触传感器、力传感器、负载传感器、视觉传感器、声觉传感器、语言功能等。传感器提高了工业机器人对周围环境的自适应能力。

3. 通用性

除了专门设计的专用的工业机器人外，一般工业机器人在执行不同的作业任务时具有较好的通用性。比如，更换工业机器人手部末端操作器（手爪、工具等）便可执行不同的作业任务。

4. 机电一体化

工业机器技术涉及的学科相当广泛，归纳起来是机械学和微电子学的结合——机电一体化技术。第三代智能机器人不仅具有获取外部环境信息的各种传感器，而且还具有记忆能力、语言理解能力、图像识别能力、推理判断能力等人工智能。

这些都是微电子技术的应用，特别是与计算机技术的应用密切相关。因此，工业机器人技术的发展必将带动其他技术的发展，工业机器人技术的发展和应用水平也可以验证一个国家科学技术和工业技术的发展水平。

1.2 工业机器人的发展概况

国际上第一台工业机器人产品诞生于20世纪60年代，是人类伟大的发明之一，出生地在美国，如图1-1所示，当时其作业能力仅限于上、下料这类简单的工作，此后工业机器人进入了一个缓慢的发展期。

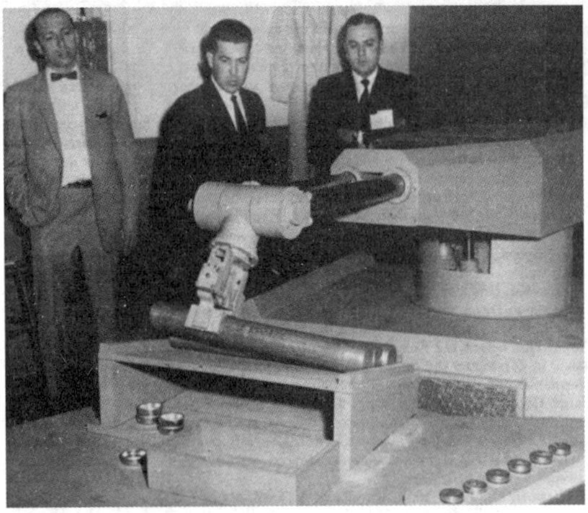

图1-1　世界上第一台工业机器人

直到20世纪80年代，工业机器人产业才得到了巨大的发展，成为机器人发展的一个里程碑，1980年被称为“机器人元年”。为满足汽车行业蓬勃发展的需要，这个时期开发出点焊机器人、弧焊机器人、喷涂机器人以及搬运机器人这四大类型的工业机器人，其系列产品已经成熟并形成产业化规模，有力地推动了制造业的发展。

随着工业机器人向更深更广方向的发展以及工业机器人智能化水平的提高，工业机器人的应用范周还在不断地扩大，已从汽车制造业推广到其他制造业，进而推广到诸如采矿机器人、建筑业机器人以及水电系统维护维修机器人等各种非制造行业。此外，在国防军事、医疗卫生、生活服务等领域机器人的应用也越来越多，如无人侦察机（飞行器）、警备机器人、医疗机器人、家政服务机器人等均有应用实例，如图1-2所示。机器人正在为提高人类的生活质量发挥着重要的作用。

图1-2　应用于各种领域的工业机器人

为了进一步提高产品质量和市场竞争力，装配机器人及柔性装配线又相继开发成功。

进入20世纪80年代以后，装配机器人和柔性装配技术得到了广泛的应用，并进入一个大发展时期。现在工业机器人已发展成为一个庞大的家族，并与数控(CN)可编程控制器(PLC)一起成为工业自动化的三大技术，应用于制造业的各个领域之中。

我国工业机器人起步于20世纪70年代，一直发展较为缓慢。自2013年以来，我国工业机器人的技术突飞猛进，主要得益于国家政策保障、宏观经济促进、社会环境推动、技术发展支撑这四个方面。

劳动力的成本增加之后，也迫使人们用机器人来代替人进行生产。同时，我们的一些关键性的核心部件逐渐国产化，对于低端的工业机器人已经实现了核心部件的国产化，但是高端还是不行；随着新技术的出现，将会促进工业机器人技术的进一步发展。从技术层次度上来说，从2015年已经开始进入了市场的启动期，我们现在正处在一个技术的快速发展期。大概在2025年左右，工业机器人技术将会在我们国内实现大发展。截至2016年全国已建和在建的工业机器人产业园区近50家，有影响力的工业机器人公司预计有800多家。具有代表性的我国工业机器人企业包括新松机器人自动化有限公司、哈尔滨博实自动化股份有限公司、南京埃斯顿自动化有限公司。

如今，全球工业机器人的市场正在蓬勃发展，所有的工业机器人都将会朝着标准化、智能化、人机协作控制、轻小化等方向发展。

1. 标准化

提高运动速度和运动精度，减轻重量和减少安装占用空间，必将导致工业机器人功能部件的标准化和模块组合化(它可以分为机械模块、信息检测模块和控制模块等)，以降低制造成本和提高可靠性。近年来，世界各国注意发展组合式机器人。它是采用标准化的组合件拼装而成的。目前，国外已经研制和生产了各种不同的标准组件。除了工业机器人用的各种伺服电机、传感器外，手臂、手腕和机身的结构也已经标准化了，如臂伸缩轴、臂升降轴、臂俯仰轴、臂摆动轴；手腕旋转轴、摆动轴、固定台身、机座、移动轴等。

2. 智能化

在多品种、小批量生产的柔性制造自动化技术中，特别是工业机器人自动装配技术中，要求工业机器人对外部环境和对象物体有自适应能力，即具有一定的"智能"，机器人的智能化是指机器人具有感觉、知觉等，即有很强的检测功能和判断功能。为此，必须开发类似人类感觉器官的传感器(如触觉传感器、视觉传感器、测距传感器等)，发展多传感器的信息融合技术。通过各种传感器得到关于工作对象和外部环境的信息，以及信息库中存储的数据、经验、规划的资料，以完成模式识别，用"专家系统"等智能系统进行问题求解、动作规划。

3. 人机协作控制

先进制造技术的发展对协作机器人学的研究与发展起着积极的促进作用。随着先进制造技术的发展，工业机器人已从当初的柔性上、下料装置正在成为高度柔性、高效率和可重组的装配、制造和加工系统中的生产设备。在这样的生产线上，工业机器人是作为一个群体工作的，不论每个工业机器人在生产线上起什么作用，它总是作为系统中的一员而存在。因此，要从组成敏捷制造生产系统的观点出发，来研究工业机器人的进一步发展。而面向先进制造环境的工业机器人柔性装配系统和工业机器人加工系统中，不仅有多机器人的集成，还有机器人与生产线、周边设备、生产管理系统以及人的集成。因此，以系统的观点来发展新的工业机器人控制系统，有大量的理论与实践的工作要做。

4. 轻小化

推动简化、更小更轻的设计，也是工业机器人发展的新机遇。随着更多尖端技术被添加到工业机器人之中，工业机器人将会变得更小、更轻，甚至于更加灵活，比如说虚拟现实和人工智能。

1.3 工业机器人的组成与主要技术参数

1.3.1 工业机器人的组成

工业机器人包括三大部分和六个子系统，其中三大部分是指机械部分、传感部分和控制部分，六个子系统是指驱动系统、机械结构系统、感受系统、机器人-环境交互系统、人-机交互系统和控制系统，如图 1-3 所示。

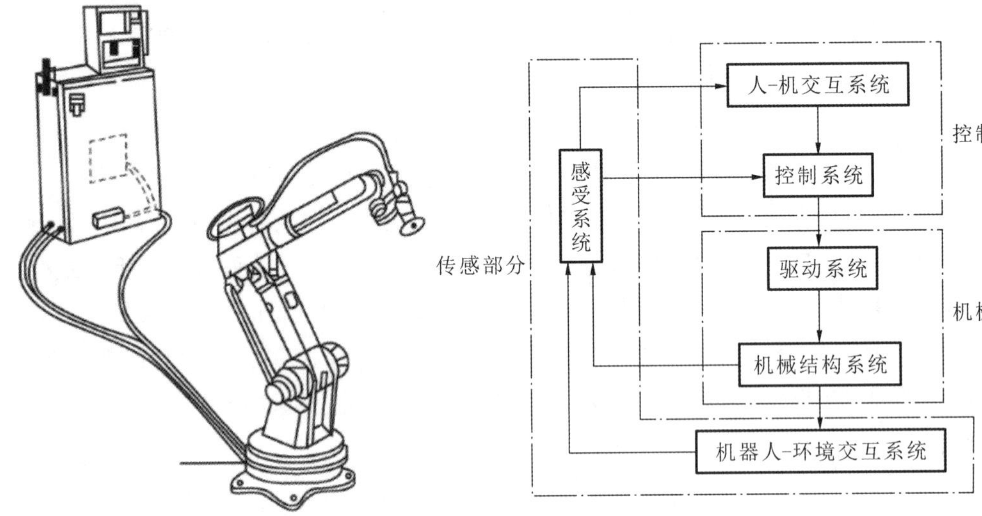

图 1-3 工业机器人的组成

1. 驱动系统

驱动系统就是为了使工业机器人运行起来，给各个关节（即每一个运动自由度）安置的传动装置。其作用是提供工业机器人各部位、各关节动作的原动力。驱动系统既可以是液压传动、气动传动、电动传动或是把它们结合起来应用的综合系统，也可以是直接驱动或者是通过同步带、链条、轮系、谐波齿轮等机械传动机构进行间接驱动。

气力驱动系统通常由气缸、气阀、气罐和空压机等组成，以压缩空气来驱动执行机构进行工作。其优点是空气来源方便、动作迅速、结构简单、造价低、维修方便、防火防爆、漏气对环境无影响，缺点是操作力小、体积大，又由于空气的压缩性大，速度不易控制、响应慢、动作不平稳、有冲击。因起源压力一般只有 60 MPa 左右，故此类工业机器人适宜抓举力要求较小的场合。

液压驱动系统通常由液动机（各种油缸、油马达）、伺服阀、油泵、油箱等组成，以压缩机油来驱动执行机构进行工作，其特点是操作力大、体积小、传动平稳且动作灵敏、耐冲击、耐振动、防爆性好。相对于气力驱动，液压驱动的工业机器人具有大得多的抓举能力，可高达上百千克。但液压驱动系统对密封的要求较高，且不宜在高温或低温的场合工作。

电力驱动是利用电动机产生的力或力矩直接或经过减速机构驱动工业机器人，以获得所需的位置、速度和加速度。电力驱动具有电源易取得，无环境污染，响应快，驱动力较大，信号检测、传输、处理方便，可采用多种灵活的控制方案，运动精度高，成本低，驱动效率高等优点，是目前工业机器人使用最多的一种驱动方法。驱动电动机一般采用步进电动机、直流伺服电动机以及交流伺服电动机。

2. 机械结构系统

工业机器人的机械结构系统是机器人的主要承载体，它由基座、手臂、关节和末端执行器等部分组成，如图1-4所示。每部分都有若干个自由度，构成一个多自由度的机械系统，若基座具备行走机构，则构成行走机器人；若基座不具备行走及腰转机构，则构成单机器人臂。手臂一般包括上臂、下臂和手腕三部分，用于完成各种简单或复杂的动作。关节通常分为滑动关节和转动关节，以实现基座、手臂、末端执行器之间的相对运动。末端执行器是直接装在手腕上的一个重要部件，它可以是二手指或多手指的手爪，也可以是喷漆枪、焊具等作业工具。

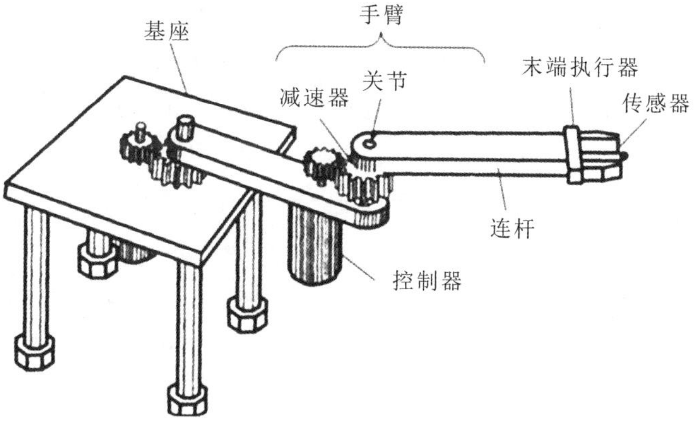

图1-4　工业机器人的机械结构系统

3. 感受系统

感受系统包括内部传感器模块和外部传感器模块，其作用是用以获取内部和外部环境状态中有价值的信息。由于智能传感器的使用工业使机器人的机动性、适应性和智能化水平得以提高。虽然人类的感受系统对感知外部世界信息是极其灵敏的，但对于一些特殊的信息，传感器比人类的感受系统更准。

感受系统按其采集信息的位置，一般可分为内部和外部两类传感器。内部传感器是完成工业机器人运动控制所必需的传感器，如位置、速度传感器等，用于采集机器人内部信息，是构成工业机器人不可缺少的基本元件。外部传感器检测机器人所处环境、外部物体状态或机器人与外部物体的关系。常用的外部传感器有力觉传感器、触觉传感器、接近觉传感器、视觉传感器等。工业机器人传感器的分类如表1-1所示。

传统的工业机器人仅采用内部传感器，用于对机器人运动、位置及姿态进行精确控制。使用外部传感器，使得机器人对外部环境具有一定程度的适应能力，从而表现出一定程度的智能。

表 1-1 工业机器人传感器的分类

内部传感器	用途	机器人的精确控制
	监测的信息	位置、角度、速度、加速度、姿态、方向等
	所用传感器	微动开关、光电开关、差动变压器、编码器、电位计、旋转变压器、测速发电机、加速度计、倾角传感器、力(或力矩)传感器等
外部传感器	用途	了解工件、环境或机器人在环境中的状态，对工件的灵活、有效地操作
	监测的信息	工件和环境：形状、位置、范围、质量、姿态、运动、速度等； 机器人与环境：位置、速度、加速度、姿态等； 对工件的操作：非接触(间隔、位置、姿态等)、接触(障碍检测、碰撞检测等)、触觉、夹持力等
	所用传感器	视觉传感器、光学测距传感器、超声波测距传感器、触觉传感器、电容传感器、电磁感应传感器、限位传感器、应变片等

4. 机器人-环境交互系统

机器人-环境交互系统是实现工业机器人与外部环境中的设备相互联系和协调的系统，其包括硬件环境和软件环境，与硬件环境交互的主要是与外部设备的通信，与软件环境交互的主要是与生产单元监控计算机所提供的管理信息系统的通信。工业机器人与外部设备集成为一个功能单元，如加工制造单元、焊接单元、装配单元等。当然，也可以是多台工业机器人、多台机床或设备、多个零件存储装置等集成为一个去执行复杂任务的功能单元。

5. 人-机交互系统

人-机交互系统是使操作人员参与机器人控制并与工业机器人进行联系的装置。例如，计算机的标准终端、指令控制台、信息显示板、危险信号报警器等。该系统归纳起来分为两大类：指令给定装置和信息显示装置。人-机交互技术是计算机用户界面设计中的重要内容之一。它与认知学、人机工程学、心理学等学科领域有密切的联系。

6. 控制系统

控制系统的任务是根据工业机器人的作业指令程序以及从传感器反馈回来的信号支配工业机器人的执行机构去完成规定的运动和功能。假如工业机器人不具备信息反馈特征，则为开环控制系统；若具备信息反馈特征，则为闭环控制系统。根据控制原理，控制系统可分为程序控制系统、适应性控制系统和人工智能控制系统。根据控制运动的形式，控制系统可分为点位控制和轨迹控制。

工业机器人的位置控制方式有点位控制和连续路径控制两种。其中，点位控制方式只关心工业机器人末端执行器的起点和终点位置，而不关心这两点之间的运动轨迹，这种控制方式可完成无障碍条件下的点焊、上下料、搬运等操作。连续路径控制方式不仅要求工业机器人以一定的精度到达目标点，而且对移动轨迹也有一定的精度要求，如机器人喷漆、弧焊等操作。实质上这种控制方式是以点位控制方式为基础，在每两点之间用满足精度要求的位置轨迹插补算法实现轨迹连续化的。

1.3.2 工业机器人的主要技术参数

工业机器人的技术参数是各工业机器人制造商在产品供货时所提供的技术数据。尽管各厂商提供的技术参数不完全一样，工业机器人的结构、用途等有所不同，且用户的要求也不同，但工业机器人的主要技术参数一般应有自由度、定位精度、工作范围、速度和加速度、承载能力、分辨率等。

1. 自由度

自由度是指工业机器人所具有的独立坐标轴运动的数目，不应包括手爪（末端执行器）的开合自由度。工业机器人的自由度反映工业机器人动作、摆动或旋转动作，手部的动作不包括在内，一般以轴的直线位移、摆动或旋转动作的数目来表示。在三维空间中描述一个物体的位置和姿态（简称位姿）需要六个自由度。但是，工业机器人的自由度是根据其用途而设计的，可能小于六个自由度，也可能大于六个自由度。例如，A4020 型装配机器人具有四个自由度，如图 1-5 所示，可以在印刷电路板上接插电子器件；PUMA 562 机器人具有六个自由度，如图 1-6 所示，可以进行复杂空间曲面的弧焊作业。

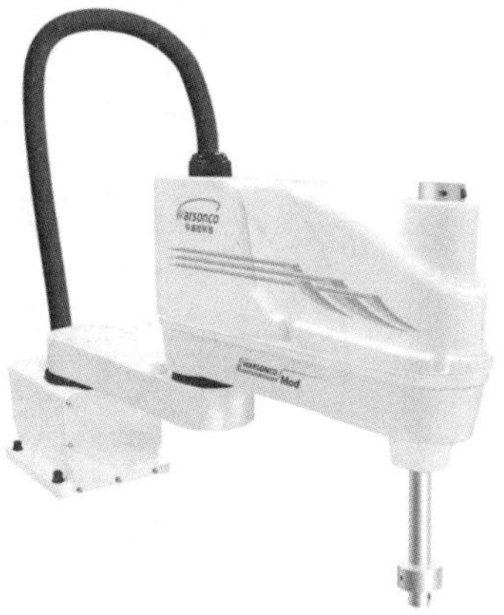

图 1-5　A4020 型装配机器人

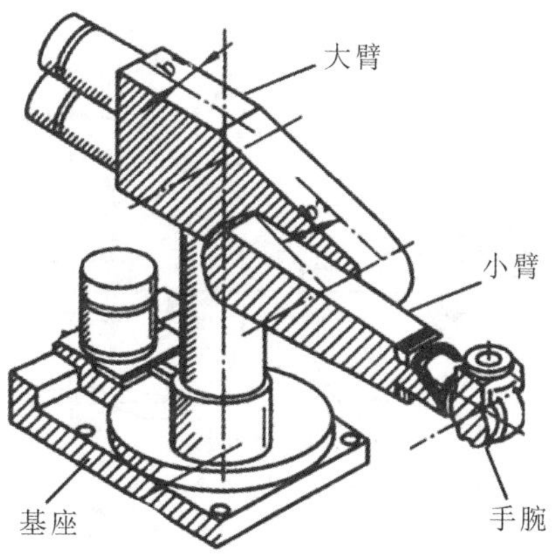

图 1-6　PUMA 562 工业机器人

从运动学的观点看，在完成某一特定作业时具有多余自由度的工业机器人，就叫作冗余自由度机器人。例如，PUMA 562 机器人去执行印刷电路板上接插电子器件的作业时，就成为冗余自由度机器人。利用冗余自由度可以增加机器人的灵活性、躲避障碍物和改善动力性能。人的手臂（大臂、小臂、手腕）共有七个自由度，所以工作起来很灵巧，手部可回避障碍而从不同方向到达同一个目的点。

2. 定位精度

工业机器人精度是指定位精度和重复定位精度。定位精度是指工业机器人手部实际到达位置与目标位置之间的差异。重复定位精度是指在相同的位置命令下，工业机器人连续若干次运动轨迹之间的误差度量，可以用标准偏差这个统计量来表示，它用来衡量一列误差值的密集度（即重复度），如图 1-7 所示。

工业机器人的定位精度主要依存于机械误差、控制算法误差与分辨率系统误差。其中，机械误差主要产生于传动误差、关节间隙与连杆机构的挠性。而传动误差是由齿轮传动误差、螺距传动误差等所引起的，关节间隙是由关节处的轴承间隙、谐波齿隙等引起的，连杆机构的挠性随工业机器人位姿、负载的变化而变化。

3. 工作范围

工作范围是指工业机器人手臂末端或手腕中心所能到达的所有点的集合，也叫工作区域。因为末端执行器的尺寸和形状是多种多样的，为了真实反映工业机器人的特征参数，所

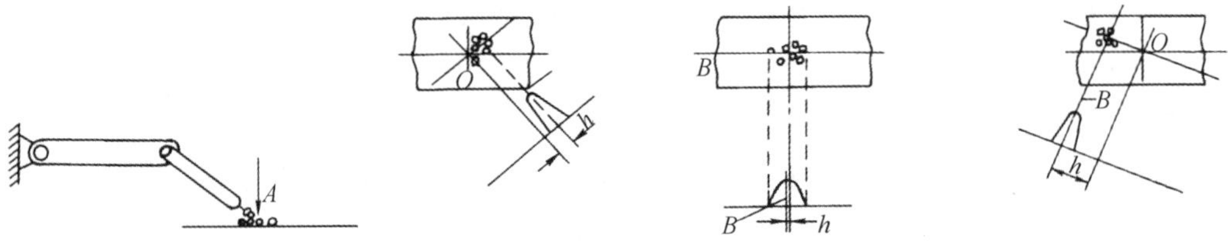

(a) 重复定位精度的测量　(b) 合理定位精度，良好重复定位精度　(c) 良好定位精度,很差重复定位精度　(d) 很差定位精度，良好重复定位精度

图 1-7　工业机器人定位精度和重复定位精度的典型情况

以这里是指不安装末端执行器时的工作区域。工作范围的形状和大小是十分重要的，工业机器人在执行作业时可能会因为存在手部不能到达的作业死区(dead zone)而不能完成任务。图 1-8 和图 1-9 所示分别为 PUMA 机器人和 A4020 机器人的工作范围。

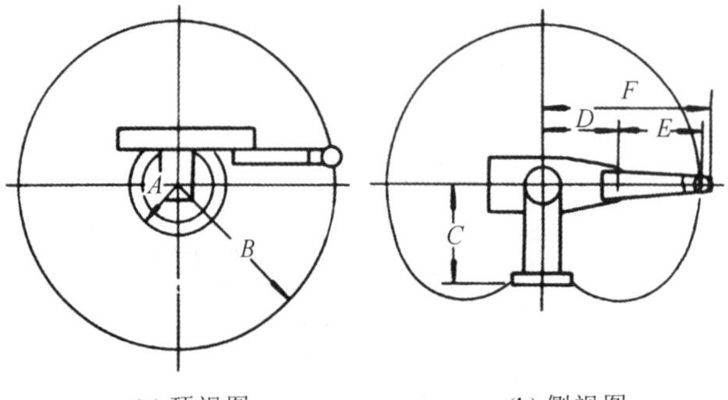

(a) 顶视图　(b) 侧视图

图 1-8　PUMA 机器人工作范围

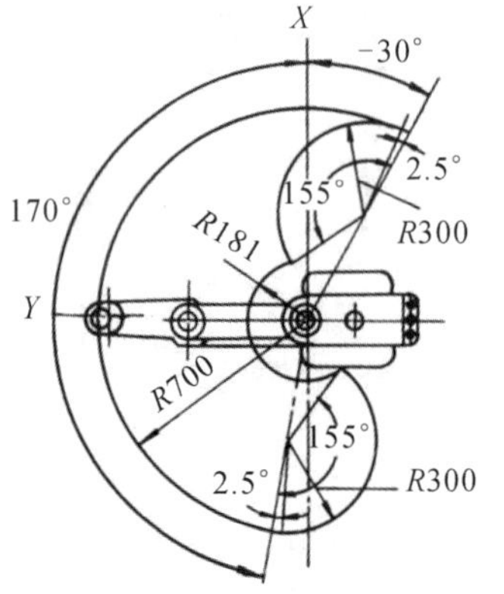

图 1-9　A4020 型 SCARA 机器人工作范围

4. 速度和加速度

速度和加速度是表明工业机器人运动特性的主要指标。说明书中通常提供了主要运动自由度的最大稳定速度,但在实际应用中单纯考虑最大稳定速度是不够的。这是因为由于驱动器输出功率的限制,从启动到达最大稳定速度或从最大稳定速度到停止,都需要一定时间。如果最大稳定速度高,允许的极限加速度小,则加减速的时间就会长一些,对应用而言的有效速度就要低一些。反之,如果最大稳定速度低,允许的极限加速度大,则加减速的时间就会短一些,这有利于有效速度的提高。但如果加速或减速过快时,有可能引起定位时超调或振荡加剧,从而使得末端执行器到达目标位置后需要等待振荡衰减的时间增加,则也可能使有效速度反而降低。所以,考虑工业机器人运动特性时,除注意最大稳定速度外,还要注意其最大允许的加减速度。

5. 承载能力

承载能力是指工业机器人在工作范围内的任何位姿上所能承受的最大质量。负载大小主要考虑工业机器人各运动轴上的所受的力和力矩,包括手部的重量、抓取工件的重量,以及由运动速度变化而产生的惯性力和惯性力矩。一般低速运行时,承载能力大,为安全起见,规定在高速运行时所能抓取的工件重量作为承载能力的指标。

工业机器人有效负载的大小除受到驱动器功率的限制外,还受到杆件材料极限应力的限制,因而它又和环境条件(如地心引力)、运动参数(如运动速度、加速度以及它们的方向)

有关。如加拿大臂，它的额定可搬运质量为 15 000 kg，在运动速度较低时能达 30 000 kg。然而，这种负荷能力只是在太空中失重条件下才有可能达到，在地球上，该手臂本身的重量 450 kg，它连自重引起的臂杆变形都无法承受，更谈不上搬运质量了。

6. 分辨率

分辨率是指工业机器人每根轴能够实现的最小移动距离或最小转动角度。分辨率分为编程分辨率与控制分辨率，统称为系统分辨率。编程分辨率是指程序中可以设定的最小距离单位，又称为基准分辨率。工业机器人的分辨率由系统设计检测参数决定，并受到位置反馈检测单元性能的影响，反映了实际需要的运动位置和命令所能够设定的位置之间的差距，且工业机器人的运动精度和分辨率不一定相关。

1.4 工业机器人的分类

工业机器人是由操作机(机械本体)、控制器、伺服驱动系统和传感装置构成的一种仿人操作、自动控制、可重复编程、能在三维空间完成各种作业的机电一体化设备。关于工业机器人的分类，国际上没有制定统一的标准，可以按机械结构、操作机的坐标形式和技术等级等方式进行分类，如图 1-10 所示。

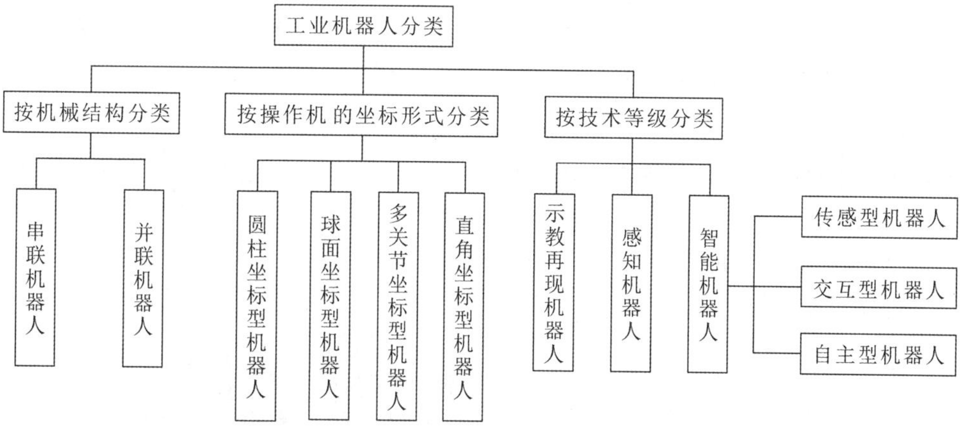

图 1-10　工业机器人的分类

1.4.1 按机械结构分类

工业机器人按机械结构可分为串联机器人和并联机器人，串联机器人可叠加速度，灵活性好，并联机器人可叠加力，刚性较好，各有各的优缺点。因此，不管是串联机器人还是并联机器人，都已成为工业机器人领域并驾齐驱的两架“马车”，共同推动工业机器人向前发展。

1. 串联机器人

串联机器人由一系列转动关节或移动关节串联形成的，第一个关节臂的尾端连着第二个关节臂的起始端，利用驱动器来驱动各个关节的运动从而带动连杆的相对运动，使工业机器人末端达到合适的位姿。其可定义为末端的执行装置通过一个独立的运动链相连接，机构具有两个或两个以上自由度，且以串联方式驱动的一种开环机构，类似人的手臂。一种六自由度的串联机器人如图 1-11 所示。

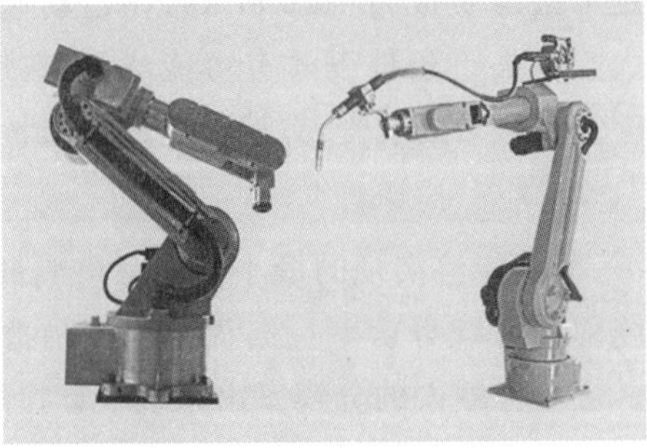

图 1-11　六自由度的串联机器人

串联结构机器人需要使用减速器，每个关节的驱动功率不同，所以电机型号也不相同。其从基座至末端执行器，需要经过腰部、下臂、上臂、手腕、手部等多级运动部件的串联，因此，当腰部回转时，安装在腰部上的下臂、上臂、手腕、手部等都必须进行相应的空间移动；而当下臂运动时，安装在下臂上的上臂、手腕、手部等也必须进行相应的空间移动。这种后置部件随同前置轴一起运动的方式无疑增加了前置轴运动部件的负载。

另一方面，在工业机器人作业时，执行器在抓取物体时所受的反作用力也将从手部、手腕依次传递到上臂、下臂、腰部，最后到达基座，即末端执行器的受力状况将逐步串联传递到基座。因此，工业机器人前端的构件在设计时不但要考虑负担后端构件的重力，而且还要承受作业时的反力。为了保证刚性和精度，每个部件的构件都得有足够大的体积和质量。由此可见，串联结构的工业机器人必然存在移动部件质量大、系统刚度低等固有缺陷。

2. 并联机器人

并联机器人是指动平台和定平台通过至少两个独立的运动链相连接，机构具有两个或者两个以上的自由度，以并联方式驱动的一种闭环机器人。运动平台和运动支链之间构成一个或多个闭环机构，通过改变各个支链的运动状态，使整个机构具有多个可以操作的自由度。六足并联机器人如图 1-12 所示。

图 1-12　六足并联机器人

并联机器人虽然不能够像单臂、双臂这样的串联工业机器人那样做复杂的硬性工作，但它却在柔性制造和应用领域具有独特的优势。这类设备主要用于精密紧凑的应用场合，竞争点主要集中在速度、重复定位精度和动态性能等方面。未来，随着技术不断成熟和完善，并联机器人将会进入更多的相关领域，成为人类生活中密不可分的重要部分。

并联机器人不需要减速器，成本比较低，所有关节的驱动功率相同，易于产品化，且其结构理论上具有刚度高、质量轻、结构简单、制造方便等特点。但是，并联结构的机器人所需要的安装空间较大，机器人在笛卡儿坐标系上的定位控制与位置检测等方面均有相当大的技术难度，因此，其定位精度相对较低。

1.4.2 按操作机的坐标形式分类

工业机器人按照操作机的坐标形式可分为圆柱坐标型机器人、球面坐标型机器人、多关节坐标型机器人和直角坐标型机器人四大类。

1. 圆柱坐标型机器人(RPP)

圆柱坐标型机器人主要由旋转基座、垂直移动和水平移动的轴构成，具有一个回转和两个平移的自由度。水平移动关节装在垂直柱子上，能自由伸缩，并可沿垂直柱子上下运动。垂直柱子安装在底座上，并与水平移动关节一起绕底座转动，这种工业机器人的工作空间就形成一个圆柱面，如图 1-13 所示。

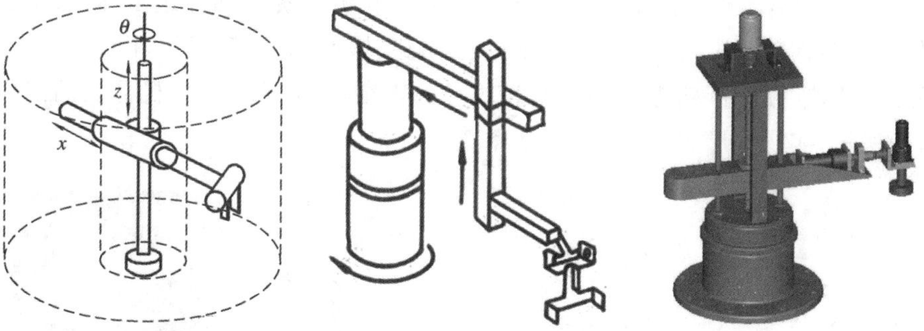

(a) 工作空间图　　(b) 结构示意图　　(c) 实物外形图

图 1-13　圆柱坐标型机器人

该种形式的工业机器人运动学模型简单，空间尺寸较小，工作范围较大，直线部分可采用液压驱动，因此末端执行器能获得较高的运动速度。但是它的手臂可以到达的空间受到限制，不能到达近立柱或近地面的空间，且直线驱动部分难以密封、防尘，后臂工作时会碰到工作范围内的其他物体，且末端执行器离 z 轴越远，其切向线位移的分辨精度就越低。一般应用于多品种、大批量的柔性化作业，尤其是搬运工作。

2. 球面坐标型机器人(RRP)

球面坐标型机器人像坦克的炮塔一样，由回转、旋转、平移的自由度组合构成。它用一个滑动关节和两个旋转关节来确定部件的位置，再用一个附加的旋转关节确定部件的姿态。这种机器人可以绕中心轴旋转，机械手能够做里外伸缩移动、在垂直平面内摆动以及绕底座在水平面内转动，因此，这种机器人的工作空间形成球面的一部分，称为球面坐标型机器人，如图 1-14 所示。

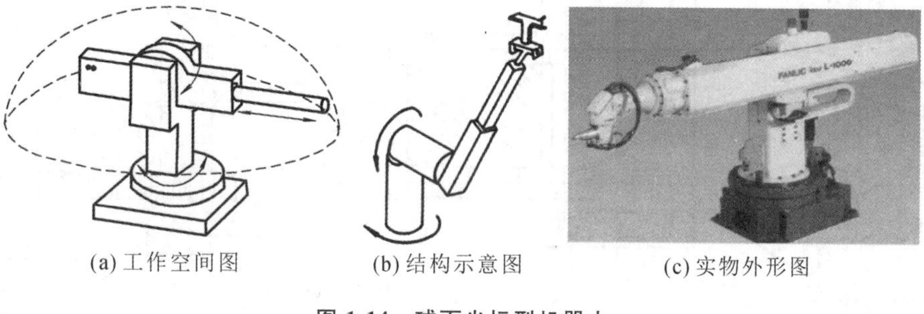

(a) 工作空间图　　(b) 结构示意图　　(c) 实物外形图

图 1-14　球面坐标型机器人

该类型工业机器人中心支架附近的工作范围大，伸缩关节的线位移恒定，两个转动驱动装置容易密封，且由于其具有俯仰自由度，因此还能将臂伸向地面，完成从地面提取工件的任务。但该坐标复杂，轨迹求解较难，难于控制，且转动关节在末端执行器上的线位移分辨率是一个变量；另外，直线驱动装置仍存在密封及工作死区的问题。

3. 多关节坐标型机器人（RRR）

多关节坐标型机器人主要由底座、大臂和小臂构成，即由回转和旋转自由度构成。它可以看成是仿人手臂的结构，大臂和小臂可在通过底座的垂直平面内运动，其结构示意图如图1-15(a)所示，其中，θ是底座绕铅垂轴的转角，φ是过底座的水平线与大臂之间的夹角，α是小臂相对于大臂的转角。大臂和小臂间的关节称为肘关节，大臂和底座间的关节称为肩关节。这种结构对于确定三维空间上的任意位置和姿态是最有效的，与其他类型的执行器相比，它占据空间最小，工作范围最大，此外还可以绕过障碍物提取和运送工件，对于各种各样的自动化作业都有良好的适应性，如自动装配、喷漆、搬运、焊接等工作，但其坐标计算和控制比较复杂，且难以达到高精度。其工作范围比较复杂，多关节坐标型机器人的工作范围如图1-15(b)所示，实物外形如图1-15(c)所示。

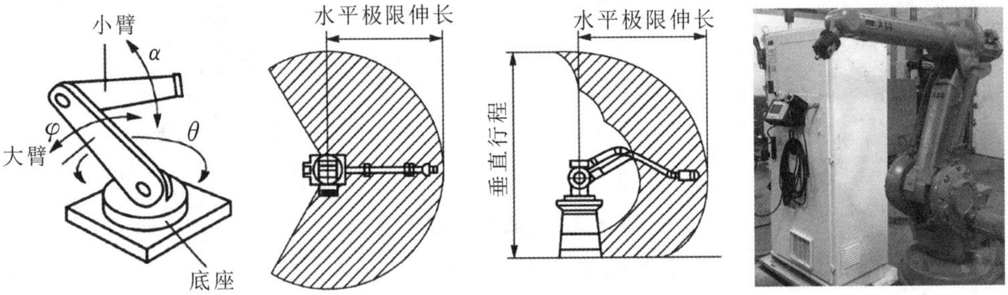

(a) 结构示意图　(b) 工作范围图　(c) 实物外形图

图1-15　多关节坐标型机器人

4. 直角坐标型机器人（PPP）

直角坐标型机器人是一种最简单的结构，其手臂按直角坐标形式配置，即通过三个相互垂直轴线（x、y、z轴）上的移动来改变手部的空间位置。其结构示意图如图1-16(a)所示，工作范围如图1-16(b)所示，可多自由度运动，每个运动自由度之间的空间夹角为直角，这种类型的工业机器人是自动控制的，可重复编程，所有的运动均按程序运行，且其结构简单、精度高、可靠性高，坐标计算和控制也都极为简单，可应用于多品种、批量化的柔性作业。它的不足是空间尺寸较大，运动的灵活性相对较差，运动的速度相对较低。

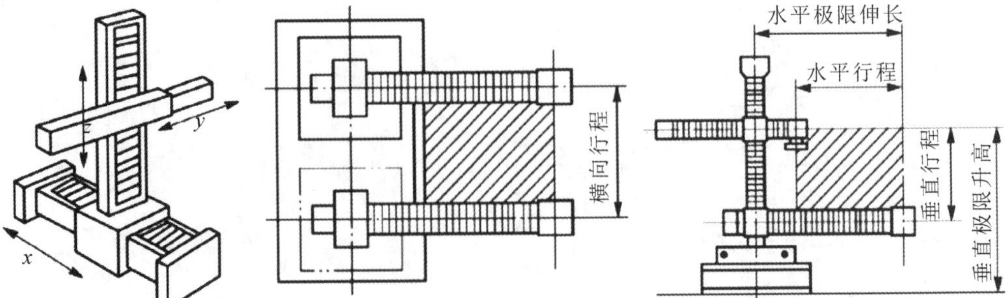

(a) 结构示意图　(b) 工作范围图

图1-16　直角坐标型机器人

直角坐标型机器人按其结构可分为悬臂式和龙门式两类。悬臂式机器人约束在平行于笛卡尔坐标轴 x、y、z 的方向上进行移动，运动的范围有限，刚性较差，但约束较少，重复性较高，如图 1-17(a)所示；龙门式机器人的机座固定于可移动的平面上，其精度高、负载大，但对维护人员的技术要求比较高，加工路线不容易控制，检修不方便，如图 1-17(b)所示。

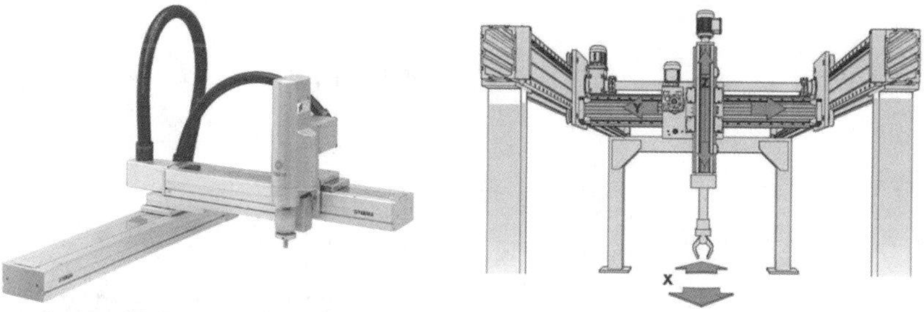

(a) 悬臂式直角坐标型机器人　　(b) 龙门式直角坐标型机器人

图 1-17　实物外形图

1.4.3　按技术等级分类

用工业机器人代替人进行作业时，必须预先对工业机器人发出指示，规定工业机器人应该完成的动作和作业的具体内容，这个过程就称为程序输入。工业机器人按程序输入的技术等级可分为示教再现机器人、感知机器人、智能机器人三类，其中智能机器人又分为传感型机器人、交互型机器人、自主型机器人。

1. 示教再现机器人

示教再现机器人是第一代工业机器人。示教是一种工业机器人的编程方法，示教分为三个步骤："示教""存储""再现"。"示教"就是工业机器人学习的过程，在这个过程中，操作者要手把手教会机器人做某些动作；"存储"就是工业机器人的控制系统会以程序的形式将示教的动作记忆下来；工业机器人按照示教时记忆下来的程序展现这些动作，就是"再现"过程。示教的繁简，标志着机器人自动化水平的高低。示教再现机器人的工作原理如图 1-18(a)所示。

示教的方式主要分为人工引导式、主从式、编程式和示教盒。

人工引导式，由有经验的操作人员移动机器人的末端执行器，计算机记忆各自由度的运动过程，这种操作方式比较简单，但精度受操作者的技能限制，人工引导示教如图 1-18(b)所示。

主从式，即由结构相同的大、小两个机器人组成，当操作者对主动小机器人手把手进行操作控制的时候，由于两机器人所对应关节之间装有传感器，所以从动小机器人可以以相同的运动姿态完成所示教操作。

编程式，即运用上位机进行控制，将示教内容以程序的格式输入到计算机中，当再现时，按照程序语句一条一条地执行。这种方法除了计算机外，不需要任何其他设备，简单可靠，适用小批量、单件机器人的控制。

示教盒，与上位控制的方法大体一致，只是在示教盒中由单片机代替了电脑，从而使示教过程简单化。它相当于键盘，有回零、示教方式、数字、输入、编辑、启动、停止等键，示教盒的产品外形如图 1-18(c)所示。这种方法由于成本较高，所以适用于较大批量成型的产品中。

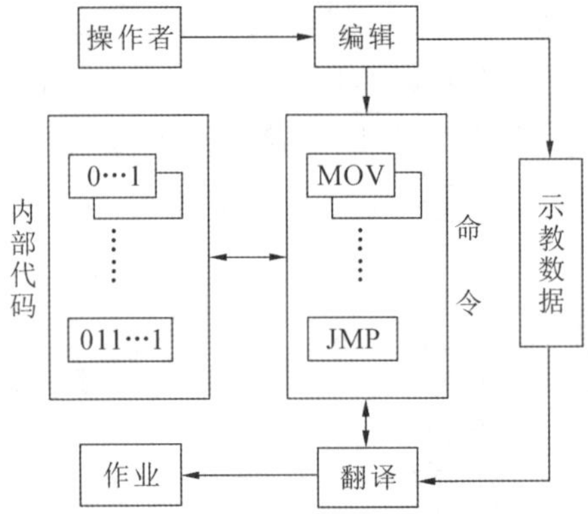

(a) 示教再现机器人的工作原理

(b) 人工引导示教

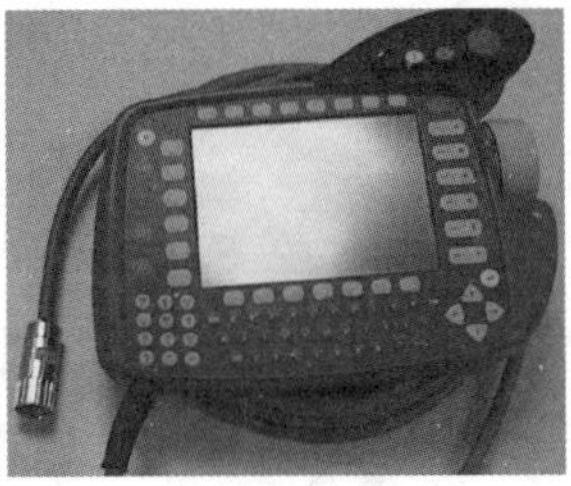

(c) 示教盒

图 1-18　示教再现机器人

2. 感知机器人

感知机器人是第二代机器人，它带有一些可感知环境的传感器，对外界环境有一定的感知能力，能在一定程度上适应环境的变化，目前已经进入应用状态。工作时，根据感觉器官(传感器)获得的信息，通过反馈控制，使工业机器人能在一定程度上灵活调整自己的工作状态，保证在适应环境的情况下完成工作，这样的技术现在正在越来越多地应用在工业机器人身上。例如，焊缝跟踪技术，在机器人焊接的过程中，一般通过示教方式给出机器人的运动曲线，机器人携带焊枪走这个曲线进行焊接。这就要求工件的一致性好，也就是说工件被焊接的位置必须十分准确；否则，机器人行走的曲线和工件上的实际的焊缝位置将产生偏差。焊缝跟踪技术是在机器人上加一个传感器，通过传感器感知焊缝位置，再通过反馈控制，机器人自动跟踪焊缝，从而对示教的位置进行修正。配备视觉和触觉的感知机器人分别如图 1-19(a)和图 1-19(b)所示。

(a) 配备视觉的感知机器人

(b) 配备触觉的感知机器人

图 1-19　感知机器人

3. 智能机器人

智能机器人是第三代工业机器人，具有发现问题，并且能自主解决问题的能力，尚处于实验研究状态。随着科学技术突飞猛进的发展，科技产品日益成为我们生活中几乎无时不在、无处不在、无所不在的客观存在，而智能机器人就是机械技术、电子技术、信息技术有机结合的产物。智能机器人学所涉及的学科范围有：力学、机器人拓扑学、机械学、电子学与微电子学、控制论、计算机、生物学、人工智能、系统工程等。这些多学科领域知识的交叉和融合是智能机器人技术得以发展、拓宽和延伸的基础，也是学习和运用智能机器人技术的基础。到目前为止，在世界范围内还没有一个统一的智能机器人定义，大多数专家认为智能机器人至少具备以下三个要素。

一是感觉要素，用来认识周围环境状态。感觉要素包括能感知视觉、接近、距离等的非接触型传感器和能感知力、压觉、触觉等的接触型传感器。这些要素实质上就相当于人的眼、鼻、耳等五官，它们的功能可以利用诸如摄像机、图像传感器、超声波传感器、激光器、导电橡胶、压电元件、气动元件、行程开关等机电元器件来实现。

二是运动要素，对外界做出反应性动作。对运动要素来说，智能机器人需要有一个无轨道型的移动机构，以适应诸如平地、台阶、墙壁、楼梯、坡道等不同的地理环境。它们的功能可以借助轮子、履带、支脚、吸盘、气垫等移动机构来完成。在运动过程中要对移动机构进行实时控制，这种控制不仅要包括有位置控制，而且还要有力度控制、位置与力度混合控制、伸缩率控制等。

三是思考要素，根据感觉要素所得到的信息，思考出采取什么样的动作。智能机器人的思考要素是三个要素中的关键，也是人们要赋予机器人必备的要素。思考要素包括有判断、逻辑分析、理解等方面的智力活动。这些智力活动实质上是一个信息处理过程，而计算机则是完成这个处理过程的主要手段。

智能机器人根据其智能程度的不同，又可分为三种：传感型机器人、交互型机器人、自主型机器人。

1）传感型机器人

传感型机器人又称为外部受控机器人。机器人的本体上没有智能单元只有执行机构和感应机构，它具有利用传感信息（包括视觉、听觉、触觉、接近觉、力觉和红外、超声及激光等）进行传感信息处理、实现控制与操作的能力。受控于外部计算机，在外部计算机上具有智能处理单元，处理由受控机器人采集的各种信息以及机器人本身的各种姿态和轨迹等信息，然后发出控制指令指挥机器人的动作。目前机器人世界杯的小型组比赛使用的机器人就属于这样的类型，如图 1-20 所示。

2）交互型机器人

交互型机器人通过计算机系统与操作员或程序员进行人机对话，实现对机器人的控制与操作，虽然拥有了部分处理和决策功能，能够独立地实现一些诸如轨迹规划、简单的避障等功能，但是还要受到外部的控制。

3）自主型机器人

自主型机器人，不需人的干预，能够在各种环境下自动完成各项拟人任务。自主机器人在本体上具有感知、处理、决策、执行等模块，可以就像一个自主的人一样独立活动和处理问题。全自主移动机器人最重要的特点在于它的自主性和适应性，自主性是指它可以在一定的环境中，不依赖任何外部控制，完全自主地执行一定的任务；适应性是指它可以实时识别和测量周围的物体，根据环境的变换调节自身的参数，调整动作策略以及处理紧急情况，由于全自主移动机器人涉及诸如启动器控制、传感器数据融合、图像处理、模式识别、神经网络等许多方面的研究，所以能够综合反映一个国家在制造业和人工智能等方面的水平。

图 1-20　机器人世界杯的小型组比赛

1.5　工业机器人的主要应用

工业机器人是集机械、电子、控制、计算机、传感器、人工智能、控制技术等多种学科的先进技术于一体的具有自动定位控制、可重复编程的、多功能的、多自由度的复杂智能机器。自 20 世纪 60 年代初以来，历经几十年的发展，工业机器人得到了广泛的应用，其优势主要体现在工作效率高、稳定可靠性好、重复精度好、能在高危环境下作业等方面。

随着德国的“工业 4.0”、美国的“先进制造业国家战略计划”、日本的“科技工业联盟”以及中国的“中国制造 2025”这些国家级战略的相继提出和不断深化，全球制造业正在向着自动化、数字化、网络化和智能化及绿色化方向发展。作为先进制造业典型代表的工业机器人产业正呈现爆炸式增长的态势。目前，工业机器人已在众多领域得到了应用，如汽车制造业、机械加工行业、电子电气行业、橡胶及塑料工业、食品工业、生活服务、国防军事等领域中。在工业生产中，弧焊机器人、电焊机器人、码垛机器人、装配机器人、喷涂机器人及搬运机器人等工业机器人已被大量应用。

1.5.1　工业机器人的应用行业

1. 汽车制造业

在中国，50%的工业机器人应用于汽车制造业，其中 50%以上为焊接机器人；在发达国家，汽车工业机器人占机器人总保有量的 53%以上。据统计，世界各大汽车制造厂，年产每万辆汽车所拥有的机器人数量为 10 台以上。随着机器人技术的不断发展和日臻完善，工业机器人必将对汽车制造业的发展起到极大的促进作用。而中国正由制造大国向制造强国迈进，需要提升加工手段，提高产品质量，增加企业竞争力，这一切都预示机器人的发展前景巨大，工业机器人在汽车制造业中的应用如图 1-21 所示。此外，2008 年，中国重汽在建设新车间时引入了工业机器人，建成了全自动冲压机，由机械手臂将钢板送入冲压机，既稳定了产品质量，又代替了人工，避免了工伤事故的发生。

2. 电子电气行业

工业机器人在电子类的 IC、贴片元器件、手机生产等这些领域的应用均较为普遍。目前

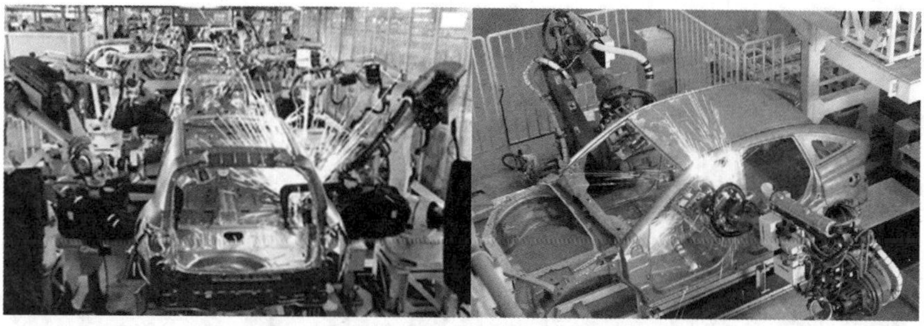

图 1-21　工业机器人在汽车制造业中的应用

世界工业界装机最多的工业机器人是SCARA型四轴工业机器人，如图1-22所示，第二位的是串联关节型垂直6轴工业机器人。国内生产商根据电子生产行业需求所特制小型化、简单化的工业机器人，实现了电子组装高精度、高效的生产，满足了电子组装加工设备日益精细化的需求，而自动化加工更是大大提升了生产效益。据有关数据表明，产品通过工业机器人抛光，成品率可从87%提高到93%，因此无论“机器手臂”还是更高端的工业机器人，投入使用后都会使生产效率大幅提高，工业机器人在电子电气行业中的应用如图1-23所示。

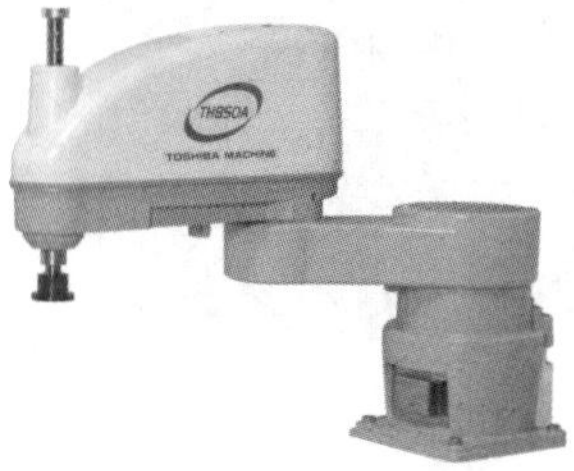

图 1-22　SCARA型四轴工业机器人

图 1-23　工业机器人在电子电气行业中的应用

3. 橡胶及塑料工业

从汽车和电子工业到消费品和食品工业塑料几乎无处不在，即使在将来这一行业也将是一重要的经济部门并确保众多的工作岗位。要跻身塑料工业需符合极为严格的标准，这对工业机器人来说当然毫无问题。因为，工业机器人掌握了一系列操作，如拾放、精加工作业，且作业快速、高效、灵活、结实耐用，能承受最重的载荷，不仅适用于在净室环境标准下生产，而且也可在注塑机旁完成高强度作业。由此可以最佳地满足日益增长的质量和生产效率的要求，并确保企业在今后市场竞争中具有决定性的竞争优势，工业机器人在橡胶及塑料工业中的应用如图1-24所示。

4. 铸造行业

工业机器人在铸造行业中的应用首先是从压力铸造开始的。随着机器人技术和工业技术的发展，对生产过程提出了更高的要求，尤其是操作过程的柔性化。在压铸行业中，工业机器人可以完成诸如将金属放入压铸机，再从压铸机中取出铸件、切除浇口、去毛刺以及装配等各项任务。其不但可以完成各种不同的工作，而且可以利用最少的投资，通过编程和更换夹具来完成进一步的工作。工业机器人不仅在压铸工业中取得了很大的成功，而且在砂芯制造、自动造型、切割浇冒口、清理铸件等工序中也得到了重大的应用。工业机器人以其模块化的结构设计、灵活的控制系统、专用的应用软件满足了铸造行业整个自动化应用领域的最高要求，工业机器人在铸造行业中的应用如图1-25所示。

图 1-24 工业机器人在橡胶及塑料工业中的应用

图 1-25 工业机器人在铸造行业中的应用

5. 食品行业

近年来，食品行业正在逐步使用工业机器人。研究表明，预计到 2022 年，食品自动化行业将达到 25 亿美元的规模。工业机器人现在已成功用于农业、初级食品加工和二级食品加工，并在某些情况下保护工人免受伤害，同时还提高了生产率。工业机器人应用在农业上，改变了传统的劳动方式，改善了农民的生活劳动状态，如耕耘机器人、嫁接机器人、农药喷雾机器人等。另外，工业机器人技术也可用于屠宰场，如肉类加工行业中切割鸡腿、切肉片、切肉块等操作。除此之外，工业机器人还可用于食品包装，它可以精确地重复设计好的动作，且不知疲惫，比人类更有效地完成任务，不仅可以节省时间和金钱，还可以满足客户要求，工业机器人在食品行业中的应用如图 1-26 所示。

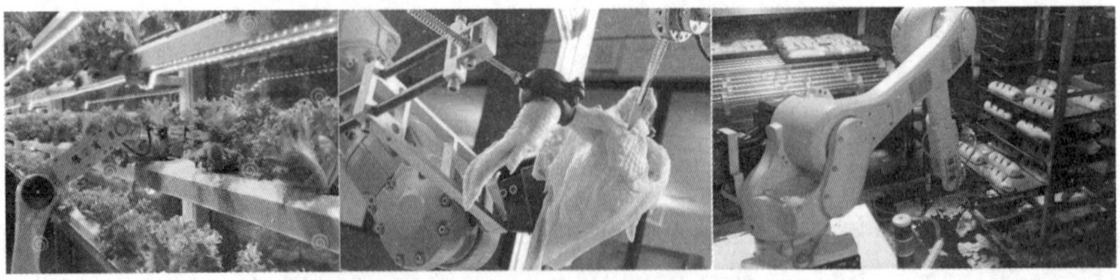

图 1-26 工业机器人在食品行业中的应用

6. 化工行业

化工行业作为国家经济发展的支柱产业，一直都受国家重点扶持。然而，由于化工行业门类繁多、工艺复杂、产品多样，加之生产中排放的污染物种类多、数量大、毒性高，因此，化工行业是污染大户。同时，化工产品在加工、贮存、使用和废弃物处理等各个环节都有可能产生大量有毒物质而影响生态环境、危及人类健康。化工行业遇到的危机对于工业机器人行业来说，恰恰是一个巨大的机遇。工业机器人可代替人工从事化工行业某些环节的生产，将人类从危险有害的环境中解放出来，而且还能满足化工生产对环境清洁度以及劳动力成本控制的要求。因此，工业机器人在化工行业的应用就显得格外重要了，工业机器人在化工行业中的应用如图1-27所示。

目前应用于化工行业的主要是洁净机器人及其自动化设备，有大气机械手、真空机械手、洁净镀膜机械手、洁净AGV、RGV及洁净物流自动传输系统等。现在很多现代化工业产品生产要求精密化、微型化、高纯度、高质量和高可靠性，并且在产品的生产中要求有一个洁净的环境。因为，环境洁净度的高低直接影响产品的合格率，因此，在化工领域，随着未来更多的化工生产场合对于环境清洁度的要求越来越高，洁净机器人将会得到进一步的利用。

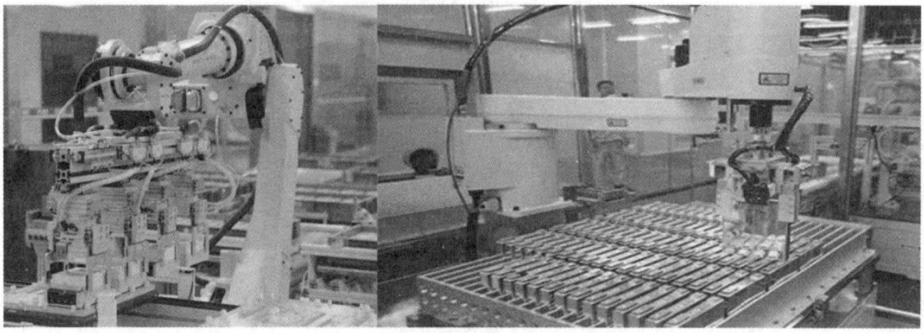

图1-27　工业机器人在化工行业中的应用

7. 家用电器行业

家电行业对工业机器人的需求越来越大，受到全球工业机器人供应商的高度关注，空调、冰箱、热水壶、电饭锅、热水器、电视机、洗衣机等产品整机及零部件生产均可利用工业机器人。随着国产机器人技术与应用日益成熟，国内已有几家企业也纷纷进入工业机器人领域，如广州数控自2006年规划研制工业机器人，经过9个年头，借助自身积累的控制器、伺服驱动、伺服电机产品基础，已完成系列化的全自主开发，产品负载覆盖了3～200 kg，功能包括搬运、冲压上下料、焊接、码垛、涂胶、打磨抛光、切割、喷涂、分拣、装配等，其工业机器人产品已进入了海尔电器、新宝电器、志高空调、格兰仕、方太厨具等众多家电企业，形成了很好的应用示范效果，具备了为家电企业进行智能化改造的技术实力，工业机器人在家用电器行业中的应用如图1-28所示。

8. 冶金行业

冶金工业是指开采、精选、烧结金属矿石并对其进行冶炼、加工成金属材料的一种工业部门。冶金行业工作环境差、依靠笨重劳动防护服和落后的工具在高温、高粉尘、高噪声、高危险环境下进行高强度作业，普遍存在安全风险大、效率低、准确率低等问题。在这些恶劣环境中，使用工业机器人能够更安全、更持久、更精确地工作，能部分地取代人在恶劣环境中的工作，避免了尘埃、高温、噪声对人体的伤害，节约了企业的生产与安全成本。工业机器人在冶金行业的主要工作范围包括钻孔、铣削或切割以及折弯和冲压等加工过程。此外，它还可以缩短焊接、安装、装卸料过程的工作周期，提高生产率，工业机器人在冶金行业中的应用如图1-29所示。

图 1-28　工业机器人在家用电器行业中的应用

图 1-29　工业机器人在冶金行业中的应用

1.5.2　常用工业机器人

1. 搬运机器人

搬运作业是指用一种设备握持工件，从一个加工位置移到另一个加工位置。搬运机器人是可以进行自动化搬运作业的工业机器人，它是近代自动控制领域出现的一项高新技术，涉及力学、机械学、电器液压气压技术、自动控制技术、传感器技术、单片机技术和计算机技术等学科领域，已成为现代机械制造生产体系中的一项重要组成部分。其优点是可以通过编程完成各种预期的任务，在自身结构和性能上有了人和机器的各自优势，尤其体现出了人工智能和适应性。

搬运机器人可安装不同的末端执行器以完成各种不同形状和状态的工件搬运工作，大大减轻了人类繁重的体力劳动。世界上使用的搬运机器人逾 10 万台，被广泛应用于机床上下料、冲压机自动化生产线、自动装配流水线、码垛搬运、集装箱等的自动搬运，搬运机器人的应用如图 1-30 所示。

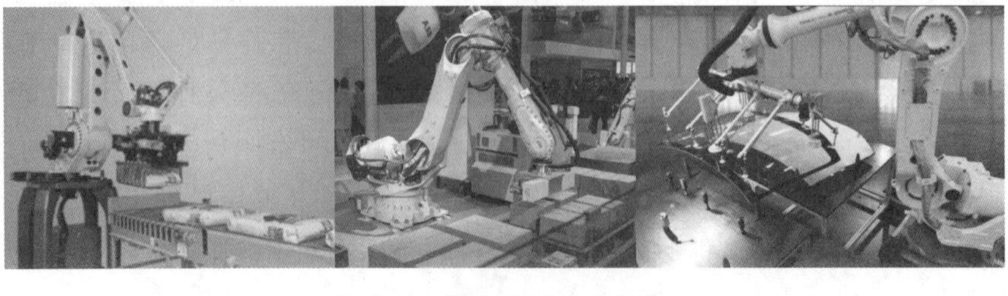

图 1-30　搬运机器人的应用

2. 码垛机器人

码垛，就是把货物按照一定的摆放顺序与层次整齐地堆叠好。码垛机器人具有作业高效、码垛稳定、定位准确、能耗低、柔性高、适应性强等优点，应用此机器人进行码垛，一台机器至少可以代替三四个工人的工作量，大大削减了人工成本，解放了工人繁重的体力劳动，其已在各个行业的包装、物流线中发挥着强大的作用。码垛机器人系统主要由操作机、控制系统、码垛系统（气体发生装置、液压发生装置）和安全保护装置组成，其系统结构组成如图 1-31 所示。

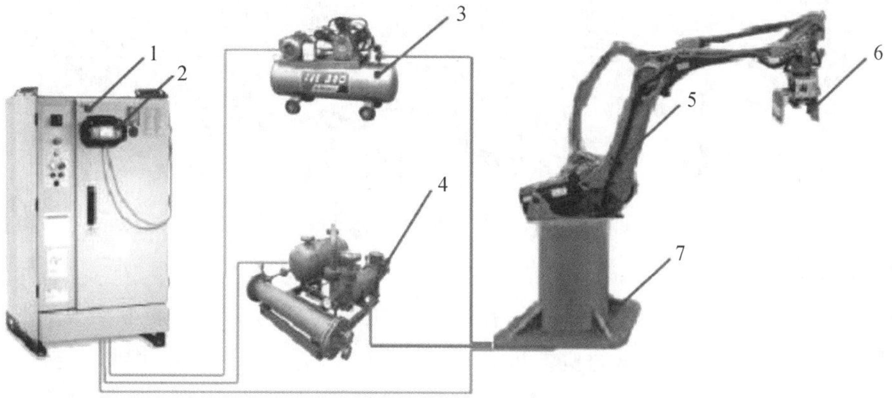

图 1-31 码垛工业机器人系统组成

1—控制柜；2—示教器；3—气体发生装置；4—真空发生装置；5—操作机；6—夹板式手爪；7—底座

码垛机器人的末端执行器是该机器人的重要组成部分之一，它可根据不同的产品设计成不同类型的机械手爪，使得码垛机器人能更好地完成码垛工作。常见码垛工业机器人的末端执行器有吸附式、夹板式、抓取式、组合式等几种。

吸附式主要适用于可吸取的码放物，广泛应用于医药、食品、烟酒等行业。

夹板式主要用于整箱或规则盒码垛，此种类型的手爪加持力较吸附式手爪大，并且两侧光板光滑不会损伤码垛产品外观质量。抓取式手爪是一种可灵活适应不同形状和内含物的包装袋，主要应用于袋装物的码放，如面粉、饲料、水泥、化肥等。组合式是通过组合获得各单组手爪优势的一种手爪，灵活性更大，可同时满足多个工位的码垛，各种形式的码垛机器人的手爪如图 1-32 所示。码垛机器人的使用无疑会大大提高工业生产和立体化仓库的生产力，降低工人的工作强度，另外，在个别恶劣的工作环境下还对工人的人身安全起到有效保障的作用。

(a) 吸附式 (b) 夹板式 (c) 抓取式 (d) 组合式

图 1-32 码垛机器人各种形式的末端执行器（手爪）

3. 冲压机器人

冲压，是靠压力机和模具对板材、带材、管材和型材等施加外力，使之产生塑性变形或分离，从而获得所需形状和尺寸的工件（冲压件）的成形加工方法。冲压行业是一个高工伤事故率、高噪声污染行业。伴随着时代的进步越来越多的人选择退出这个行业，尤其是年轻一代。冲压机器人能代替人工作业的烦琐重复劳动以实现生产的机械全自动化，能在不同环境高速运作的情况下还能确保人身安全，因而广泛应用于机械制造、汽车、冶金、电子、轻工和原子能等企业，因为这些行业在生产过程中的重复动作相对比较多，所以在这些行业中利用冲压机器人的价值会很高，这些行业利用冲压机器人生产商品的效率会很高，从而为企业带来更高的利润，冲压机器人的应用如图 1-33 所示。

图 1-33　冲压机器人的应用

4. 分拣机器人

分拣工作是内部物流最复杂的一环，往往人工工时耗费最多。分拣机器人是一种具备了传感器、物镜和电子光学系统的机器人，可以快速进行货物分拣，通过视觉装置自动识别物体的位置、颜色、形状、尺寸等信息，并按照特定的要求进行装箱、分拣、排列等工作，能够实现 24 小时不间断分拣，占地面积小，分拣效率高，准确度高，可减少 70%的人工，降低了物流成本。

现在自动分拣机器人已得到了广泛的应用，如图 1-34 所示。分拣机器人一个小时就可以挑拣 3 吨土豆，可代替 6 名挑拣工人的劳动，工作质量大大超过人工作业。日本研制的分拣机器人每小时可分拣出成百上千个西红柿，每分钟可分拣出 540 个苹果，每小时可处理 6 000个鸡蛋，并根据颜色、光泽、大小分类，然后送入不同容器内。

图 1-34　分拣机器人的应用

5. 焊接机器人

焊接机器人是一种高度自动化的焊接设备，采用工业机器人代替手工焊接作业是焊接制造业的发展趋势，是提高焊接质量、降低成本、改善工作环境的重要手段。人工焊接时，工作环境恶劣，焊接烟尘、焊接飞溅、焊接弧光等对人体有很大的伤害，而全自动焊接机器人操作相对简单，机器人的移动速度快，可达 3 m/s，甚至更快，采用机器人焊接的效率比人工焊接提高 2～4 倍，焊接质量优良且稳定，并且它有封闭的独立工作站，操作人员在工作站之外就能够完成焊接工作，工人健康得到很好的保护。

焊接机器人作为现代制造技术发展的重要标志已被国内许多工厂所接受，并且越来越多的企业首选焊接机器人作为技术改造的方案。种种迹象表明，今后几年中国的焊接机器人市场将会出现技术不断提高、市场迅速扩大、应用工程项目市场竞争激烈的局面。预计今后的几年内，国内企业对电焊、弧焊机器人的需求量将以30%以上的速度增长。从机器人技术发展趋势看，焊接机器人不断向智能化方向发展，控制系统从示教、离线编程向模糊控制反向发展，实现生产系统中机器人的群体协调和集成控制，从而达到更高的可靠性和安全性，焊接机器人的应用如图1-35所示。

图1-35　焊接机器人的应用

6. 喷涂机器人

喷涂机器人又叫喷漆机器人，是可进行自动喷漆或喷涂其他涂料的工业机器人。多采用5或6个自由度关节式结构，手臂有较大的运动空间，并可做复杂的轨迹运动，其腕部一般有2或3个自由度，可灵活运动。喷涂机器人精确地按照轨迹进行喷涂，无偏移并完美地控制喷枪的启动，确保指定的喷涂厚度，偏差量控制在最小。运用喷涂机器人能减少喷涂和喷剂的浪费，延长过滤寿命，降低喷房泥灰含量，显著加长过滤器工作时间，减少喷房结垢，输送级别可提高30%。机器人涂装被广泛应用于汽车、汽车零配件、铁路、家电、建材、机械等行业，如图1-36所示。

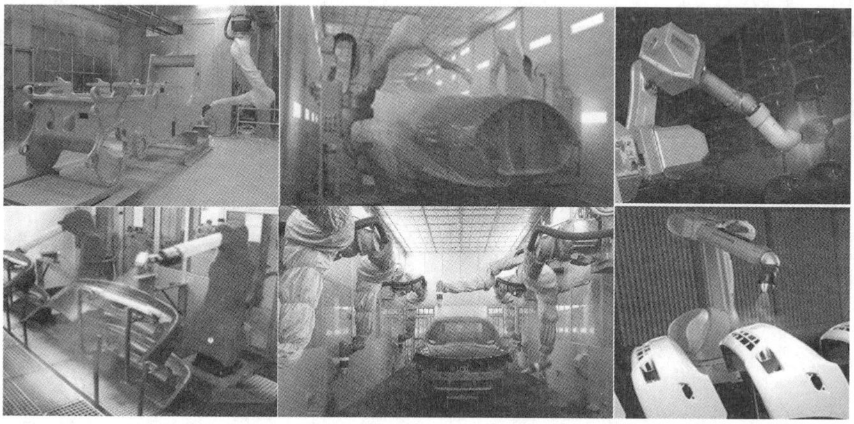

图1-36　喷涂机器人的应用

7. 装配机器人

装配是产品生产的后续工序，在制造业中占有重要地位，在人力、物力、财力消耗中占有很大比例，作为一项新兴的工业技术，机器人装配应运而生。装配机器人是工业生产中用于装配生产线上对零件或部件进行装配的工业机器人，属于高、精、尖的机电一体化产品，是集光学、机械、微电子、自动控制和通信技术于一体的高科技产品，具有很高的附加值。机器人装配被广泛应用于各种电器的制造行业及流水线产品的组装作业，具有高效、精确、不间断工作的特点。

在国外一些企业的装配作业中已大量采用机器人来从事装配工作，如美国、日本等国家的汽车装配生产线上采用机器人来装配汽车零部件、在电子电器行业中用机器人来装配电子元件和器件等。我国已研制出精密型装配机器人，如广东吊扇电机机器人自动装配线、小型电器机器人自动装配线，以及自动导引汽车发动机装配线、精密机芯机器人自动装配线等机器人示范应用工程。为了适应产品多样化和小批量的特点，对具有柔性的自动装配系统的需求日益增多，发展以装配机器人为主体的柔性自动装配作业系统是目前世界上各个工业发达国家的一种趋势，装配机器人的应用如图 1-37 所示。

图 1-37 装配机器人的应用

本章小结

本章首先根据工业机器人的特点给出了工业机器人的定义；其次系统性地阐述了工业机器人的发展概况及发展趋势；然后分析了工业机器人的组成与主要技术参数，并从不同的角度出发，对工业机器人进行了分类；最后总结了工业机器人的主要应用行业及常用工业机器人。

本章习题

1-1 什么是工业机器人？

1-2 工业机器人由哪几部分组成，各部分的作用是什么？

1-3 什么是智能机器人，其特点是什么？

1-4 工业机器人有哪些分类方法？

1-5 翻阅相关资料，查询工业机器人在汽车制造业中是如何发展的。

第 2 章　工业机器人运动学

机器人操作臂可看成一个开式运动链，它是由一系列连杆通过转动或移动关节串联而成。开链的一端固定在基座上，另一端是自由的，安装着工具，用以操作物体，完成各种作业。关节由驱动器驱动，关节的相对运动导致连杆的运动，使手爪到达所需的位姿。要实现对工业机器人在空间运动轨迹的控制，完成预定的作业任务，就必须知道工业机器人在空间瞬时的位置与姿态。如何计算工业机器人手部在空间的位姿是实现对工业机器人的控制首先要解决的问题。

本章讨论了工业机器人运动学的基本问题，将引入齐次坐标变换。推导出坐标变换方程，利用 DH 参数法，进行工业机器人位姿分析，介绍了工业机器人正向和逆向运动学的基础知识。

2.1　工业机器人位姿描述

2.1.1　点的位置描述

在选定的直角坐标系$\{A\}$中，如图 2-1 所示，空间任一点 P 的位置可用 3×1 的位置矢量${}^{A}\boldsymbol{P}$ 表示，其左上标代表选定的参考坐标系。

$$
{}^{A}\boldsymbol{P} = \begin{bmatrix} p_x \\ p_y \\ p_z \end{bmatrix} \tag{2-1}
$$

式中：p_x，p_y，p_z是点 P 在坐标系$\{A\}$中的 3 个位置坐标分量。

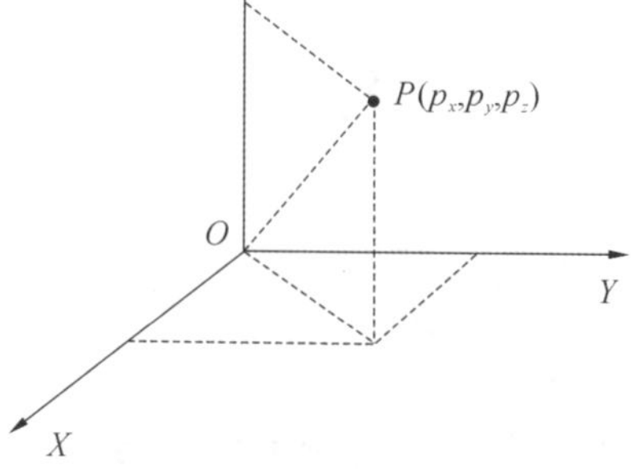

图 2-1　点的位置描述

2.1.2 点的齐次坐标

将一个 n 维空间的点用 $n+1$ 维坐标表示，则该 $n+1$ 维坐标称为该 n 维空间点的齐次坐标。一般情况下 ω 称为该齐次坐标中的比例因子，当取 $\omega=1$ 时，其表示方法称为齐次坐标的规格化形式。如果用四个数组成 4×1 列阵表示三维空间直角坐标系$\{A\}$中点 P，则该列阵称为三维空间点 P 的齐次坐标，如下：

$$\boldsymbol{P}=\begin{bmatrix} p_x \\ p_y \\ p_z \\ 1 \end{bmatrix} \tag{2-2}$$

必须注意，齐次坐标的表示不是唯一的。我们将其各元素同乘一个非零因子 ω 后，仍然代表同一点 P，即

$$\boldsymbol{P}=[p_x \quad p_y \quad p_z \quad 1]^{\mathrm{T}}=[a \quad b \quad c \quad \omega]^{\mathrm{T}} \tag{2-3}$$

式中：$a=\omega p_x, b=\omega p_y, c=\omega p_z$。

2.1.3 坐标轴方向的描述

用 $\boldsymbol{i}$、$\boldsymbol{j}$、$\boldsymbol{k}$ 分别表示直角坐标系中 X、Y、Z 坐标轴的单位向量，如图 2-2 所示，用齐次坐标来描述 X、Y、Z 轴的方向，则有：

$$\boldsymbol{X}=[1 \quad 0 \quad 0 \quad 0]^{\mathrm{T}}, \boldsymbol{Y}=[0 \quad 1 \quad 0 \quad 0]^{\mathrm{T}}, \boldsymbol{Z}=[0 \quad 0 \quad 1 \quad 0]^{\mathrm{T}} \tag{2-4}$$

从上可知，我们规定：

当 4×1 列阵$[a \quad b \quad c \quad \omega]^{\mathrm{T}}$中第四个元素为零，且 $a^2+b^2+c^2=1$，则$[a \quad b \quad c \quad \omega]^{\mathrm{T}}$中的 a,b,c,d 表示某轴（某矢量）的方向。

当 4×1 列阵$[a \quad b \quad c \quad \omega]^{\mathrm{T}}$中第四个元素不为零，则表示空间某点的位置。

图 2-2 中，矢量 $\boldsymbol{v}$ 的方向用 4×1 列阵可表达为

$$\boldsymbol{v}=[a \quad b \quad c \quad 0]^{\mathrm{T}} \tag{2-5}$$

式中：$a=\cos\alpha, b=\cos\beta, c=\cos\gamma$。

矢量 $\boldsymbol{v}$ 所坐落的点 O 为坐标原点，可用 4×1 列阵表示为：

$$O=[0 \quad 0 \quad 0 \quad 1]^{\mathrm{T}} \tag{2-6}$$

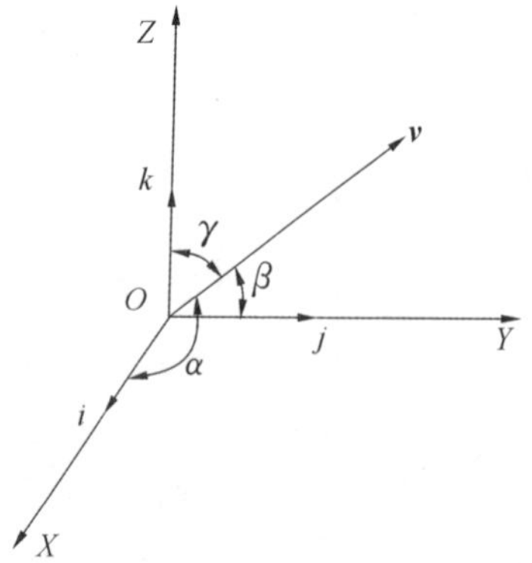

图 2-2 坐标轴方向的描述

例 2.1 用齐次坐标写出图 2-3 中矢量 $\boldsymbol{u},\boldsymbol{v},\boldsymbol{\omega}$ 的方向阵列。(a)$\alpha=90°,\beta=30°,\gamma=60°$；(b)$\alpha=30°,\beta=90°,\gamma=60°$；(c)$\alpha=30°,\beta=60°,\gamma=90°$。

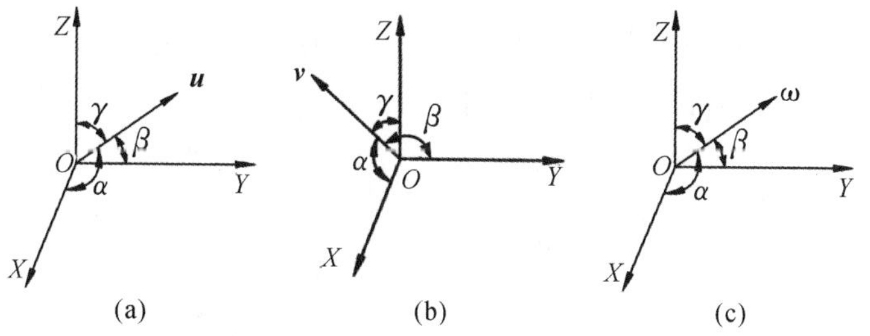

图 2-3 用不同方向描述的方向矢量

解 矢量$\boldsymbol{u}$：$\cos\alpha=\cos90°=0,\cos\beta=\cos30°=0.866,\cos\gamma=\cos60°=0.5$

$$\boldsymbol{u}=[0\quad 0.866\quad 0.5\quad 0]^{\mathrm{T}}$$

矢量$\boldsymbol{v}$：$\cos\alpha=\cos30°=0.866,\cos\beta=\cos90°=0,\cos\gamma=\cos60°=0.5$

$$\boldsymbol{v}=[0.866\quad 0\quad 0.5\quad 0]^{\mathrm{T}}$$

矢量$\boldsymbol{\omega}$：$\cos\alpha=\cos30°=0.866,\cos\beta=\cos60°=0.5,\cos\gamma=\cos90°=0$

$$\boldsymbol{\omega}=[0.866\quad 0.5\quad 0\quad 0]^{\mathrm{T}}$$

2.1.4 动坐标系位姿的描述

在机器人坐标系中，运动时相对于连杆不动的坐标系称为静坐标系，简称静系；跟随连杆运动的坐标系称为动坐标系，简称动系。动系位置与姿态的描述称为动系的位姿表示，是对动系原点位置及各坐标轴方向的描述，现以下述实例说明。

1. 刚体的位姿表示

机器人的每一个连杆均可视为一个刚体，若给定了刚体上某一点的位置和该刚体在空间的姿态，则这个刚体在空间上是唯一确定的，可用唯一一个位姿矩阵进行描述。设有一个机器人的连杆，如图 2-4 所示，O'为刚体上任一点，$O'X'Y'Z'$为与刚体固接的一个动坐标系，即为动系。刚体 Q 在固定坐标系 $OXYZ$ 中的位置可用一齐次坐标形式的 4×1 列阵表示：

$$\boldsymbol{p}=[X_0\quad Y_0\quad Z_0\quad 1]^{\mathrm{T}} \tag{2-7}$$

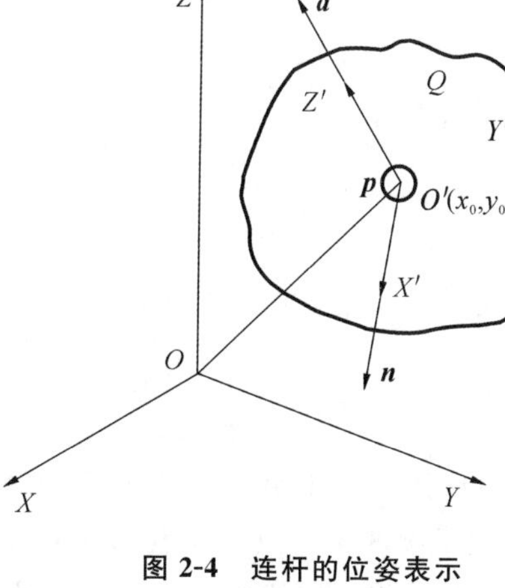

图 2-4 连杆的位姿表示

刚体的姿态可由动系的坐标轴方向来表示。令 $\boldsymbol{n}$、$\boldsymbol{o}$、$\boldsymbol{a}$ 分别为 X'、Y'、Z' 坐标轴的单位矢量，各单位方向矢量在静系上的分量为动系各坐标轴的方向余弦，以齐次坐标形式分别表示为：

$$\boldsymbol{n}=[n_x\quad n_y\quad n_z\quad 0]^{\mathrm{T}},\boldsymbol{o}=[o_x\quad o_y\quad o_z\quad 0]^{\mathrm{T}},\boldsymbol{a}=[a_x\quad a_y\quad a_z\quad 0]^{\mathrm{T}} \tag{2-8}$$

由此可知，连杆的位姿可用下述齐次矩阵表示：

$$\boldsymbol{d}=[\boldsymbol{n}\quad \boldsymbol{o}\quad \boldsymbol{a}\quad \boldsymbol{p}]=\begin{bmatrix} n_x & o_x & a_x & X_0 \\ n_y & o_y & a_y & Y_0 \\ n_z & o_z & a_z & Z_0 \\ 0 & 0 & 0 & 1 \end{bmatrix} \tag{2-9}$$

例 2.2 图 2-5 中表示固连于连杆的坐标系{B}位于 O_B 点，$X_B=2$，$Y_B=1$，$Z_B=0$。在 XOY 平面内，坐标系{B}相对固定坐标系{A}有一个 30°的偏转，试写出表示连杆位姿的坐标系{B}的 4×4 矩阵表达式。

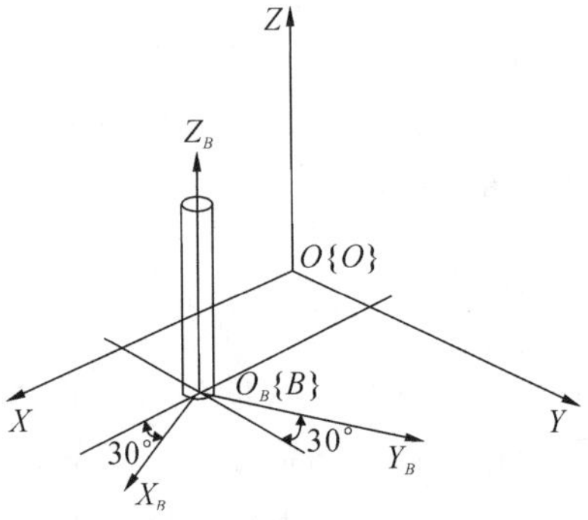

图 2-5 动坐标系{B}的位姿表示

解 X_B 的方向列阵：

$$\boldsymbol{n}=[\cos30°\quad \cos60°\quad \cos90°\quad 0]^{\mathrm{T}}=[0.866\quad 0.500\quad 0.000\quad 0]^{\mathrm{T}}$$

Y_B 的方向列阵：

$$\boldsymbol{o}=[\cos120°\quad \cos30°\quad \cos90°\quad 0]^{\mathrm{T}}=[-0.500\quad 0.866\quad 0.000\quad 0]^{\mathrm{T}}$$

Z_B 的方向列阵：

$$\boldsymbol{a}=[0\quad 0\quad 1\quad 0]^{\mathrm{T}}$$

坐标系{B}的位置列阵：

$$\boldsymbol{p}=[2.0\quad 1.0\quad 0.0\quad 1]^{\mathrm{T}}$$

则动坐标系{B}的 4×4 矩阵表达式为：

$$\boldsymbol{T}=\begin{bmatrix} 0.866 & -0.500 & 0.000 & 2.0 \\ 0.500 & 0.866 & 0.000 & 1.0 \\ 0.000 & 0.000 & 1.000 & 0.0 \\ 0 & 0 & 0 & 1 \end{bmatrix}$$

2. 手部的位姿表示

机器人手部的位置和姿态也可以用固连于手部的坐标系{B}的位姿来表示，如图 2-6 所示。坐标系{B}可以这样来确定：取手部的中心点为原点 O_B；关节轴为 Z_B 轴，Z_B 轴的单位方向矢量 $\boldsymbol{a}$ 称为接近矢量，指向朝外；两手指的连线为 Y_B 轴，Y_B 轴的单位方向矢量 $\boldsymbol{o}$ 称为姿态矢量，指向可任意选定；X_B 轴与 Y_B 轴及 Z_B 轴垂直，X_B 轴的单位方向矢量 $\boldsymbol{n}$ 称为法向矢量，且 $\boldsymbol{n}=\boldsymbol{o}\times\boldsymbol{a}$，指向符合右手法则。

手部的位置矢量为固定参考系原点指向手部坐标系{B}原点的矢量 $\boldsymbol{p}$，手部的方向矢量为 $\boldsymbol{n}$、$\boldsymbol{o}$、$\boldsymbol{a}$。于是手部的位姿可用 4×4 矩阵表示为：

$$\boldsymbol{T}=[\boldsymbol{n}\quad \boldsymbol{a}\quad \boldsymbol{o}\quad \boldsymbol{p}]=\begin{bmatrix} n_X & o_X & a_X & p_X \\ n_Y & o_Y & a_Y & p_Y \\ n_Z & o_Z & a_Z & p_Z \\ 0 & 0 & 0 & 1 \end{bmatrix} \tag{2-10}$$

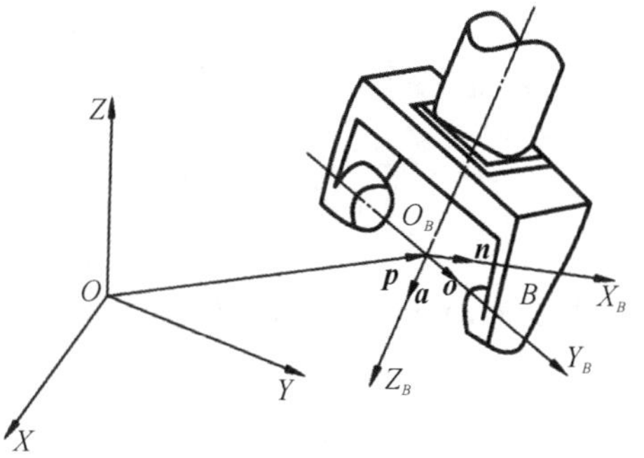

图 2-6 手部的位姿表示

例 2.3 图 2-7 表示手部抓握物体 Q，物体是边长为 2 个单位的正立方体，写出表达该手部位姿的矩阵表达式。

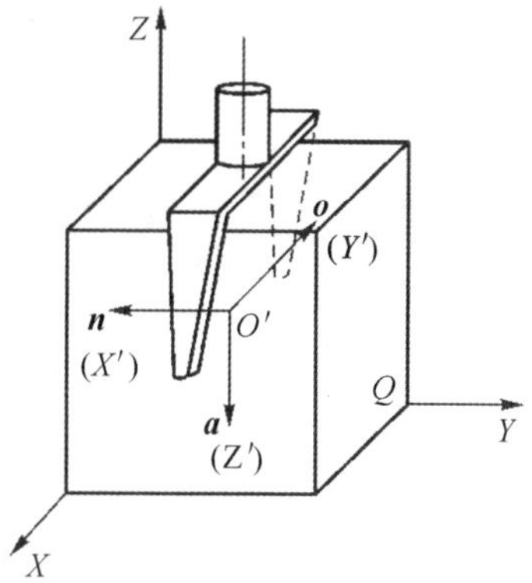

图 2-7 抓握物体 Q 的手部

解 因为物体 Q 形心与手部坐标系 $O'X'Y'Z'$ 的坐标原点 O' 相重合，则手部位置的 4×1 列阵为：

$$\boldsymbol{p}=[1\quad 1\quad 1\quad 1]^{\mathrm{T}}$$

手部坐标系 X' 轴的方向可用单位矢量 $\boldsymbol{n}$ 来表示：

$$\boldsymbol{n}: \alpha=90^\circ, \beta=180^\circ, \gamma=90^\circ$$

$$n_X=\cos\alpha=0, n_Y=\cos\beta=-1, n_Z=\cos\gamma=0$$

所以：

$$\boldsymbol{n}=[0\quad -1\quad 0\quad 0]^{\mathrm{T}}$$

同理，手部坐标系 Y' 轴与 Z' 轴的方向可分别用单位矢量 $\boldsymbol{o}$ 和 $\boldsymbol{a}$ 来表示：

$$\boldsymbol{o}: o_X = -1, o_Y = 0, o_Z = 0$$

所以：

$$\boldsymbol{o} = [-1 \quad 0 \quad 0 \quad 0]^{\mathrm{T}}$$

$$\boldsymbol{a}: a_X = 0, a_Y = 0, a_Z = -1$$

所以：

$$\boldsymbol{a} = [0 \quad 0 \quad -1 \quad 0]^{\mathrm{T}}$$

根据式(2-10)可知，手部位姿可用矩阵表示为：

$$\boldsymbol{T} = [\boldsymbol{n} \quad \boldsymbol{o} \quad \boldsymbol{a} \quad \boldsymbol{p}] = \begin{bmatrix} 0 & -1 & 0 & 1 \\ -1 & 0 & 0 & 1 \\ 0 & 0 & -1 & 1 \\ 0 & 0 & 0 & 1 \end{bmatrix}$$

3. 目标物位姿的描述

如图 2-8 所示，楔块 Q 在图 2-8(a)所示位置，其位置和姿态可用 8 个点描述，矩阵表达式为：

$$\boldsymbol{Q} = \begin{bmatrix} 1 & -1 & -1 & 1 & 1 & -1 & -1 & 1 \\ 0 & 0 & 2 & 2 & 0 & 0 & 2 & 2 \\ 0 & 0 & 0 & 0 & 2 & 2 & 1 & 1 \\ 1 & 1 & 1 & 1 & 1 & 1 & 1 & 1 \end{bmatrix}$$

若让楔块绕 Z 轴旋转 $-90°$，用 $\mathrm{Rot}(Z, -90°)$ 表示，再沿 X 轴方向平移 4，用 $\mathrm{Trans}(4, 0, 0)$ 表示，则楔块成为图 2-8(b)所示的情况。此时楔块用新的 8 个点来描述它的位置和姿态，其矩阵表达式为：

$$\boldsymbol{Q}' = \begin{bmatrix} 4 & 4 & 6 & 6 & 4 & 4 & 6 & 6 \\ -1 & 1 & 1 & -1 & -1 & 1 & 1 & -1 \\ 0 & 0 & 0 & 0 & 2 & 2 & 1 & 1 \\ 1 & 1 & 1 & 1 & 1 & 1 & 1 & 1 \end{bmatrix}$$

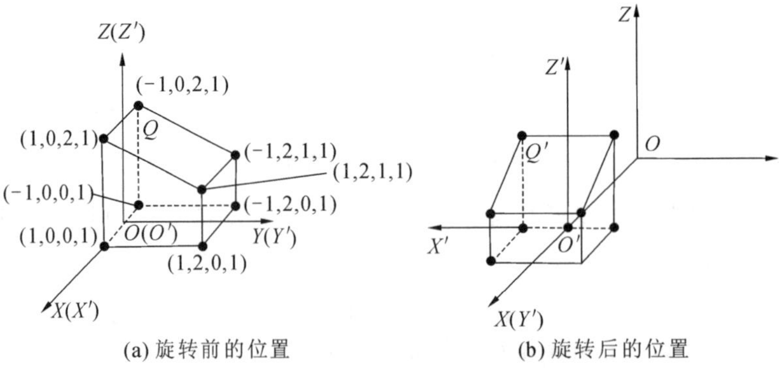

图 2-8　目标物的位置和姿态描述

2.2 齐次变换和运算

受机械结构和运动副的限制，在工业机器人中，被视为刚体的连杆的运动一般包括平移运动、旋转运动和平移加旋转运动。我们把每次简单的运动用一个变换矩阵来表示，那么，多次运动即可用多个变换矩阵的积来表示，表示这个积的矩阵称为齐次变换矩阵。这样，用连杆的初始位姿矩阵乘以齐次变换矩阵，即可得到经过多次变换后该连杆的最终位姿矩阵。通过多个连杆位姿的传递，我们可以得到机器人末端执行器的位姿，即进行机器人正运动学的讨论。

2.2.1 平移的齐次变换

如图 2-9 所示为空间某一点在直角坐标系中的平移，由 $A(x,y,z)$ 平移至 $A'(x',y',z')$，即

$$\begin{cases} x' = x + \Delta x \\ y' = y + \Delta y \\ z' = z + \Delta z \end{cases} \tag{2-11}$$

或写成：

$$\begin{bmatrix} x' \\ y' \\ z' \\ 1 \end{bmatrix} = \begin{bmatrix} 1 & 0 & 0 & \Delta x \\ 0 & 1 & 0 & \Delta y \\ 0 & 0 & 1 & \Delta z \\ 0 & 0 & 0 & 1 \end{bmatrix} \begin{bmatrix} x \\ y \\ z \\ 1 \end{bmatrix}$$

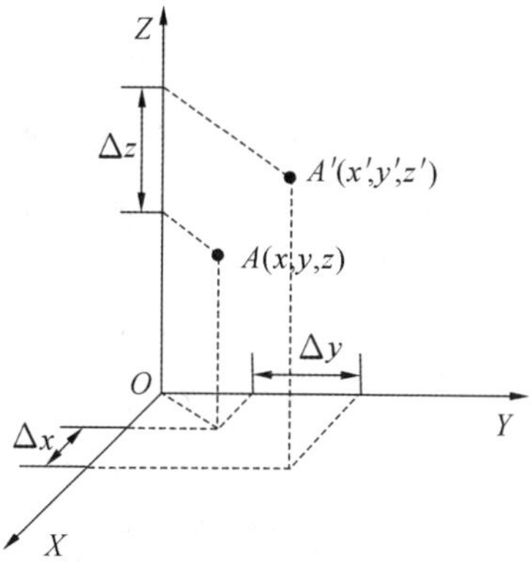

图 2-9　点的平移变换

记为：$$A' = \text{Trans}(\Delta x, \Delta y, \Delta z)A$$

其中，$\text{Trans}(\Delta x, \Delta y, \Delta z)$ 称为平移算子，Δx、Δy、Δz 分别表示沿 X、Y、Z 轴的移动量。即：

$$\text{Trans}(\Delta x, \Delta y, \Delta z) = \begin{bmatrix} 1 & 0 & 0 & \Delta x \\ 0 & 1 & 0 & \Delta y \\ 0 & 0 & 1 & \Delta z \\ 0 & 0 & 0 & 1 \end{bmatrix} \tag{2-12}$$

> **注意：**
> ① 算子左乘：表示点的平移是相对固定坐标系进行的坐标变换。
> ② 算子右乘：表示点的平移是相对动坐标系进行的坐标变换。
> ③ 该公式亦适用于坐标系的平移变换、物体的平移变换，如机器人手部的平移变换。

例 2.4 图 2-10 所示的坐标系与物体的平移变换给出了下面三种情况：(1) 动坐标系$\{A\}$相对于固定坐标系的 X_0，Y_0，Z_0 轴作$(-1,2,2)$平移到$\{A'\}$；(2) 动坐标系$\{A\}$相对于自身坐标系(即动系)的 X,Y,Z 轴分别作$(-1,2,2)$平移到$\{A''\}$；(3) 物体 Q 相对于固定坐标系作$(2,6,0)$平移后到 Q'。已知：

$$A=\begin{bmatrix}0&-1&0&1\\-1&0&0&1\\0&0&-1&1\\0&0&0&1\end{bmatrix},\quad Q=\begin{bmatrix}1&-1&-1&1&1&-1\\0&0&0&0&3&3\\0&0&1&1&0&0\\1&1&1&1&1&1\end{bmatrix}$$

写出坐标系$\{A'\}$，$\{A''\}$以及物体 Q'的矩阵表达式。

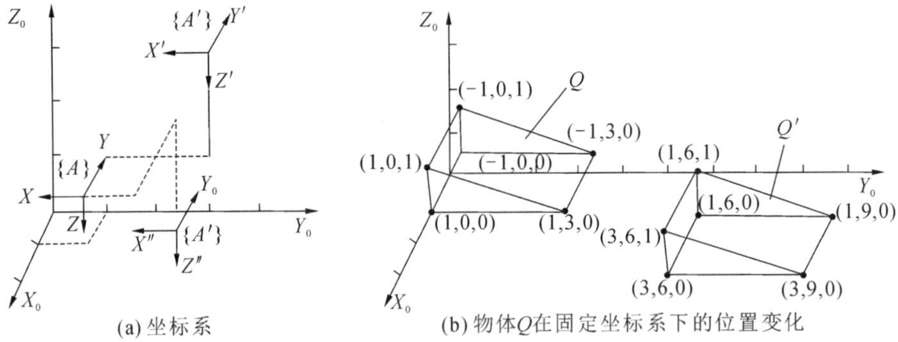

图 2-10　坐标系及物体的平移变换

解 动坐标系$\{A\}$的两个平移坐标变换算子均为：

$$\text{Trans}(\Delta x,\Delta y,\Delta z)=\begin{bmatrix}1&0&0&-1\\0&1&0&2\\0&0&1&2\\0&0&0&1\end{bmatrix}$$

(1) $\{A'\}$坐标系是动坐标系$\{A\}$沿固定坐标系作平移变换得来的，因此算子左乘，$\{A'\}$的矩阵表达式为：

$$\boldsymbol{A}'=\text{Trans}(-1,2,2)\boldsymbol{A}=\begin{bmatrix}1&0&0&-1\\0&1&0&2\\0&0&1&2\\0&0&0&1\end{bmatrix}\begin{bmatrix}0&-1&0&1\\-1&0&0&1\\0&0&-1&1\\0&0&0&1\end{bmatrix}=\begin{bmatrix}0&-1&0&0\\-1&0&0&3\\0&0&-1&3\\0&0&0&1\end{bmatrix}$$

(2) $\{A''\}$坐标系是动坐标系$\{A\}$沿自身坐标系作平移变换得来的，因此算子右乘，$\{A''\}$的矩阵表达式为：

$$A''=A\mathrm{Trans}(-1,2,2)=\begin{bmatrix}0&-1&0&1\\-1&0&0&1\\0&0&-1&1\\0&0&0&1\end{bmatrix}\begin{bmatrix}1&0&0&-1\\0&1&0&2\\0&0&1&2\\0&0&0&1\end{bmatrix}=\begin{bmatrix}0&-1&0&-1\\-1&0&0&2\\0&0&-1&-1\\0&0&0&1\end{bmatrix}$$

（3）物体 Q 的平移坐标变换算子为：

$$\mathrm{Trans}(\Delta x,\Delta y,\Delta z)=\begin{bmatrix}1&0&0&2\\0&1&0&6\\0&0&1&0\\0&0&0&1\end{bmatrix}$$

因此：

$$Q'=\mathrm{Trans}(2,6,0)Q=\begin{bmatrix}1&0&0&2\\0&1&0&6\\0&0&1&0\\0&0&0&1\end{bmatrix}\begin{bmatrix}1&-1&-1&1&1&-1\\0&0&0&0&3&3\\0&0&1&1&0&0\\1&1&1&1&1&1\end{bmatrix}=\begin{bmatrix}3&1&1&3&3&1\\6&6&6&6&9&9\\0&0&1&1&0&0\\1&1&1&1&1&1\end{bmatrix}$$

2.2.2 旋转的齐次变换

点在空间直角坐标系中的旋转如图 2-11 所示。$A(x,y,z)$绕 Z 轴旋转θ 角后至$A'(x',y',z')$。

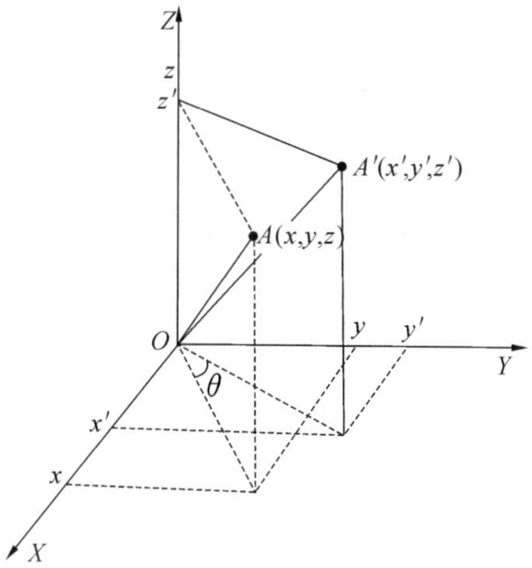

图 2-11 点的旋转变换

因 A 点是绕 Z 轴旋转的，所以把 A 与 A' 投影到 XOY 平面内，设 $OA=r$，则有：

$$\begin{cases}x=r\cos\alpha\\y=r\sin\alpha\end{cases}\tag{2-13}$$

同时有：

$$\begin{cases}x'=r\cos\alpha'\\y'=r\sin\alpha'\end{cases}\tag{2-14}$$

其中，$\alpha'=\alpha$，即：

$$\begin{cases}x'=r\cos(\alpha+\theta)\\y'=r\sin(\alpha+\theta)\end{cases}\tag{2-15}$$

所以：

$$\begin{cases} x' = r\cos\alpha\cos\theta - r\sin\alpha\sin\theta \\ y' = r\sin\alpha\cos\theta + r\cos\alpha\sin\theta \end{cases} \tag{2-16}$$

即：

$$\begin{cases} x' = x\cos\theta - y\sin\theta \\ y' = y\cos\theta + x\sin\theta \end{cases} \tag{2-17}$$

由于 Z 坐标不变，因此有：

$$\begin{cases} x' = x\cos\theta - y\sin\theta \\ y' = y\sin\theta + x\cos\theta \\ z' = z \end{cases} \tag{2-18}$$

或用矩阵表示为：

$$\begin{bmatrix} x' \\ y' \\ z' \end{bmatrix} = \begin{bmatrix} \cos\theta & -\sin\theta & 0 \\ \sin\theta & \cos\theta & 0 \\ 0 & 0 & 1 \end{bmatrix} \begin{bmatrix} x \\ y \\ z \end{bmatrix} \tag{2-19}$$

点 A' 和点 A 的齐次坐标分别为 $[x' \quad y' \quad z' \quad 1]^{\mathrm{T}}$ 和 $[x \quad y \quad z \quad 1]^{\mathrm{T}}$，因此点 A 的旋转齐次变换过程为：

$$\begin{bmatrix} x' \\ y' \\ z' \\ 1 \end{bmatrix} = \begin{bmatrix} \cos\theta & -\sin\theta & 0 & 0 \\ \sin\theta & \cos\theta & 0 & 0 \\ 0 & 0 & 1 & 0 \\ 0 & 0 & 0 & 1 \end{bmatrix} \begin{bmatrix} x \\ y \\ z \\ 1 \end{bmatrix} \tag{2-20}$$

记为：

$$\boldsymbol{A}' = \mathrm{Rot}(Z,\theta)\boldsymbol{A} \tag{2-21}$$

其中，绕 Z 轴旋转算子左乘是相对于固定坐标系，即：

$$\mathrm{Rot}(z,\theta) = \begin{bmatrix} \cos\theta & -\sin\theta & 0 & 0 \\ \sin\theta & \cos\theta & 0 & 0 \\ 0 & 0 & 1 & 0 \\ 0 & 0 & 0 & 1 \end{bmatrix} \tag{2-22}$$

同理：

$$\mathrm{Rot}(x,\theta) = \begin{bmatrix} 1 & 0 & 0 & 0 \\ 0 & \cos\theta & -\sin\theta & 0 \\ 0 & \sin\theta & \cos\theta & 0 \\ 0 & 0 & 0 & 1 \end{bmatrix} \tag{2-23}$$

$$\mathrm{Rot}(y,\theta) = \begin{bmatrix} \cos\theta & 0 & \sin\theta & 0 \\ 0 & 1 & 0 & 0 \\ -\sin\theta & 0 & \cos\theta & 0 \\ 0 & 0 & 0 & 1 \end{bmatrix} \tag{2-24}$$

图 2-12 所示为点 A 绕任意过原点的单位矢量 $\boldsymbol{k}$ 旋转 θ 角的情况。k_x、k_y、k_z 分别为 $\boldsymbol{k}$ 矢量在固定参考坐标轴 X、Y、Z 上的三个分量，且 $k_x^2+k_y^2+k_z^2=1$。可以证明，其旋转齐次变换矩阵为：

$$\mathrm{Rot}(k,\theta)=\begin{bmatrix} k_xk_x(1-\cos\theta)+\cos\theta & k_yk_x(1-\cos\theta)-k_z\sin\theta & k_zk_x(1-\cos\theta)+k_y\sin\theta & 0 \\ k_xk_y(1-\cos\theta)+k_z\sin\theta & k_yk_y(1-\cos\theta)+\cos\theta & k_zk_y(1-\cos\theta)-k_x\sin\theta & 0 \\ k_xk_z(1-\cos\theta)-k_y\sin\theta & k_yk_z(1-\cos\theta)+k_x\sin\theta & k_zk_z(1-\cos\theta)+\cos\theta & 0 \\ 0 & 0 & 0 & 1 \end{bmatrix} \tag{2-25}$$

注意：

① 该式为一般旋转齐次变换通式，概括了绕 X、Y、Z 轴进行旋转变换的情况。反之，当给出某个旋转齐次变换矩阵，则可求得 k 及转角 θ。

② 变换算子公式不仅适用于点的旋转，也适用于矢量、坐标系、物体的旋转。

③ 左乘是相对固定坐标系的变换；右乘是相对动坐标系的变换。

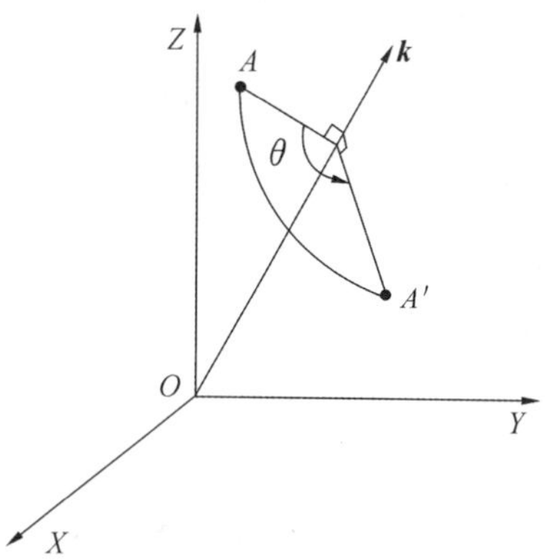

图 2-12 点的一般旋转变换

例 2.5 已知坐标系中点 U 的位置矢量 $\boldsymbol{U}=[7\quad 3\quad 2\quad 1]^{\mathrm{T}}$，将此点绕 Z 轴旋转 90°，再绕 Y 轴旋转 90°，如图 2-13 所示，求旋转变换后所得的点 $\boldsymbol{W}$。

解 旋转变换是相对于固定坐标系进行的变换，算子左乘，则有

$$\boldsymbol{W}=\mathrm{Rot}(y,90^\circ)\mathrm{Rot}(z,90^\circ)\boldsymbol{U}=\begin{bmatrix} 0 & 0 & 1 & 0 \\ 0 & 1 & 0 & 0 \\ -1 & 0 & 0 & 0 \\ 0 & 0 & 0 & 1 \end{bmatrix}\begin{bmatrix} 0 & -1 & 0 & 0 \\ 1 & 0 & 0 & 0 \\ 0 & 0 & 1 & 0 \\ 0 & 0 & 0 & 1 \end{bmatrix}\begin{bmatrix} 7 \\ 3 \\ 2 \\ 1 \end{bmatrix}=\begin{bmatrix} 2 \\ 7 \\ 3 \\ 1 \end{bmatrix}$$

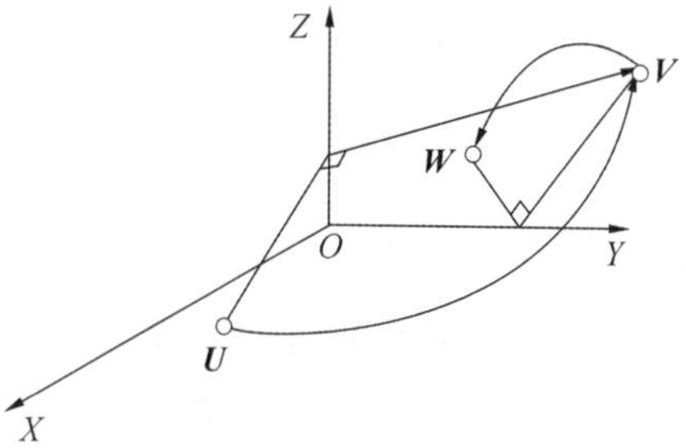

图 2-13 两次旋转变换

例 2.6 如图 2-14 所示单臂操作手，手腕也具有一个自由度。若手臂绕 Z_0 轴旋转 90°，则手部到达 G_2；若手臂不动，仅手部绕手腕 Z_1 轴旋转 90°，则手部到达 G_3。写出手部坐标系$\{G_2\}$及$\{G_3\}$的矩阵表达式。已知手部起始位姿矩阵为：

$$\boldsymbol{G}_1=\begin{bmatrix}0&1&0&2\\1&0&0&6\\0&0&-1&2\\0&0&0&1\end{bmatrix}$$

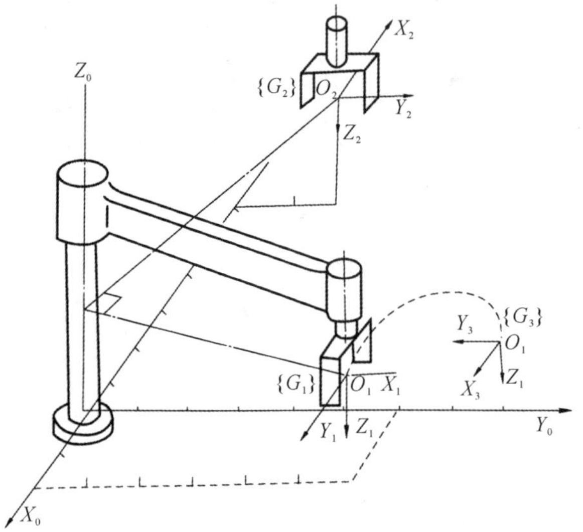

图 2-14 手臂转动和手腕转动

解 手臂绕定轴转动是相对于固定坐标系作旋转变换，算子左乘，则有：

$$\boldsymbol{G}_2=\mathrm{Rot}(Z_0,90°)\boldsymbol{G}_1=\begin{bmatrix}0&-1&0&0\\1&0&0&0\\0&0&1&0\\0&0&0&1\end{bmatrix}\begin{bmatrix}0&1&0&2\\1&0&0&6\\0&0&-1&2\\0&0&0&1\end{bmatrix}=\begin{bmatrix}-1&0&0&6\\0&1&0&2\\0&0&-1&2\\0&0&0&1\end{bmatrix}$$

手部绕手腕 Z_1 轴旋转是相对于动坐标系作的旋转变换，算子右乘，则有：

$$\boldsymbol{G}_3=\boldsymbol{G}_1\mathrm{Rot}(Z_0,90°)=\begin{bmatrix}0&1&0&2\\1&0&0&6\\0&0&-1&2\\0&0&0&1\end{bmatrix}\begin{bmatrix}0&-1&0&0\\1&0&0&0\\0&0&1&0\\0&0&0&1\end{bmatrix}=\begin{bmatrix}1&0&0&2\\0&-1&0&6\\0&0&-1&2\\0&0&0&1\end{bmatrix}$$

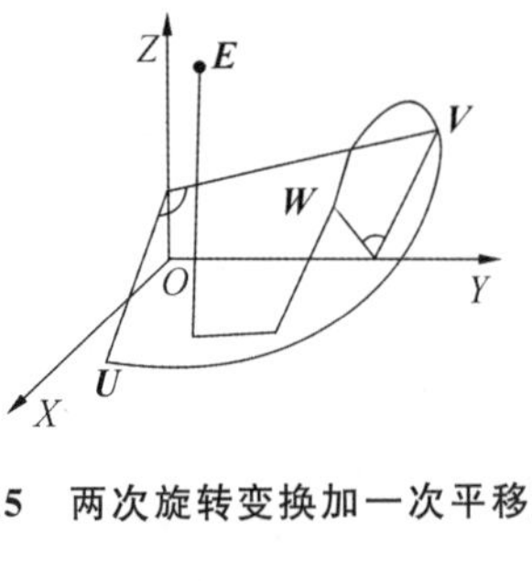

图 2-15 两次旋转变换加一次平移变换

2.2.3 平移加旋转的齐次变换

平移变换和旋转变换可以组合在一起，称为复合变换。计算时只要用旋转算子乘上平移算子就可以实现在旋转上加平移。

例 2.7 如图 2-15 所示，坐标系中点 $\boldsymbol{U}$，位置矢量 $\boldsymbol{U}=[7\quad 3\quad 2\quad 1]^{\mathrm{T}}$，将此点绕 Z 轴旋转 90°，再

作 $4\boldsymbol{i}-3\boldsymbol{j}+7\boldsymbol{k}$ 的平移，求变换后得到的点 $\boldsymbol{E}$。

解 由于旋转变换和平移变换都是相对固定坐标系进行的变换，则算子左乘，则有：

$$\boldsymbol{E}=\mathrm{Trans}(4,-3,7)\mathrm{Rot}(y,90^{\circ})\mathrm{Rot}(z,90^{\circ})\boldsymbol{U}$$

$$=\begin{bmatrix}1&0&0&4\\0&1&0&-3\\0&0&1&7\\0&0&0&1\end{bmatrix}\begin{bmatrix}0&0&1&0\\0&1&0&0\\-1&0&0&0\\0&0&0&1\end{bmatrix}\begin{bmatrix}0&-1&0&0\\1&0&0&0\\0&0&1&0\\0&0&0&1\end{bmatrix}\begin{bmatrix}7\\3\\2\\1\end{bmatrix}$$

$$=\begin{bmatrix}0&0&1&4\\1&0&0&-3\\0&1&0&7\\0&0&0&1\end{bmatrix}\begin{bmatrix}7\\3\\2\\1\end{bmatrix}=\begin{bmatrix}6\\4\\10\\1\end{bmatrix}$$

式中：$\begin{bmatrix}0&0&1&4\\1&0&0&-3\\0&1&0&7\\0&0&0&1\end{bmatrix}$为平移加旋转的符合变换矩阵。

2.3 工业机器人的连杆参数和齐次变换矩阵

机器人运动学的重点是研究手部的位姿和运动，而手部位姿是与机器人各连杆的尺寸、运动副类型及杆间的相互关系直接相关联的。因此，在研究手部机构相对于机座的几何关系时，首先必须分析两相邻杆件的相互关系，即建立杆件坐标系。

机器人的各连杆是通过关节连接在一起的，关节有移动副和转动副两种。一般按从基座到末端执行器的顺序，由低到高依次为各关节和各连杆编号，如图 2-16 所示。基座的编号为连杆 0，与基座相连的连杆编号为连杆 1，依次类推。基座与连杆 1 的关节编号为关节 1，连杆 1 与连杆 2 的连接关节编号为关节 2，依此类推。

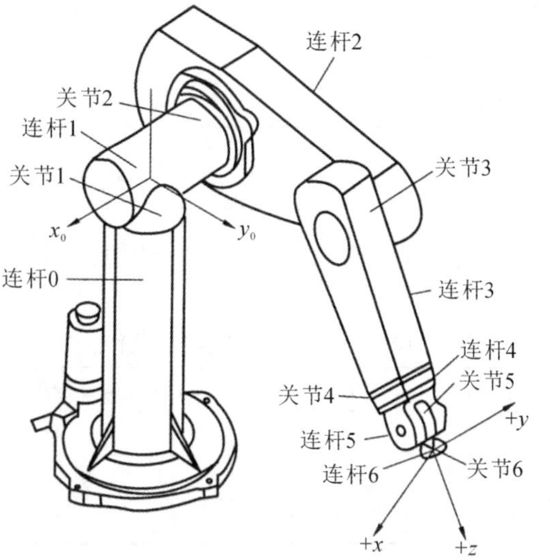

图 2-16 连杆和关节的编号

2.3.1 工业机器人连杆参数

以工业机器人手臂的某一连杆为例。如图 2-17 所示，连杆 i 两端有关节 i 和 $i+1$。描述该连杆可以通过两个几何参数：连杆长度和扭角。由于连杆两端的关节分别有其各自的关节轴线，通常情况下这两条轴线是空间异面直线，那么这两条异面直线的公垂线段的长 a_i 即为连杆长度，这两条异面直线间的夹角 α_i 即为连杆扭角。这两个参数为连杆的尺寸参数。

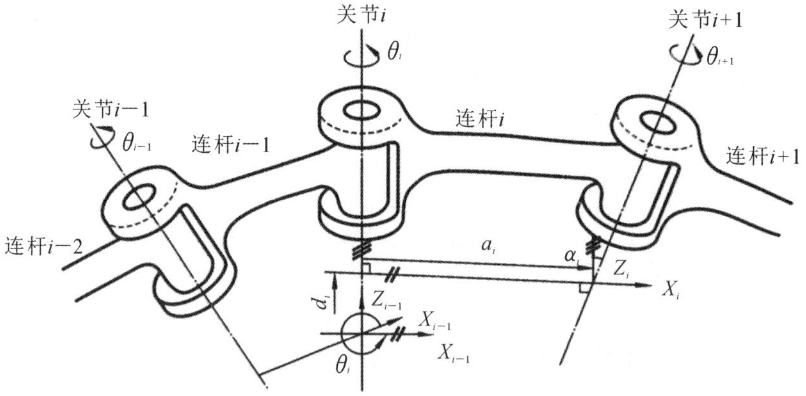

图 2-17　连杆关系参数

再考虑连杆 i 与相邻连杆 $i-1$ 的关系，若它们通过关节相连，如图 2-17 所示，其相对位置可用两个参数 d_i 和 θ_i 来确定，其中 d_i 是沿关节 i 轴线两个公垂线间的距离，即为连杆距离；θ_i 是垂直于关节 i 轴线的平面内两个公垂线的夹角，即为连杆转角。这样，每个连杆可以由四个参数来描述，其中两个是连杆尺寸，另外两个表示连杆与相邻连杆的连接关系。当连杆 i 旋转时，θ_i 为关节变量，其他三个参数不变；当连杆进行平移运动时，d_i 为关节变量，其他三个参数不变。这种用连杆参数描述机构运动关系的规则称为 Denavit-Hartenberg 参数(简称 D-H 参数)。表 2-1 所示为连杆参数。

表 2-1　连杆参数

名称		含义	正负	性质
转角	θ_i	连杆 i 绕关节 i 的 Z_{i-1} 轴的转角	右手法则	关节转动时为变量
距离	d_i	连杆 i 绕关节 i 的 Z_{i-1} 轴的位移	沿 Z_{i-1} 正向为正	关节移动时为变量
长度	a_i	沿 X_i 方向上连杆 i 的长度	与 X_i 正向一致	尺寸参数，常量
扭角	α_i	连杆 i 两关节轴线之间的扭角	右手法则	尺寸参数，常量

例 2.8　写出图 2-18 所示 3R 机器人的连杆参数。

解　根据机器人连杆参数的定义，图 2-18 中的 3R 机器人连杆参数如表 2-2 所示。

表 2-2　3R 机器人连杆参数

连杆编号 i	连杆扭角 α_{i-1}	连杆长度 a_{i-1}	连杆偏距 d_i	连杆转角 θ_i
1	0	0	0	θ_1
2	0	L_1	0	θ_2
3	0	L_2	0	θ_3

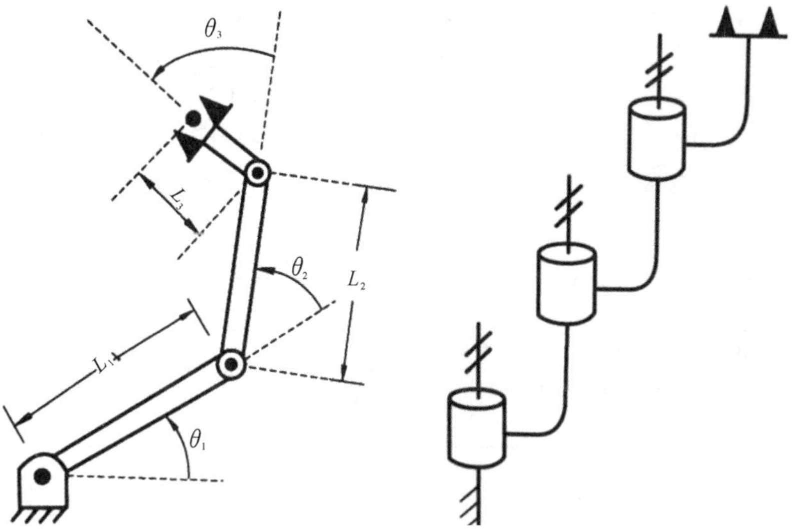

(a) 机器人主视图　　(b) 机器人侧视图

图 2-18　3R 机器人

◆ 2.3.2　连杆坐标系的建立

为了描述每个连杆和相邻连杆之间的相对位置关系，需要在每个连杆上定义一个固定坐标系。为了便于分析和研究，按照从基座到末端执行器的顺序，由低到高依次为各关节和各连杆编号，如图 2-19 所示。

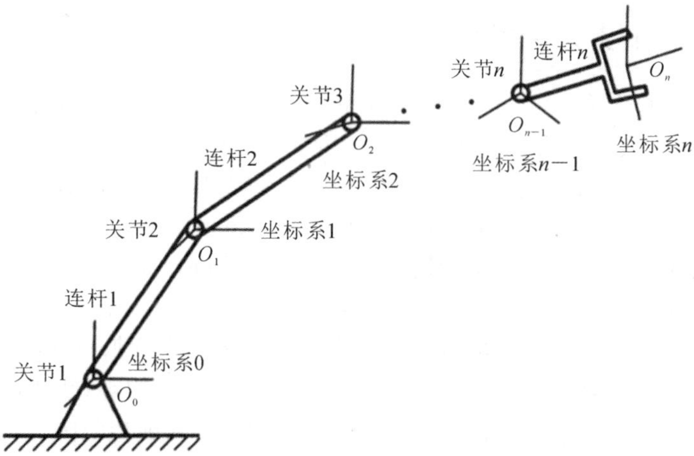

图 2-19　连杆坐标系的建立

1. 连杆坐标系的建立规则

（1）连杆中的中间连杆。对于机器人的中间连杆 i，我们规定连在连杆 i 上的坐标系 $\{i\}$，原点位于公垂线 a_i 与关节轴 i 的交点处，其 Z 轴与关节轴 i 重合，称为 Z_i；X 轴沿 a_i 方向，由关节 i 指向关节 $i+1$，称为 X_i（若 $a_i=0$，则 X_i 垂直于 Z_i 和 Z_{i+1} 所在的平面；按照右手法则，绕 X_i 轴的转角定义为连杆扭角 α_i，由于 X_i 轴的符号有两种，则连杆扭角 α_i 的符号也有两种）；Y_i 轴由右手法则确定。

（2）连杆中的首尾连杆。我们规定机器人的基座坐标系为 $\{0\}$：Z_0 轴沿着关节轴 1 的方向，当坐标系1的关节变量为0时，设定参考坐标系{0}与{1}重合。且规定连杆的长度和扭角为0，即 $a_0=0$，$\alpha=0$。当关节1为转动关节时，$d_1=0$；当关节1为移动关节时，$\theta_1=0$。

对于坐标系{i}通常规定：对于转动关节 i，设定 $\theta_i=0$，此时 X_i 和 X_{i-1} 轴的方向相同，选取坐标系{i}的原点位置，使之满足 $d_i=0$；对于移动关节 i，设定 X_i 轴的方向使之满足 $\theta_i=0$，当 $d_i=0$ 时，选取坐标系{i}的原点位于 X_{i-1} 轴与关节轴 i 的交点位置。表2-3对连杆坐标系的建立和规定进行了总结。

表 2-3　连杆的坐标系

原点 O_i	轴 X_i	轴 Y_i	轴 Z_i
位于关节 i 轴线与连杆 i 两关节轴线的公垂线的交点处	沿连杆 i 两关节轴线之公垂线，并指向 $i+1$ 关节	根据轴 X_i、Z_i 按右手法则确定	与关节 i 轴线重合

2. 建立连杆坐标系的步骤

(1) 确定关节轴，并画出轴的延长线。

(2) 找出关节轴 i 和 $i+1$ 的公垂线或交点，作为坐标系 i 的原点。

(3) 规定 Z_i 轴的指向是沿着关节轴 i。

(4) 规定 X_i 轴的指向是沿着轴 i 和 $i+1$ 的公垂线的方向，如果关节轴 i 和 $i+1$ 相交，则 X_i 轴垂直于关节轴 i 和 $i+1$ 所在的平面。

(5) Y_i 轴的方向由右手法则确定。

当第一个关节变量为0时，规定坐标系{0}和{1}重合，对于坐标系{i}，尽量选择坐标系使得连杆参数为0。

2.3.3 连杆坐标系之间的变换矩阵

建立了各连杆坐标系后，连杆 $i-1$ 的坐标系与连杆 i 的坐标系之间的变换关系可以用坐标系的平移、旋转来实现。从 $i-1$ 系到 i 系的变换步骤如下：

(1) 令 $i-1$ 系绕 Z_{i-1} 轴旋转 θ_i 角，使 X_{i-1} 与 X_i 平行，算子为 $\mathrm{Rot}(Z,\theta_i)$。

(2) 沿 Z_{i-1} 轴平移 d_i，使 X_{i-1} 与 X_i 重合，算子为 $\mathrm{Trans}(0,0,d_i)$。

(3) 沿 X_i 轴平移 a_i，使两个坐标系原点重合，算子为 $\mathrm{Trans}(a_i,0,0)$。

(4) 绕 X_i 轴旋转 α_i 角，使得 $i-1$ 系与 i 系重合，算子为 $\mathrm{Rot}(X,\alpha_i)$。

该变换过程可用一个总的变换矩阵 $\mathbf{A}_i$ 来综合表示上述四次变换，应注意坐标系在每次旋转或平移后发生了变动，后一次变换都是相对于动坐标系进行的，因此在运算中变换算子应该右乘。于是连杆 i 的坐标系相对于连杆 $i-1$ 坐标系的齐次变换矩阵为：

$$
\begin{aligned}
\mathbf{A}_i &= \mathrm{Rot}(Z,\theta_i)\mathrm{Trans}(0,0,d_i)\mathrm{Trans}(a_i,0,0)\mathrm{Rot}(X,\alpha_i) \\
&= \begin{bmatrix} c\theta_i & -s\theta_i & 0 & 0 \\ s\theta_i & c\theta_i & 0 & 0 \\ 0 & 0 & 1 & 0 \\ 0 & 0 & 0 & 1 \end{bmatrix}
\begin{bmatrix} 1 & 0 & 0 & a_i \\ 0 & 1 & 0 & 0 \\ 0 & 0 & 1 & d_i \\ 0 & 0 & 0 & 1 \end{bmatrix}
\begin{bmatrix} 1 & 0 & 0 & 0 \\ 0 & c\alpha_i & -s\alpha_i & 0 \\ 0 & s\alpha_i & c\alpha_i & 0 \\ 0 & 0 & 0 & 1 \end{bmatrix} \\
&= \begin{bmatrix} c\theta_i & -s\theta_i c\alpha_i & s\theta_i s\alpha_i & a_i c\theta_i \\ s\theta_i & c\theta_i c\alpha_i & -c\theta_i s\alpha_i & a_i s\theta_i \\ 0 & s\alpha_i & c\alpha_i & d_i \\ 0 & 0 & 0 & 1 \end{bmatrix}
\end{aligned} \tag{2-26}
$$

式中：s——sin；

c——cos。

实际上，很多机器人在设计时，常常使某些连杆参数取得特别值，如使 $\alpha_i=0$ 或 90°，也有使 $d_i=0$ 或 $a_i=0$，从而可以简化变换矩阵 $\boldsymbol{A}_i$ 的计算，同时也可简化控制。

2.4 工业机器人的运动学方程

2.4.1 机器人运动学方程

我们将为机器人的每一个连杆建立一个坐标系，并用齐次变换来描述这些坐标系间的相对关系，也叫相对位姿。通常把描述一个连杆坐标系与下一个连杆坐标系间的相对关系的变换矩阵叫作 $\boldsymbol{A}_i$ 变换矩阵。$\boldsymbol{A}_i$ 描述的是连杆坐标系之间相对平移和旋转的齐次变换。

如果 $\boldsymbol{A}_1$ 矩阵描述第一个连杆对于机身的位姿，则第一连杆坐标系的位姿 $\boldsymbol{T}_1$ 为：

$$\boldsymbol{T}_1=\boldsymbol{A}_1\boldsymbol{T}_0=\boldsymbol{A}_1 \tag{2-27}$$

其中：

$$\boldsymbol{T}_0=\begin{bmatrix}1&0&0&0\\0&1&0&0\\0&0&1&0\\0&0&0&1\end{bmatrix}$$

如果 $\boldsymbol{A}_2$ 矩阵描述的是第二个连杆坐标系相对于第一个连杆坐标系的齐次变换。则第二个连杆坐标系在固定坐标系的位姿 $\boldsymbol{T}_2$ 可用 $\boldsymbol{A}_2$ 和 $\boldsymbol{A}_1$ 的乘积来表示，并且 $\boldsymbol{A}_2$ 应该右乘，则有：

$$\boldsymbol{T}_2=\boldsymbol{A}_1\boldsymbol{A}_2 \tag{2-28}$$

同理，若 $\boldsymbol{A}_3$ 矩阵表示第三连杆坐标系相对于第二连杆坐标系的齐次变换，则有：

$$\boldsymbol{T}_3=\boldsymbol{A}_1\boldsymbol{A}_2\boldsymbol{A}_3 \tag{2-29}$$

若有一个六连杆机器人，机器人末端执行器坐标系（即连杆坐标系 6）的坐标相对于连杆 $i-1$ 坐标系的位姿（齐次变换矩阵）用 ${}^{i-1}\boldsymbol{T}_6$ 表示，即：

$${}^{i-1}\boldsymbol{T}_6=\boldsymbol{A}_i\boldsymbol{A}_{i+1}\cdots\boldsymbol{A}_6 \tag{2-30}$$

机器人末端执行器相对于机身坐标系的齐次变换矩阵为：

$${}^{0}\boldsymbol{T}_6=\boldsymbol{A}_1\boldsymbol{A}_2\cdots\boldsymbol{A}_6 \tag{2-31}$$

式中：${}^{0}\boldsymbol{T}_6$ 常写成 $\boldsymbol{T}_6$。

式(2-31)表示了从固定参考系到手部坐标系的各连杆坐标系之间的变换矩阵的连乘，左边 $\boldsymbol{T}_6$ 表示这些矩阵的乘积，也就是手部坐标系相对于固定参考系的位姿，我们称式(2-31)为工业机器人的运动学方程。式(2-31)的计算结果 $\boldsymbol{T}_6$ 是一个 4×4 的矩阵，该矩阵前三列表示手部的姿态，第四列表示手部中心点的位置。可写成如下形式：

$$\boldsymbol{T}=[\boldsymbol{n}\quad\boldsymbol{o}\quad\boldsymbol{a}\quad\boldsymbol{p}]=\begin{bmatrix}n_X&o_X&a_X&P_X\\n_Y&o_Y&a_Y&P_Y\\n_Z&o_Z&a_Z&P_Z\\0&0&0&1\end{bmatrix} \tag{2-32}$$

2.4.2 正向运动学及实例

正向运动学主要解决机器人运动学方程的建立及手部位姿的求解，即已知各个关节的变量，求手部的位姿。

如图 2-20 所示，SCARA 装配机器人的三个关节轴线是相互平行的，{0}、{1}、{2}、{3}分别表示固定坐标系、连杆 1 的动坐标系、连杆 2 的动坐标系、连杆 3 的动坐标系，分别坐落在关节 1、关节 2、关节 3 和手部中心。坐标系{3}即为手部坐标系。连杆运动为旋转运动，连杆参数 θ_i 为变量，其余参数均为常量。该机器人的参数如表 2-4 所示。

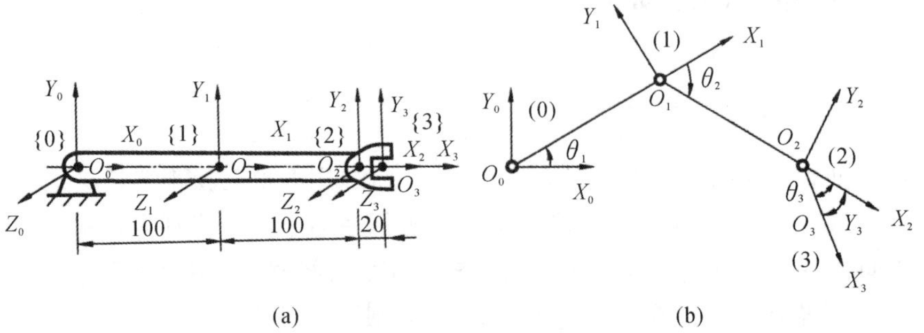

图 2-20　SCARA 装配机器人的坐标系

表 2-4　SCARA 装配机器人连杆参数

连　　杆	转角变量 θ_n	连杆间距 d_n	连 杆 长 度	连 杆 扭 角
1	θ_1	$d_1=0$	$a_1=l_1=100$	$\alpha_1=0$
2	θ_2	$d_2=0$	$a_2=l_2=100$	$\alpha_2=0$
3	θ_3	$d_3=0$	$a_3=l_3=20$	$\alpha_3=0$

该平面关节型机器人的运动学方程为：

$$\boldsymbol{T}_3=\boldsymbol{A}_1\boldsymbol{A}_2\boldsymbol{A}_3 \tag{2-33}$$

式中：$\boldsymbol{A}_1$——连杆 1 的坐标系相对于固定坐标系的齐次变换矩阵；

$\boldsymbol{A}_2$——连杆 2 的坐标系相对于连杆 1 坐标系的齐次变换矩阵；

$\boldsymbol{A}_3$——手部坐标系相对于连杆 2 坐标系的齐次变换矩阵。

$$\boldsymbol{A}_1=\mathrm{Rot}(Z_0,\theta_1)\mathrm{Trans}(l_1,0,0) \tag{2-34}$$

$$\boldsymbol{A}_2=\mathrm{Rot}(Z_1,\theta_2)\mathrm{Trans}(l_2,0,0) \tag{2-35}$$

$$\boldsymbol{A}_3=\mathrm{Rot}(Z_2,\theta_3)\mathrm{Trans}(l_3,0,0) \tag{2-36}$$

$\boldsymbol{T}_3$ 为手部坐标系（即手部）的位姿。由于其可写成（4×4）的矩阵形式，即可得向量 $\boldsymbol{p}$、$\boldsymbol{n}$、$\boldsymbol{o}$、$\boldsymbol{a}$，把 θ_1、θ_2、θ_3 代入可得。

如图 2-20(b)所示，当转角变量分别为 $\theta_1=30°$，$\theta_2=-60°$，$\theta_3=-30°$ 时，则可根据平面关节型机器人运动学方程求解出运动学正解，即手部的位姿矩阵表达式：

$$\boldsymbol{T}_3=\begin{bmatrix}0.5 & 0.866 & 0 & 183.2\\ -0.866 & 0.5 & 0 & -17.32\\ 0 & 0 & 1 & 0\\ 0 & 0 & 0 & 1\end{bmatrix}$$

例 2.9　斯坦福机械手结构示意图如图 2-21 所示，求齐次坐标变换矩阵 ${}^0\boldsymbol{T}_6$。

解　(1)D-H 坐标系的建立。

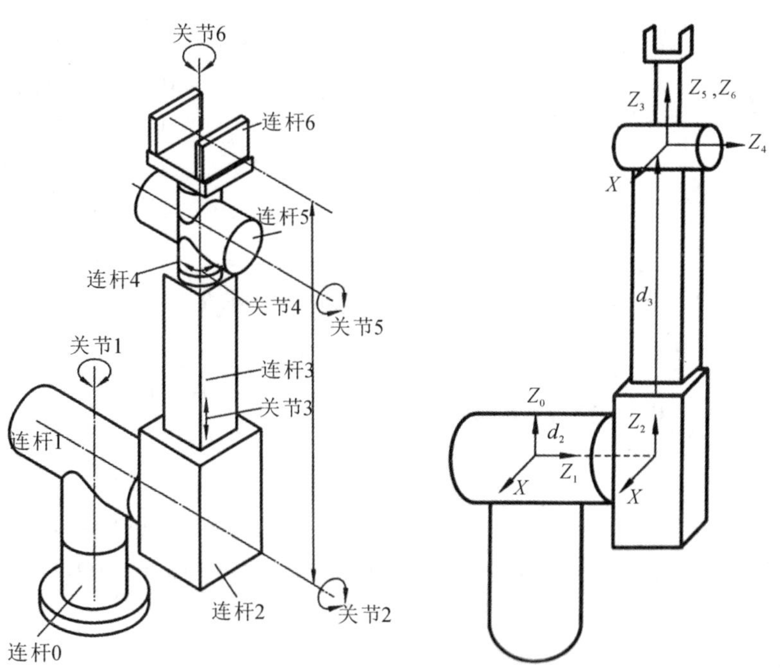

(a) 结构示意图　　(b) 所建坐标系示意图

图 2-21　斯坦福机械手结构及坐标系示意图

如图 2-21(a)所示的结构示意图，按 D-H 方法建立各连杆坐标系，如图 2-21(b)所示。图中 Z_0 轴为沿关节 1 的轴，Z_i 轴为沿关节 $i+1$ 的轴，令所有 X_i 轴与基座坐标系 X_0 轴平行，Y_i 轴按右手法则确定。

(2) 确定各连杆的 D-H 参数和关节变量。

各连杆的 D-H 参数和关节变量如表 2-5 所示。

表 2-5　例 2.9 各连杆的 D-H 参数和关节变量

关节 i	连杆转角 θ_i/(°)	连杆扭角 α_i/(°)	连杆长度 a/mm	连杆距离 d/mm
1	θ_1	−90	0	0
2	θ_2	90	0	d_2
3	0	0	0	d_3(变量)
4	θ_4	−90	0	0
5	θ_5	90	0	0
6	θ_6	0	0	0

(3) 求两连杆之间的位姿矩阵 $^{i-1}\boldsymbol{T}_i (i=1,2,\cdots,6)$。

由表 2-5 所示的 D-H 参数和齐次坐标变换矩阵公式，可依次求得：

$$^{0}\boldsymbol{T}_1=\begin{bmatrix} c\theta_1 & 0 & -s\theta_1 & 0 \\ s\theta_1 & 0 & c\theta_1 & 0 \\ 0 & -1 & 0 & 0 \\ 0 & 0 & 0 & 1 \end{bmatrix} \qquad ^{1}\boldsymbol{T}_2=\begin{bmatrix} c\theta_2 & 0 & -s\theta_2 & 0 \\ s\theta_2 & 0 & -c\theta_2 & 0 \\ 0 & 1 & 0 & d_2 \\ 0 & 0 & 0 & 1 \end{bmatrix}$$

$$^{2}\boldsymbol{T}_3=\begin{bmatrix} 1 & 0 & 0 & 0 \\ 0 & 1 & 0 & 0 \\ 0 & 0 & 1 & d_3 \\ 0 & 0 & 0 & 1 \end{bmatrix} \qquad ^{3}\boldsymbol{T}_4=\begin{bmatrix} c\theta_4 & 0 & -s\theta_4 & 0 \\ s\theta_4 & 0 & c\theta_4 & 0 \\ 0 & -1 & 0 & 0 \\ 0 & 0 & 0 & 1 \end{bmatrix}$$

$$^{4}\boldsymbol{T}_5=\begin{bmatrix} c\theta_5 & 0 & s\theta_5 & 0 \\ s\theta_5 & 0 & -c\theta_5 & 0 \\ 0 & 1 & 0 & 0 \\ 0 & 0 & 0 & 1 \end{bmatrix} \qquad ^{5}\boldsymbol{T}_6=\begin{bmatrix} c\theta_6 & -s\theta_6 & 0 & 0 \\ s\theta_6 & c\theta_6 & 0 & 0 \\ 0 & 0 & 1 & 0 \\ 0 & 0 & 0 & 1 \end{bmatrix}$$

式中：$s\theta_i=\sin\theta_i$；

$c\theta_i=\cos\theta_i$。

(4) 机械手末端执行器相对于基座的齐次坐标变换矩阵$^{0}\boldsymbol{T}_6$。

$$^{0}\boldsymbol{T}_6={}^{0}\boldsymbol{T}_1{}^{1}\boldsymbol{T}_2{}^{2}\boldsymbol{T}_3{}^{3}\boldsymbol{T}_4{}^{4}\boldsymbol{T}_5{}^{5}\boldsymbol{T}_6=\begin{bmatrix} n_X & o_X & a_X & P_X \\ n_Y & o_Y & a_Y & P_Y \\ n_Z & o_Z & a_Z & P_Z \\ 0 & 0 & 0 & 1 \end{bmatrix}$$

式中：$n_X=c\theta_1[c_{23}(c\theta_4c\theta_5c\theta_6-s\theta_4s\theta_6)-s_{23}s\theta_5c\theta_6]-s\theta_1(s\theta_4c\theta_5c\theta_6+c\theta_4s\theta_6)$；

$n_Y=s\theta_1[c_{23}(c\theta_4c\theta_5c\theta_6-s\theta_4s\theta_6)-s_{23}s\theta_5c\theta_6]+c\theta_1(s\theta_4c\theta_5c\theta_6+c\theta_4s\theta_6)$；

$n_Z=-s_{23}(c\theta_4c\theta_5c\theta_6-s\theta_4s\theta_6)-c_{23}s\theta_5c\theta_6$；

$o_X=c\theta_1[-c_{23}(c\theta_4c\theta_5c\theta_6-s\theta_4s\theta_6)+s_{23}s\theta_5c\theta_6]-s\theta_1(-s\theta_4c\theta_5s\theta_6+c\theta_4c\theta_6)$；

$o_Y=s\theta_1[-c_{23}(c\theta_4c\theta_5c\theta_6-s\theta_4s\theta_6)+s_{23}s\theta_5c\theta_6]+c\theta_1(-s\theta_4c\theta_5s\theta_6+c\theta_4c\theta_6)$；

$o_Z=s_{23}(c\theta_4c\theta_5c\theta_6+s\theta_4s\theta_6)+c_{23}s\theta_5s\theta_6$；

$a_X=c\theta_1(c_{23}c\theta_4s\theta_5+s_{23}c\theta_5)-s\theta_1s\theta_4s\theta_5$；

$a_Y=s\theta_1(c_{23}c\theta_4s\theta_5+s_{23}c\theta_5)+c\theta_1s\theta_4s\theta_5$；

$a_Z=-s_{23}c\theta_4s\theta_5+c_{23}c\theta_5$；

$P_X=c\theta_1s\theta_2d_3-s\theta_1d_2$；

$P_Y=s\theta_1s\theta_2d_3+c\theta_1d_2$；

$P_Z=c\theta_2d_3$。

上述式中：$s_{ij}=\sin(\theta_i+\theta_j)$；

$c_{ij}=\cos(\theta_i+\theta_j)$。

例 2.10 瑞典 ABB 公司生产的 IRB140 是一款结构紧凑、功能强大的关节型 6 轴机械臂，其连杆坐标系示意图如图 2-22 所示，求齐次坐标变换矩阵$^{0}\boldsymbol{T}_6$。

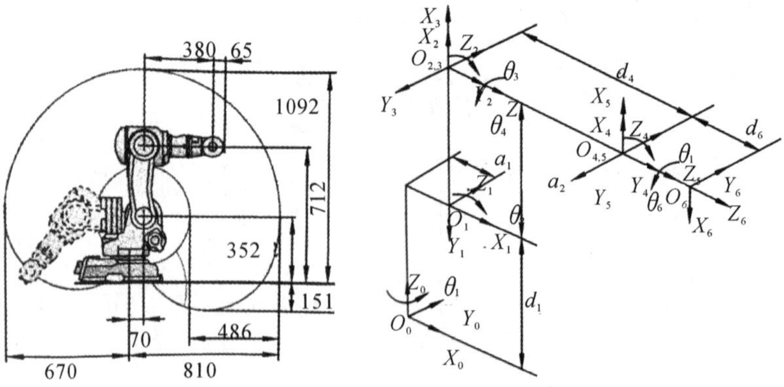

(a) 结构示意图　　(b) 所建坐标系示意图

图 2-22　ABB IRB140 连杆坐标系示意图

解 (1)D-H 坐标系的建立。

如图 2-22(b)所示,用 D-H 方法建立各连杆坐标系。

(2) 确定各连杆的 D-H 参数和关节变量。

各连杆的 D-H 参数和关节变量如表 2-6 所示。

表 2-6 例 2.10 各连杆的 D-H 参数和关节变量

关节 i	连杆转角 θ_i/(°)	连杆扭角 α_i/(°)	连杆长度 a/mm	连杆距离 d/mm	关节变量范围/(°)
1	$\theta_1(0)$	−90	$a_1(70)$	$d_1(352)$	+180～−180
2	$\theta_2(-90)$	0	$a_1(360)$	0	+110～−90
3	$\theta_3(0)$	−90	0	0	+50～−230
4	$\theta_4(0)$	90	0	$d_4(380)$	+200～−200
5	$\theta_5(0)$	−90	0	0	+120～−120
6	$\theta_6(180)$	0	0	$d_6(65)$	+400～−400

(3) 求两连杆之间的位姿矩阵 ${}^{i-1}\boldsymbol{T}_i(i=1,2,\cdots,6)$。

由表 2-6 所示的 D-H 参数和齐次坐标变换矩阵公式,可依次求得:

$$ {}^{0}\boldsymbol{T}_1=\begin{bmatrix} c\theta_1 & 0 & -s\theta_1 & a_1c\theta_1 \\ s\theta_1 & 0 & c\theta_1 & a_1s\theta_1 \\ 0 & -1 & 0 & d_1 \\ 0 & 0 & 0 & 1 \end{bmatrix} \qquad {}^{1}\boldsymbol{T}_2=\begin{bmatrix} c\theta_2 & -s\theta_2 & 0 & a_2c\theta_2 \\ s\theta_2 & c\theta_2 & 0 & a_2s\theta_2 \\ 0 & 1 & 1 & d_2 \\ 0 & 0 & 0 & 1 \end{bmatrix} $$

$$ {}^{2}\boldsymbol{T}_3=\begin{bmatrix} c\theta_3 & 0 & -s\theta_3 & a_3c\theta_3 \\ s\theta_3 & 0 & c\theta_3 & a_3s\theta_3 \\ 0 & -1 & 0 & d_3 \\ 0 & 0 & 0 & 1 \end{bmatrix} \qquad {}^{3}\boldsymbol{T}_4=\begin{bmatrix} c\theta_4 & 0 & s\theta_4 & a_4c\theta_4 \\ s\theta_4 & 0 & -c\theta_4 & a_4s\theta_4 \\ 0 & 1 & 0 & d_4 \\ 0 & 0 & 0 & 1 \end{bmatrix} $$

$$ {}^{4}\boldsymbol{T}_5=\begin{bmatrix} c\theta_5 & 0 & -s\theta_5 & a_5c\theta_5 \\ s\theta_5 & 0 & c\theta_5 & a_5c\theta_5 \\ 0 & -1 & 0 & d_5 \\ 0 & 0 & 0 & 1 \end{bmatrix} \qquad {}^{5}\boldsymbol{T}_6=\begin{bmatrix} c\theta_6 & -s\theta_6 & 0 & a_6c\theta_6 \\ s\theta_6 & c\theta_6 & 0 & a_6c\theta_6 \\ 0 & 0 & 1 & d_6 \\ 0 & 0 & 0 & 1 \end{bmatrix} $$

式中:$s\theta_i=\sin\theta_i$;

$c\theta_i=\cos\theta_i$。

(4) 机械手末端执行器相对于基座的齐次坐标变换矩阵 ${}^{0}\boldsymbol{T}_6$。

$$ {}^{0}\boldsymbol{T}_6={}^{0}\boldsymbol{T}_1{}^{1}\boldsymbol{T}_2{}^{2}\boldsymbol{T}_3{}^{3}\boldsymbol{T}_4{}^{4}\boldsymbol{T}_5{}^{5}\boldsymbol{T}_6=\begin{bmatrix} n_X & o_X & a_X & P_X \\ n_Y & o_Y & a_Y & P_Y \\ n_Z & o_Z & a_Z & P_Z \\ 0 & 0 & 0 & 1 \end{bmatrix} $$

式中:$n_X=c\theta_1[c_{23}(c\theta_4c\theta_5c\theta_6-s\theta_4s\theta_6)-s_{23}s\theta_5c\theta_6]+s\theta_1(s\theta_4c\theta_5c\theta_6+c\theta_4s\theta_6)$;

$n_Y=s\theta_1[c_{23}(c\theta_4c\theta_5c\theta_6-s\theta_4s\theta_6)-s_{23}s\theta_5c\theta_6]-c\theta_1(s\theta_4c\theta_5c\theta_6+c\theta_4s\theta_6)$;

$n_Z=-s_{23}(c\theta_4c\theta_5c\theta_6-s\theta_4s\theta_6)-c_{23}s\theta_5c\theta_6$;

$o_X=c\theta_1[c_{23}(-c\theta_4c\theta_5s\theta_6-s\theta_4s\theta_6)+s_{23}s\theta_5c\theta_6]+s\theta_1(-s\theta_4c\theta_5s\theta_6+c\theta_4c\theta_6)$;

$o_Y=s\theta_1[c_{23}(-c\theta_4c\theta_5s\theta_6-s\theta_4s\theta_6)+s_{23}s\theta_5c\theta_6]+c\theta_1(s\theta_4c\theta_5s\theta_6-c\theta_4c\theta_6)$;

$$o_Z = s_{23}(c\theta_4 c\theta_5 s\theta_6 + s\theta_4 c\theta_6) + c_{23} s\theta_5 s\theta_6;$$
$$a_X = -c\theta_1(c_{23} c\theta_4 s\theta_5 + s_{23} c\theta_5) - s\theta_1 s\theta_4 s\theta_5;$$
$$a_Y = -s\theta_1(c_{23} c\theta_4 s\theta_5 + s_{23} c\theta_5) + c\theta_1 s\theta_4 s\theta_5;$$
$$a_Z = s_{23} c\theta_4 s\theta_5 - c_{23} c\theta_5;$$
$$P_X = c\theta_1(a_2 c\theta_2 + a_3 c_{23} - d_4 s_{23}) - d_3 s\theta_1 = c\theta_1(a_2 c\theta_2 - d_4 s_{23});$$
$$P_Y = s\theta_1(a_2 c\theta_2 + a_3 c_{23} - d_4 s_{23}) + d_3 c\theta_1 = s\theta_1(a_2 c\theta_2 - d_4 s_{23});$$
$$P_Z = -a_3 s_{23} - a_2 s\theta_2 - d_4 c_{23} = -a_2 s\theta_2 - d_4 c_{23}。$$

上述式中：$s_{ij} = \sin(\theta_i + \theta_j)$；

$c_{ij} = \cos(\theta_i + \theta_j)$。

2.4.3 反向运动学及实例

反向运动学解决的问题是：已知手部的位姿，求各个关节的变量。在机器人的控制中，往往已知手部到达的目标位姿，需要求出关节变量，以驱动各关节的电机，使手部的位姿得到满足，这就是运动学的反向问题，也称逆运动学问题。对于逆运动学问题，其求解步骤如下：

（1）根据机械手关节坐标设定确定出 $\boldsymbol{A}_i$，由关节变量和参数确定机器人运动学方程。

$$\boldsymbol{T}_6 = \boldsymbol{A}_1 \boldsymbol{A}_2 \boldsymbol{A}_3 \boldsymbol{A}_4 \boldsymbol{A}_5 \boldsymbol{A}_6 \tag{2-37}$$

（2）根据工作任务确定机器人的各连杆坐标系相对于基座坐标系的位姿 $\boldsymbol{T}_i$。$\boldsymbol{T}_6$ 为末端执行器在直角坐标系中的位姿，由任务确定。

（3）由 $\boldsymbol{T}_6$ 和 $\boldsymbol{A}_i(n=1,2,\cdots,6)$，求出相应的关节变量 θ_i 或 d_i。

分别用 $\boldsymbol{A}_i(i=1,2,\cdots,5)$ 的逆左乘式(2-37)有：

$$\boldsymbol{A}_1^{-1}\boldsymbol{T}_6 = {}^1\boldsymbol{T}_6 \qquad ({}^1\boldsymbol{T}_6 = \boldsymbol{A}_2 \boldsymbol{A}_3 \boldsymbol{A}_4 \boldsymbol{A}_5 \boldsymbol{A}_6) \tag{2-38}$$
$$\boldsymbol{A}_2^{-1}\boldsymbol{A}_1^{-1}\boldsymbol{T}_6 = {}^2\boldsymbol{T}_6 \qquad ({}^2\boldsymbol{T}_6 = \boldsymbol{A}_3 \boldsymbol{A}_4 \boldsymbol{A}_5 \boldsymbol{A}_6) \tag{2-39}$$
$$\boldsymbol{A}_3^{-1}\boldsymbol{A}_2^{-1}\boldsymbol{A}_1^{-1}\boldsymbol{T}_6 = {}^3\boldsymbol{T}_6 \qquad ({}^3\boldsymbol{T}_6 = \boldsymbol{A}_4 \boldsymbol{A}_5 \boldsymbol{A}_6) \tag{2-40}$$
$$\boldsymbol{A}_4^{-1}\boldsymbol{A}_3^{-1}\boldsymbol{A}_2^{-1}\boldsymbol{A}_1^{-1}\boldsymbol{T}_6 = {}^4\boldsymbol{T}_6 \qquad ({}^4\boldsymbol{T}_6 = \boldsymbol{A}_5 \boldsymbol{A}_6) \tag{2-41}$$
$$\boldsymbol{A}_5^{-1}\boldsymbol{A}_4^{-1}\boldsymbol{A}_3^{-1}\boldsymbol{A}_2^{-1}\boldsymbol{A}_1^{-1}\boldsymbol{T}_6 = {}^5\boldsymbol{T}_6 \qquad ({}^5\boldsymbol{T}_6 = \boldsymbol{A}_6) \tag{2-42}$$

根据上述 5 个矩阵方程对应元素相等，可得到若干个可解的代数方程，便可求出关节变量 θ_i 或 d_i。

上述求解的过程称为分离变量法，即将一个未知数由矩阵方程的右边移向左边，使其与其他未知数分开，解开这个未知数，再把下一个未知数移到左边，重复进行，直到解出所有未知数。

应该注意，求解机器人的逆解时，可能存在的问题有：解不存在或解的多重性。由于旋转关节的活动范围很难达到 360°，仅为 360°的一部分，即机器人都具有一定的工作区域，当给定手部位置在工作区域外时，则解不存在。由于关节的活动范围的限制，机器人有多组解时，可能有某些解，机器人关节不能达到。一般来说，非零的连杆参数越多，达到某一目标的方式越多，运动学逆解的数目越多。因此，应该根据具体情况，在避免碰撞的前提下，按“最短行程”的原则来择优，即每个关节的移动量最小。又由于工业机器人连杆的尺寸大小不同，因此应遵循“多移动小关节，少移动大关节”的原则。

例 2.11 斯坦福机械手结构示意图如图 2-21 所示，已知机械手末端执行器位姿 ${}^0\boldsymbol{T}_6$，求其运动反解，即各关节变量。

$$ {}^{0}\boldsymbol{T}^{6}=\begin{bmatrix} n_X & o_X & a_X & P_X \\ n_Y & o_Y & a_Y & P_Y \\ n_Z & o_Z & a_Z & P_Z \\ 0 & 0 & 0 & 1 \end{bmatrix} $$

解 由已知条件知：

$$ {}^{0}\boldsymbol{T}_6={}^{0}\boldsymbol{T}_1{}^{1}\boldsymbol{T}_2{}^{2}\boldsymbol{T}_3{}^{3}\boldsymbol{T}_4{}^{4}\boldsymbol{T}_5{}^{5}\boldsymbol{T}_6 \tag{2-43} $$

(1) 求 θ_1。

用${}^{0}\boldsymbol{T}_1^{-1}$左乘式(2-43)，可得：

$$ {}^{0}\boldsymbol{T}_1^{-1}{}^{0}\boldsymbol{T}_6={}^{1}\boldsymbol{T}_2{}^{2}\boldsymbol{T}_3{}^{3}\boldsymbol{T}_4{}^{4}\boldsymbol{T}_5{}^{5}\boldsymbol{T}_6={}^{1}\boldsymbol{T}_6 $$

式中：

$$ {}^{0}\boldsymbol{T}_1^{-1}{}^{0}\boldsymbol{T}_6=\begin{bmatrix} c\theta_1 & s\theta_1 & 0 & 0 \\ 0 & 0 & -1 & 0 \\ -s\theta_1 & c\theta_1 & 0 & 0 \\ 0 & 0 & 0 & 1 \end{bmatrix}\begin{bmatrix} n_X & o_X & a_X & P_X \\ n_Y & o_Y & a_Y & P_Y \\ n_Z & o_Z & a_Z & P_Z \\ 0 & 0 & 0 & 1 \end{bmatrix}=\begin{bmatrix} f_{11}(n) & f_{11}(o) & f_{11}(a) & f_{11}(P) \\ f_{12}(n) & f_{12}(o) & f_{12}(a) & f_{12}(P) \\ f_{13}(n) & f_{13}(o) & f_{13}(a) & f_{13}(P) \\ 0 & 0 & 0 & 1 \end{bmatrix} $$

式中：$f_{11}(i)=c\theta_1 i_X+s\theta_1 i_Y$；

$f_{12}(i)=-i_Z$；

$f_{13}(i)=-s\theta_1 i_X+c\theta_1 i_Y, i=\boldsymbol{n},\boldsymbol{o},\boldsymbol{a}$；

${}^{1}\boldsymbol{T}_6={}^{1}\boldsymbol{T}_2{}^{2}\boldsymbol{T}_3{}^{3}\boldsymbol{T}_4{}^{4}\boldsymbol{T}_5{}^{5}\boldsymbol{T}_6=$

$$ \begin{bmatrix} c\theta_2(c\theta_4 c\theta_5 c\theta_6-s\theta_4 s\theta_6)-s\theta_2 s\theta_5 c\theta_6 & -c\theta_2(c\theta_4 c\theta_5 s\theta_6+s\theta_4 s\theta_6)+s\theta_2 s\theta_5 s\theta_6 & c\theta_2 c\theta_4 s\theta_5+s\theta_2 c\theta_5 & s\theta_2 d_3 \\ s\theta_2(c\theta_4 c\theta_5 c\theta_6-s\theta_4 s\theta_6)+c\theta_2 s\theta_5 c\theta_6 & -s\theta_2(c\theta_4 c\theta_5 s\theta_6+s\theta_4 c\theta_6)-c\theta_2 s\theta_5 s\theta_6 & s\theta_2 c\theta_4 s\theta_5-c\theta_2 c\theta_5 & -c\theta_2 d_3 \\ s\theta_4 c\theta_5 c\theta_6+c\theta_4 s\theta_6 & -s\theta_4 c\theta_5 s\theta_6+c\theta_4 c\theta_6 & s\theta_4 s\theta_5 & d_2 \\ 0 & 0 & 0 & 1 \end{bmatrix} \tag{2-44} $$

所以有：

$$ f_{13}(P)=d_2 $$

即：

$$ -\sin\theta_1 P_X+\cos\theta_1 P_Y=d_2 $$

采用三角代换：

$$ P_X=\rho\cos\varphi, P_Y=\rho\sin\varphi $$

式中：$\rho=\sqrt{P_X^2+P_Y^2}$；

$\varphi=\arctan2(P_Y,P_X)$，其中 $\arctan2(P_Y,P_X)$表示计算 y/x 的反正切值。

进行三角代换后，可解得：

$$ \sin(\varphi-\theta_1)=\frac{d_2}{\rho},\cos(\varphi-\theta_1)=\pm\sqrt{1-(\frac{d_2}{\rho})^2} $$

$$ \varphi-\theta_1=\arctan2\left[\frac{d_2}{\rho},\pm\sqrt{1-(\frac{d_2}{\rho})^2}\right] $$

$$ \theta_1=\arctan2(P_Y,P_X)-\arctan2(d_2,\pm\sqrt{P_X^2+P_Y^2-d_2^2}) $$

(2) 求 θ_2。

用 ${}^1\boldsymbol{T}_2^{-1}$ 左乘式(2-44),可得:

$$ {}^1\boldsymbol{T}_2^{-1}\,{}^0\boldsymbol{T}_1^{-1}\,{}^0\boldsymbol{T}_6 = {}^2\boldsymbol{T}_3\,{}^3\boldsymbol{T}_4\,{}^4\boldsymbol{T}_5\,{}^5\boldsymbol{T}_6 = {}^2\boldsymbol{T}_6 \tag{2-45} $$

查找右边的元素,这些元素是各关节的函数。经过上式计算得到矩阵后,(1,4)和(2,4)是 $\sin\theta_2\, d_3$ 的函数,于是有:

$$ \sin\theta_2\, d_3 = \cos\theta_1\, P_X + \sin\theta_1\, P_Y $$

$$ -\cos\theta_2\, d_3 = -P_Z $$

由于 $d_3>0$,故 θ_2 有唯一解:

$$ \theta_2 = \arctan \frac{\cos\theta_1 P_X + \sin\theta_1 P_Y}{P_Z} $$

(3) 求 d_3。

用 ${}^2\boldsymbol{T}_3^{-1}$ 左乘式(2-45),可得:

$$ {}^2\boldsymbol{T}_3^{-1}\,{}^1\boldsymbol{T}_2^{-1}\,{}^0\boldsymbol{T}_1^{-1}\,{}^0\boldsymbol{T}_6 = {}^3\boldsymbol{T}_4\,{}^4\boldsymbol{T}_5\,{}^5\boldsymbol{T}_6 = {}^3\boldsymbol{T}_6 \tag{2-46} $$

因 θ_1、θ_2 已求得,故 $\sin\theta_1$、$\cos\theta_1$、$\sin\theta_2$、$\cos\theta_2$ 均为已知。计算式(2-46),令(3,4)对应元素相等,则有:

$$ d_3 = \sin\theta_2(\cos\theta_1 P_X + \sin\theta_1 P_Y) + \cos\theta_2 P_Z $$

(4) 求 θ_4。

用 ${}^3\boldsymbol{T}_4^{-1}$ 左乘式(2-46),可得:

$$ {}^3\boldsymbol{T}_4^{-1}\,{}^2\boldsymbol{T}_3^{-1}\,{}^1\boldsymbol{T}_2^{-1}\,{}^0\boldsymbol{T}_1^{-1}\,{}^0\boldsymbol{T}_6 = {}^4\boldsymbol{T}_5\,{}^5\boldsymbol{T}_6 = {}^4\boldsymbol{T}_6 \tag{2-47} $$

计算式(2-47),令两边矩阵中(3,3)的元素相等,则有:

$$ -\sin\theta_4[\cos\theta_2(\cos\theta_1\, a_x + \sin\theta_1\, a_Y) - \sin\theta_2\, a_Z] + \cos\theta_4(-\sin\theta_1\, a_X + \cos\theta_1 a_Y) = 0 $$

解得:

$$ \theta_4 = \arctan2[-\sin\theta_1\, a_X + \cos\theta_1 a_Y, \cos\theta_2(\cos\theta_1\, a_x + \sin\theta_1\, a_Y) - \sin\theta_2\, a_Z] $$

(5) 求 θ_5。

用 ${}^4\boldsymbol{T}_5^{-1}$ 左乘式(2-47),可得:

$$ {}^4\boldsymbol{T}_5^{-1}\,{}^3\boldsymbol{T}_4^{-1}\,{}^2\boldsymbol{T}_3^{-1}\,{}^1\boldsymbol{T}_2^{-1}\,{}^0\boldsymbol{T}_1^{-1}\,{}^0\boldsymbol{T}_6 = {}^5\boldsymbol{T}_6 \tag{2-48} $$

同样,令式(2-48)左右两边相应元素相等,可得到 $\sin\theta_5$、$\cos\theta_5$ 的方程,即:

$$ \sin\theta_5 = \cos\theta_4[\cos\theta_2(\cos\theta_1 a_X + \sin\theta_1 a_Y) - \sin\theta_2 a_Z] + \sin\theta_4(-\sin\theta_1\, a_X + \cos\theta_1 a_Y) $$

$$ \cos\theta_5 = \sin\theta_2(\cos\theta_1 a_X + \sin\theta_1 a_Y) + \cos\theta_2 a_Z $$

解得:

$$ \begin{aligned} \theta_5 = \arctan2\ \{&\cos\theta_4[\cos\theta_2(\cos\theta_1 a_X + \sin\theta_1 a_Y) - \sin\theta_2 a_Z] + \sin\theta_4(-\sin\theta_1 a_X + \cos\theta_1 a_Y), \\ &\sin\theta_2(\cos\theta_1 a_X + \sin\theta_1 a_Y) + \cos\theta_2 a_Z\} \end{aligned} $$

(6) 求 θ_6。

继续令式(2-48)左右两边对应的元素相等,可以得到 $\sin\theta_6$、$\cos\theta_6$ 的方程表达式,即:

$$ \begin{aligned} \sin\theta_6 = &-\cos\theta_5\{\cos\theta_4[\cos\theta_2(\cos\theta_1 o_X + \sin\theta_1 o_Y) - \sin\theta_2 o_Z] + \sin\theta_4(-\sin\theta_1 o_X + \cos\theta_1 o_Y)\} \\ &+ \sin\theta_5[\sin\theta_2(\cos\theta_1 o_X + \sin\theta_1 o_Y) + \cos\theta_2 o_Z] \end{aligned} $$

$$ \cos\theta_6 = -\sin\theta_4[\cos\theta_2(\cos\theta_1 o_X + \sin\theta_1 o_Y) - \sin\theta_2 o_Z] + \cos\theta_4(-\sin\theta_1 o_X + \cos\theta_1 o_Y) $$

解得:

$$ \theta_6 = \arctan2(\sin\theta_6, \cos\theta_6) $$

本章小结

本章首先介绍了工业机器人的位姿描述，其中包括点的位姿描述、坐标轴方向的描述、动坐标系位姿的描述；然后介绍了齐次变换和运算的定义，并分析了工业机器人末端执行器位姿的描述；其次定义了工业机器人的连杆参数，以及连杆坐标系之间的变换矩阵；最后建立了工业机器人的运动学方程，并给出了典型工业机器人正向运动学和逆向运动学的应用计算实例。

本章习题

2-1　有一旋转变换，先绕固定坐标系 Z_0 轴转 45°，再绕 X_0 轴转 30°，最后绕 Y_0 轴转 60°，试求该齐次变换矩阵。

2-2　点矢量 $\boldsymbol{v}$ 为 $[10\quad 20\quad 30]^{\mathrm{T}}$，相对参考坐标系做如下齐次变换：

$$\mathbf{A}=\begin{bmatrix}0.866 & -0.500 & 0 & 11\\ 0.500 & 0.866 & 0 & -3\\ 0 & 0 & 1 & 9\\ 0 & 0 & 0 & 1\end{bmatrix}$$

写出变换后矢量 $\boldsymbol{v}$ 的表达式，并说明是什么性质的变换。

2-3　写出齐次变换矩阵 ${}^{A}\boldsymbol{H}_{B}$，它表示坐标系 $\{B\}$ 连续相对固定坐标系 $\{A\}$ 做以下变换：

(1) 先绕 Z_A 轴旋转 90°；

(2) 再绕 X_A 轴旋转 −90°；

(3) 最后移动 $[3,7,9]^{\mathrm{T}}$。

2-4　写出齐次变换矩阵 ${}^{B}\boldsymbol{H}_{B}$，它表示坐标系 $\{B\}$ 连续相对自身坐标系 $\{B\}$ 做以下变换：

(1) 先移动 $[3,7,9]^{\mathrm{T}}$；

(2) 再绕 X_B 轴旋转 −90°；

(3) 最后绕 Z_A 轴旋转 90°。

2-5　如图 2-23 所示的二自由度平面机械手，关节 1 为转动关节，关节变量为 θ_1；关节 2 为移动关节，关节变量为 d_2。试求：

(1) 建立关节坐标系，并写出该机械手的运动学方程式；

(2) 当关节变量 $\theta_1=0°$，$d_2=0.5$ m 和 $\theta_1=30°$，$d_2=0.8$ m 时，求出手部中心的位置值。

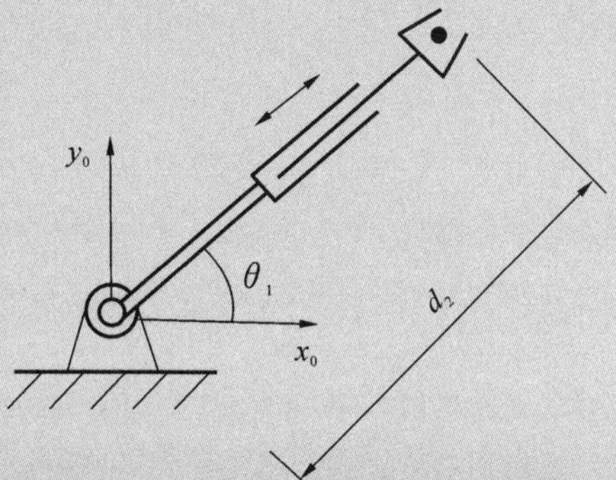

图 2-23　二自由度平面机械手

2-6　如图 2-23 所示的二自由度平面机械手，已知手部中心坐标值（x_0，y_0）。求该机械手运动学方程的逆解 θ_1 和 d_2。

2-7　如图 2-24 所示的三自由度机械手，臂长为 l_1 和 l_2，手部中心离手腕中心的距离为 h，转角为 θ_1，θ_2，θ_3，试建立杆件坐标系，并推导出该机械手的运动学方程。

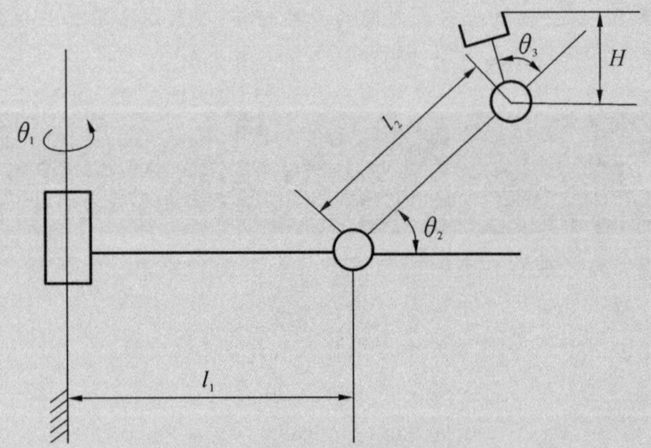

图 2-24　三自由度机械手

第3章 工业机器人动力学

稳态下研究的工业机器人运动学分析只限于静态位置问题的讨论，未涉及工业机器人运动的力、速度、加速度等动态过程。实际上，工业机器人是一个复杂的动力学系统，工业机器人系统在外载荷和关节驱动力矩（驱动力）的作用下将取得静力平衡，在关节驱动力矩（驱动力）的作用下将发生运动变化。工业机器人的动态性能不仅与运动学因素有关，还与工业机器人的结构形式、质量分布、执行机构的位置、传动装置等对动力学产生重要影响的因素有关。

工业机器人动力学主要研究工业机器人运动和受力之间的关系，目的是对工业机器人进行控制、优化设计和仿真。工业机器人动力学主要解决动力学正问题和逆问题两类问题：动力学正问题是根据各关节的驱动力（或力矩），求解机器人的运动（关节位移、速度和加速度），主要用于机器人的仿真；动力学逆问题是已知机器人关节的位移、速度和加速度，求解所需要的关节力（或力矩），是实时控制的需要。

3.1 工业机器人速度雅可比矩阵及速度分析

工业机器人雅可比矩阵（简称雅可比）揭示了操作空间与关节空间的映射关系。雅可比不仅表示操作空间与关节空间的速度映射关系，也表示两者之间力的传递关系，为确定工业机器人的静态关节力矩以及不同坐标系间速度、加速度和静力的变换提供了便捷的方法。

3.1.1 工业机器人速度雅可比矩阵

数学上，雅可比矩阵是一个多元函数的偏导矩阵。假设有 6 个函数，每个函数有 6 个变量，即：

$$\left.\begin{aligned} y_1 &= f_1(x_1, x_2, x_3, x_4, x_5, x_5) \\ y_2 &= f_2(x_1, x_2, x_3, x_4, x_5, x_6) \\ &\cdots\cdots \\ y_6 &= f_6(x_1, x_2, x_3, x_4, x_5, x_6) \end{aligned}\right\} \tag{3-1}$$

可写成：

$$\boldsymbol{Y} = \boldsymbol{F}(\boldsymbol{X})$$

将式(3-1)进行微分，得：

$$\left.\begin{aligned}dy_1&=\frac{\partial f_1}{\partial x_1}dx_1+\frac{\partial f_1}{\partial x_2}dx_2+\cdots+\frac{\partial f_1}{\partial x_6}dx_6\\dy_2&=\frac{\partial f_2}{\partial x_1}dx_1+\frac{\partial f_2}{\partial x_2}dx_2+\cdots+\frac{\partial f_2}{\partial x_6}dx_6\\&\vdots\\dy_6&=\frac{\partial f_6}{\partial x_1}dx_1+\frac{\partial f_6}{\partial x_2}dx_2+\cdots\cdots+\frac{\partial f_6}{\partial x_6}dx_6\end{aligned}\right\}\tag{3-2}$$

也可简写成：

$$d\boldsymbol{Y}=\frac{\partial \boldsymbol{F}}{\partial \boldsymbol{X}}dx\tag{3-3}$$

式(3-3)中矩阵$\frac{\partial \boldsymbol{F}}{\partial \boldsymbol{X}}$就叫作雅可比矩阵，它是一个 6×6 矩阵。

在机器人学中，雅可比是一个把关节速度向量 $\dot{\boldsymbol{q}}$ 变换为手爪相对基坐标的广义速度向量 $\boldsymbol{v}$ 的变换矩阵。在工业机器人速度分析和静力分析中都将用到雅可比，现通过一个例子来说明：

图 3-1 所示为二自由度平面关节型机器人（2R 机器人），端点位置 x、y 与关节 θ_1、θ_2 的关系为：

$$\left.\begin{aligned}x&=l_1\cos\theta_1+l_2\cos(\theta_1+\theta_2)\\y&=l_1\sin\theta_1+l_2\sin(\theta_1+\theta_2)\end{aligned}\right\}\tag{3-4}$$

即：

$$\left.\begin{aligned}x&=x(\theta_1,\theta_2)\\y&=y(\theta_1,\theta_2)\end{aligned}\right\}\tag{3-5}$$

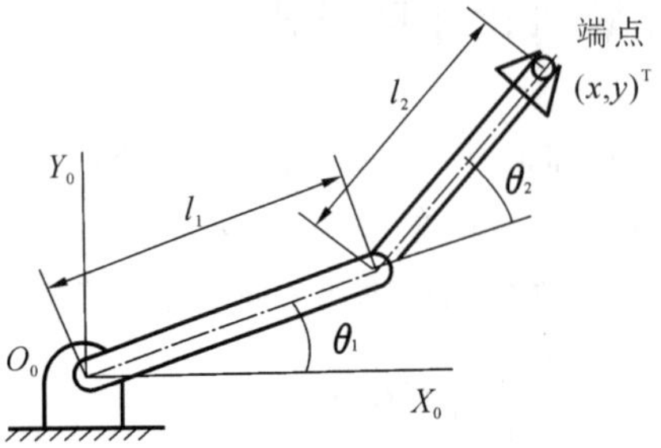

图 3-1　二自由度平面关节型机器人

将式(3-4)进行微分得：

$$\begin{cases}dx=\dfrac{\partial x}{\partial \theta_1}d\theta_1+\dfrac{\partial x}{\partial \theta_2}d\theta_2\\[2ex]dy=\dfrac{\partial y}{\partial \theta_1}d\theta_1+\dfrac{\partial y}{\partial \theta_2}d\theta_2\end{cases}$$

将其写成矩阵形式为：

$$\begin{bmatrix}dx\\dy\end{bmatrix}=\begin{bmatrix}\dfrac{\partial x}{\partial \theta_1}&\dfrac{\partial x}{\partial \theta_2}\\[2ex]\dfrac{\partial y}{\partial \theta_1}&\dfrac{\partial y}{\partial \theta_2}\end{bmatrix}\begin{bmatrix}d\theta_1\\d\theta_2\end{bmatrix}\tag{3-6}$$

令：

$$J=\begin{bmatrix}\dfrac{\partial x}{\partial\theta_1} & \dfrac{\partial x}{\partial\theta_2}\\ \dfrac{\partial y}{\partial\theta_1} & \dfrac{\partial y}{\partial\theta_2}\end{bmatrix} \tag{3-7}$$

式(3-6)可简写为：

$$\mathrm{d}\boldsymbol{X}=\boldsymbol{J}\mathrm{d}\boldsymbol{\theta} \tag{3-8}$$

式中：

$$\mathrm{d}\boldsymbol{X}=\begin{bmatrix}\mathrm{d}X\\ \mathrm{d}Y\end{bmatrix};\quad \mathrm{d}\boldsymbol{\theta}=\begin{bmatrix}\mathrm{d}\theta\\ \mathrm{d}\theta\end{bmatrix}$$

将 $\boldsymbol{J}$ 称为图3-1所示2R机器人的速度雅可比，它反映了关节空间微小运动 $\mathrm{d}\boldsymbol{\theta}$ 与手部作业空间微小位移 $\mathrm{d}\boldsymbol{X}$ 的关系。

若对上述运动方程进行运算，则该2R机器人的雅可比可写为：

$$\boldsymbol{J}=\begin{bmatrix}-l_1\sin\theta_1-l_2\sin(\theta_1+\theta_2) & -l_2\sin(\theta_1+\theta_2)\\ l_1\cos\theta_1+l_2\cos(\theta_1+\theta_2) & l_2\cos(\theta_1+\theta_2)\end{bmatrix} \tag{3-9}$$

从 $\boldsymbol{J}$ 中元素的组成可见，$\boldsymbol{J}$ 阵的值是关于 θ_1 及 θ_2 的函数。

推而广之，对于 n 自由度工业机器人，关节变量可用广义关节变量 $\boldsymbol{q}$ 表示：

$$\boldsymbol{q}=[q_1,q_2,\cdots,q_n]^{\mathrm{T}}$$

当关节为转动关节时 $q_i=\theta_i$；当关节为移动关节时 $q_i=d_i$，$\mathrm{d}\boldsymbol{q}=[\mathrm{d}q_1,\mathrm{d}q_2,\cdots,\mathrm{d}q_n]^{\mathrm{T}}$，反映了关节空间的微小运动。工业机器人末端在操作空间的位置和方位可用末端手爪的位姿 $\boldsymbol{X}$ 表示，它是关节变量的函数，$\boldsymbol{X}=\boldsymbol{X}(\boldsymbol{q})$，并且是一个6维列矢量。$\mathrm{d}\boldsymbol{X}=[\mathrm{d}x,\mathrm{d}y,\mathrm{d}z,\Delta\varphi_x,\Delta\varphi_y,\Delta\varphi_z]^{\mathrm{T}}$ 反映了操作空间的微小运动，它由工业机器人末端微小线位移和微小角位移(微小转动)组成。因此，式(3-8)可写为：

$$\mathrm{d}\boldsymbol{X}=\boldsymbol{J}(\boldsymbol{q})\mathrm{d}\boldsymbol{q} \tag{3-10}$$

式中：$\boldsymbol{J}(\boldsymbol{q})$ 是 $6\times n$ 维偏导数矩阵，称为 n 自由度机器人速度雅可比。可表示为：

$$\boldsymbol{J}(\boldsymbol{q})=\begin{bmatrix}\dfrac{\partial x}{\partial q_1} & \dfrac{\partial x}{\partial q_2} & \cdots & \dfrac{\partial x}{\partial q_n}\\ \dfrac{\partial y}{\partial q_1} & \dfrac{\partial y}{\partial q_2} & \cdots & \dfrac{\partial y}{\partial q_n}\\ \dfrac{\partial z}{\partial q_1} & \dfrac{\partial z}{\partial q_2} & \cdots & \dfrac{\partial z}{\partial q_n}\\ \dfrac{\partial \varphi_x}{\partial q_1} & \dfrac{\partial \varphi_x}{\partial q_2} & \cdots & \dfrac{\partial \varphi_x}{\partial q_n}\\ \dfrac{\partial \varphi_y}{\partial q_1} & \dfrac{\partial \varphi_y}{\partial q_2} & \cdots & \dfrac{\partial \varphi_y}{\partial q_n}\\ \dfrac{\partial \varphi_z}{\partial q_1} & \dfrac{\partial \varphi_z}{\partial q_2} & \cdots & \dfrac{\partial \varphi_z}{\partial q_n}\end{bmatrix} \tag{3-11}$$

3.1.2 工业机器人的速度分析

利用工业机器人速度雅可比可对机器人进行速度分析。对式(3-10)左、右两边各除以 $\mathrm{d}t$ 得：

$$\frac{\mathrm{d}\boldsymbol{X}}{\mathrm{d}t}=\boldsymbol{J}(\boldsymbol{q})\frac{\mathrm{d}\boldsymbol{q}}{\mathrm{d}t} \tag{3-12}$$

或表示为：

$$\boldsymbol{V}=\dot{\boldsymbol{X}}=\boldsymbol{J}(\boldsymbol{q})\dot{\boldsymbol{q}} \tag{3-13}$$

式中：$\boldsymbol{V}$ 为机器人末端在操作空间中的广义速度；

$\dot{\boldsymbol{q}}$ 为机器人关节在关节空间中的关节速度；

$\boldsymbol{J}(\boldsymbol{q})$为确定关节空间速度 $\dot{\boldsymbol{q}}$ 与操作空间速度 $\boldsymbol{V}$ 之间关系的雅可比矩阵。

对于图 3-1 所示的 2R 机器人而言，$\boldsymbol{J}(\boldsymbol{q})$是式(3-9)所示的 2×2 矩阵。若令 $\boldsymbol{J}_1$、$\boldsymbol{J}_2$分别为式(3-9)中雅可比的第 1 列矢量和第 2 列矢量，则式(3-13)可写为：

$$\boldsymbol{V}=\boldsymbol{J}_1\dot{\boldsymbol{\theta}}_1+\boldsymbol{J}_2\dot{\boldsymbol{\theta}}_2$$

式中：右边第一项表示仅由第一个关节运动引起的端点速度；

右边第二项表示仅由第二个关节运动引起的端点速度；

总的端点速度为这两个速度矢量的合成。

因此，机器人速度雅可比的每一列表示其他关节不动而某一关节运动产生的端点速度。

图 3-1 所示二自由度机器人手部的速度为：

$$\boldsymbol{V}=\begin{bmatrix}v_x\\v_y\end{bmatrix}=\begin{bmatrix}-l_1\sin\theta_1-l_2\sin(\theta_1+\theta_2) & -l_2\sin(\theta_1+\theta_2)\\ l_1\cos\theta_1+l_2\cos(\theta_1+\theta_2) & l_2\cos(\theta_1+\theta_2)\end{bmatrix}\begin{bmatrix}\dot{\theta}_1\\ \dot{\theta}_2\end{bmatrix}$$

$$=\begin{bmatrix}-[l_1\sin\theta_1+l_2\sin(\theta_1+\theta_2)]\dot{\theta}_1-l_2\sin(\theta_1+\theta_2)\dot{\theta}_2\\ [l_1\cos\theta_1+l_2\cos(\theta_1+\theta_2)]\dot{\theta}_1+l_2\cos(\theta_1+\theta_2)\dot{\theta}_2\end{bmatrix}$$

假如已知的 $\dot{\theta}_1$ 及 $\dot{\theta}_2$ 是时间的函数，即 $\dot{\theta}_1=f_1(t)$，$\dot{\theta}_2=f_2(t)$，则可求出该机器人手部在某一时刻的速度 $V=f(t)$，即手部瞬时速度。

反之，假如给定机器人手部速度，可由式(3-9)解出相应的关节速度为

$$\dot{\boldsymbol{q}}=\boldsymbol{J}^{-1}\boldsymbol{V} \tag{3-14}$$

式中：$\boldsymbol{J}^{-1}$称为机器人逆速度雅可比。

式(3-14)是一个很重要的关系式。例如，我们希望工业机器人手部在空间规定的速度进行作业，那么用式(3-14)可以计算出沿路径上每一瞬时相应的关节速度。但是，一般来说，求逆速度雅可比 $\boldsymbol{J}^{-1}$ 是比较困难的，有时还会出现奇异解，就无法计算关节速度。

通常可以看到机器人逆速度雅可比 $\boldsymbol{J}^{-1}$ 出现奇异解的两种情况。

(1) 工作域边界上奇异。当工业机器人臂全部伸展开或全部折回而使手部处于工业机器人工作域的边界上或边界附近时，出现逆雅可比奇异，这时工业机器人相应的形位叫作奇异形位。

(2) 工作域内部奇异。奇异并不一定发生在工作域边界上，也可以是两个或更多个关节轴线重合所引起的。

在三维空间作业的六自由度工业机器人的速度雅可比矩阵 $\boldsymbol{J}$ 的前三行代表手部线速度与关节速度的传递比，后三行代表手部角速度与关节速度的传递比。而雅可比矩阵 $\boldsymbol{J}$ 的每一列则代表相应关节速度 $\dot{\boldsymbol{q}}_i$ 对手部线速度和角速度的传递比，$\boldsymbol{J}$ 的行数恒为 6，通过在三维空间运行的工业机器人运动学方程，可以获得直角位置矢量$[X\quad Y\quad Z]^{\mathrm{T}}$的显示方程。因此，$\boldsymbol{J}$ 的前三行可以用直接微分法求得，但不可能找到方位矢量$[\varphi_x\quad \varphi_y\quad \varphi_z]^{\mathrm{T}}$的一般表达式。这是因为，虽然可以用角度(例如：回转角、俯仰角及偏转角等)来规定方位，却找不出互

相独立、无顺序的三个转角来描述方位;绕直角坐标轴的连续角运动变换不满足交换律,而角位移的微分与角位移的形成顺序无关,故一般不能运用直接微分法来获得 $\boldsymbol{J}$ 的后三行。因此常用构造法求雅可比矩阵 $\boldsymbol{J}$。

如果希望工业机器人手部在空间按规定的速度进行作业,则应计算出沿路径每一瞬时相应的关节速度。但是,当速度雅可比矩阵的秩不是满秩时,求解逆速度雅可比矩阵 $\boldsymbol{J}^{-1}$ 较困难,有时还可能出现奇异解,此时相应操作空间的点为奇异点,无法解出关节速度,工业机器人处于退化位置。

当工业机器人处在奇异形位时会产生退化现象,丧失一个或更多的自由度。这意味着在工作空间的某个方向上,不管怎样选择工业机器人关节速度,手部也不可能实现移动。

例 3.1 如图 3-2 所示的二自由度机械手,手部沿固定坐标系 X_0 轴正向以 1.0 m/s 的速度移动,杆长 $l_1=l_2=0.5$ m。设在某瞬时 $\theta_1=30°$,$\theta_2=60°$,求相应瞬时的关节速度。

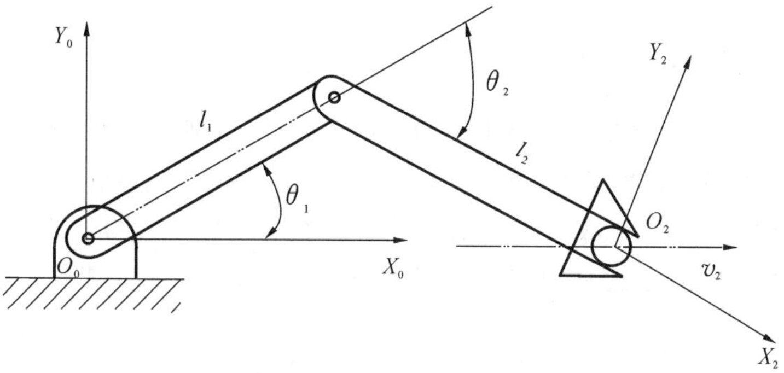

图 3-2 二自由度机械手手爪沿 X_0 方向运动示意图

解 由式(3-9)知,二自由度机械手速度雅可比为:

$$\boldsymbol{J}=\begin{bmatrix}-l_1 s\theta_1-l_2 s_{12} & -l_2 s_{12}\\ -l_1 c\theta_1+l_2 c_{12} & -l_2 c_{12}\end{bmatrix}$$

因此,逆雅可比为:

$$\boldsymbol{J}^{-1}=\frac{1}{l_1 l_2 s\theta_2}\begin{bmatrix}l_2 c_{12} & l_2 s_{12}\\ -l_1 c\theta_1-l_2 c_{12} & -l_1 s\theta_1-l_2 s_{12}\end{bmatrix} \tag{3-15}$$

由式(3-14)可知,$\dot{\theta}=\boldsymbol{J}^{-1}v$,且 $\mathbf{V}=[1,0]^{\mathrm{T}}$,即 $v_x=1$ m/s,$v_y=0$,因此

$$\begin{bmatrix}\dot{\theta}_1\\ \dot{\theta}_2\end{bmatrix}=\frac{1}{l_1 l_2 s\theta_2}\begin{bmatrix}l_2 c\theta_{12} & l_2 s\theta_{12}\\ -l_1 c\theta_1-l_2 c\theta_{12} & -l_1 s\theta_1-l_2 s\theta_{12}\end{bmatrix}\begin{bmatrix}1\\ 0\end{bmatrix}$$

$$\dot{\theta}_1=\frac{c_{12}}{l_1 s\theta_2}=-\frac{1}{0.5}\ \text{rad/s}=-2\ \text{rad/s}$$

$$\dot{\theta}_2=\frac{c\theta_1}{l_1 s\theta_2}-\frac{c_{12}}{l_1 s\theta_2}=4\ \text{rad/s}$$

因此,在该瞬时两关节的位置分别为 $\theta_1=30°$,$\theta_2=-60°$;速度分别为 $\dot{\theta}_1=-2$ rad/s,$\dot{\theta}_2=4$ rad/s;手部瞬时速度为 1 m/s。

奇异讨论:当 $l_1 l_2 s\,\theta_2=0$ 时,逆速度雅可比矩阵无解。当 $l_1\neq0$、$l_2\neq0$,即 $\theta_1=0$ 或 $\theta_2=180°$时,二自由度机器人逆速度雅可比 $\boldsymbol{J}^{-1}$ 奇异。这时,该机器人两臂完全伸直或完全折回,

机器人处于奇异形位。在这种奇异形位下，手部正好处于工作空间的边界，手部只能沿着一个方向（即与臂垂直的方向）运动，不能沿其他方向运动，退化了一个自由度。

3.2 工业机器人力雅可比矩阵及静力分析

工业机器人在工作状态下会与环境之间引起相互作用的力和力矩。工业机器人各关节的驱动装置提供关节力和力矩，通过连杆传递到末端执行器，克服外界作用力和力矩。关节驱动力和力矩与末端执行器施加的力和力矩之间的关系是工业机器人操作臂力控制的基础。

本章节主要讨论操作臂在静止姿态下力的平衡关系。假定各关节“锁定”，工业机器人成为一个机构。该锁定用的关节力与手部所支持的载荷或受到外界环境作用力取得静力平衡。求解这种锁定用的关节力或求解在已知驱动力矩作用下手部的输出力就是对工业机器人操作臂的静力计算。

3.2.1 机械手臂的静力学

如已知外界环境对工业机器人最末杆的作用力和力矩，则可以先分析最后一个连杆对上一个连杆的力和力矩，依次类推，直到分析完第一个连杆对机座的力和力矩，从而计算出每个连杆上的受力情况。操作臂中单个杆件受力如图 3-3 所示，即杆 i 通过关节 i 和 $i+1$ 分别与杆 $i-1$ 和 $i+1$ 相连接，在关节 $i-1$ 和关节 i 上分别建立两个坐标系 $\{O_{i-1}\}$ 和 $\{O_i\}$。

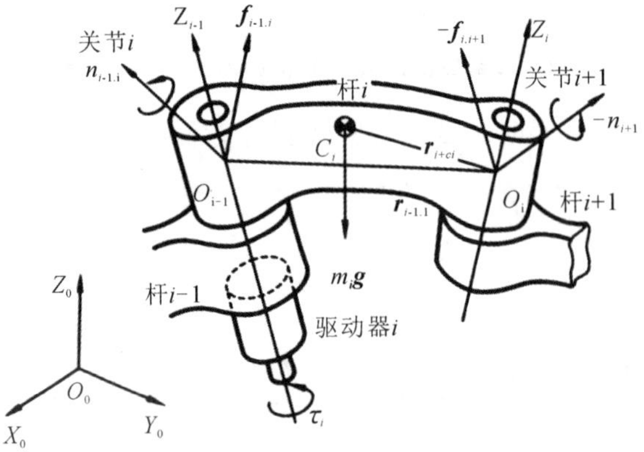

图 3-3 连杆 i 上的静力和力矩

定义如下变量：

$\boldsymbol{f}_{i-1,i}$ 及 $\boldsymbol{n}_{i-1,i}$——杆 $i-1$ 通过关节 i 作用在杆 i 上的力和力矩；

$\boldsymbol{f}_{i,i+1}$ 及 $\boldsymbol{n}_{i,i+1}$——杆 i 通过关节 $i+1$ 作用在杆 $i+1$ 上的力和力矩；

$-\boldsymbol{f}_{i,i+1}$ 及 $-\boldsymbol{n}_{i,i+1}$——杆 $i+1$ 通过关节 $i+1$ 作用在杆 i 上的反作用力和反作用力矩；

$\boldsymbol{f}_{n,n+1}$ 及 $\boldsymbol{n}_{n,n+1}$——工业机器人最末杆对外界环境的作用力和力矩；

$-\boldsymbol{f}_{n,n+1}$ 及 $-\boldsymbol{n}_{n,n+1}$——外界环境对机器人最末杆的作用力和力矩；

$\boldsymbol{f}_{0,1}$ 及 $\boldsymbol{n}_{0,1}$——工业机器人机座对杆 1 的作用力和力矩；

$m_i\boldsymbol{g}$——连杆 i 的重量，作用在质心 C_i 上。

连杆 i 的静力平衡条件为其上所受的合力和合力矩为零，因此力和力矩平衡方程式为

$$\boldsymbol{f}_{i-1,i} + (-\boldsymbol{f}_{i,i+1}) + m_i\boldsymbol{g} = 0 \tag{3-16}$$

$$\boldsymbol{n}_{i-1,i}+(-\boldsymbol{n}_{i,i+1})+(\boldsymbol{r}_{i-1,i}+\boldsymbol{r}_{i,C_i})\times\boldsymbol{f}_{i-1,i}+(\boldsymbol{r}_{i,C_i})\times(-\boldsymbol{f}_{i,i+1})=0 \tag{3-17}$$

式中：$\boldsymbol{r}_{i-1,i}$——坐标系$\{i\}$的原点相对于坐标系$\{i-1\}$的位置矢量；

$\boldsymbol{r}_{i,C_i}$——质心相对于坐标系$\{i\}$的位置矢量。

假如已知外界环境对工业机器人末杆的作用力和力矩，那么可以由最后一个连杆向零连杆（机座）依次递推，从而计算出每个连杆上的受力情况。

3.2.2 工业机器人力雅可比矩阵

利用静力平衡条件，杆上所受合力和合力矩为零。为了便于表示工业机器人手部端点的力和力矩（简称为端点广义力 $\boldsymbol{F}$），可将 $\boldsymbol{f}_{n,n+1}$ 和 $\boldsymbol{n}_{n,n+1}$ 合并写成一个 6 维矢量：

$$\boldsymbol{F}=\begin{bmatrix}\boldsymbol{f}_{n,n+1}\\ \boldsymbol{n}_{n,n+1}\end{bmatrix} \tag{3-18}$$

各关节驱动器的驱动力或力矩可写成一个 n 维矢量的形式，即

$$\boldsymbol{\tau}=\begin{bmatrix}\tau_1\\ \tau_2\\ \vdots\\ \tau_n\end{bmatrix} \tag{3-19}$$

式中：n——关节的个数；

$\boldsymbol{\tau}$——关节力矩（或关节力）矢量，简称广义关节力矩。对于转动关节，τ_i表示关节驱动力矩；对于移动关节，τ_i表示关节驱动力。

在力学中，虚位移原理的内容是：具有稳定的理想约束的质点系，在某位置处于平衡的充分必要条件是，作用在此质点系的所有主动力在该位置的任何虚位移中所做的虚功之和等于零。

假定工业机器人各关节之间无摩擦，并忽略各杆件的重力，现利用虚功原理推导工业机器人手部端点力 $\boldsymbol{F}$ 与关节力矩 $\boldsymbol{\tau}$ 的关系。如图 3-4 所示，关节虚位移为 $\delta \boldsymbol{q}_i$，末端执行器的虚位移为 $\delta\boldsymbol{X}$，则：

$$\delta\boldsymbol{X}=\begin{bmatrix}\boldsymbol{d}\\ \boldsymbol{\delta}\end{bmatrix},\delta\boldsymbol{q}=[\delta\boldsymbol{q}_1\quad\delta\boldsymbol{q}_2\quad\cdots\quad\delta\boldsymbol{q}_n]^{\mathrm{T}} \tag{3-20}$$

式中：$\boldsymbol{d}$，$\boldsymbol{\delta}$——手部的线虚位移和角虚位移，$\boldsymbol{d}=[d_x,d_y,d_z]^{\mathrm{T}}$、$\boldsymbol{\delta}=[\delta\varphi_x,\delta\varphi_y,\delta\varphi_z]^{\mathrm{T}}$；

$\delta\boldsymbol{q}$——由各关节虚位移 $\delta\boldsymbol{q}_i$组成的机器人关节虚位移矢量。

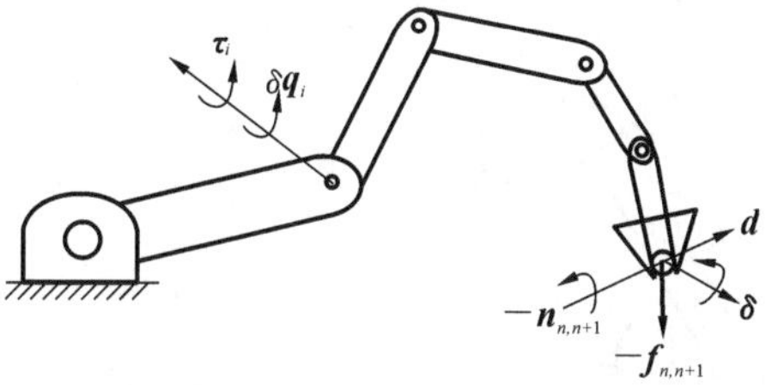

图 3-4 末端执行器及各关节的虚位移

假设发生上述虚位移时，各关节力矩为 $\tau_i(i=1,2,\cdots,n)$，环境作用在工业机器人手部端点上的力和力矩分别为$-\boldsymbol{f}_{n,n+1}$和$-\boldsymbol{n}_{n,n+1}$。由上述力和力矩所做的虚功可以由下式求出：

$$\delta W=\tau_1\delta\boldsymbol{q}_1+\tau_2\delta\boldsymbol{q}_2+\cdots+\tau_n\delta\boldsymbol{q}_n-\boldsymbol{f}_{n,n+1}\boldsymbol{d}-\boldsymbol{n}_{n,n+1}\boldsymbol{\delta} \tag{3-21}$$

或写成：

$$\delta \boldsymbol{W} = \boldsymbol{\tau}^{\mathrm{T}} \delta \boldsymbol{q} - \boldsymbol{F}^{\mathrm{T}} \delta \boldsymbol{X} \tag{3-22}$$

根据虚位移原理，工业机器人处于平衡状态的充分必要条件是对任意符合几何约束的虚位移有：

$$\delta \boldsymbol{W} = 0 \tag{3-23}$$

并注意到虚位移 $\delta \boldsymbol{q}$ 和 $\delta \boldsymbol{X}$ 之间符合杆件的几何约束条件。利用式 $\delta \boldsymbol{X}=\boldsymbol{J}\delta \boldsymbol{q}$，将式(3-22)写成：

$$\delta \boldsymbol{W} = \boldsymbol{\tau}^{\mathrm{T}} \delta \boldsymbol{q} - \boldsymbol{F}^{\mathrm{T}} \boldsymbol{J} \delta \boldsymbol{q} = (\boldsymbol{\tau} - \boldsymbol{J}^{\mathrm{T}} \boldsymbol{F})^{\mathrm{T}} \delta \boldsymbol{q} \tag{3-24}$$

式中：$\delta \boldsymbol{q}$——从几何结构上允许位移的关节独立变量。对任意的 $\delta \boldsymbol{q}$，欲使 $\delta \boldsymbol{W}=0$ 成立，必有：

$$\boldsymbol{\tau} = \boldsymbol{J}^{\mathrm{T}} \boldsymbol{F} \tag{3-25}$$

式(3-25)表示了在静态平衡状态下，手部端点力 $\boldsymbol{F}$ 和广义关节力矩 $\boldsymbol{\tau}$ 之间的线性映射关系。

式中 $\boldsymbol{J}^{\mathrm{T}}$ 与手部端点力 $\boldsymbol{F}$ 和广义关节力矩 $\boldsymbol{\tau}$ 之间的力传递有关，称为工业机器人力雅可比。显然，工业机器人力雅可比 $\boldsymbol{J}^{\mathrm{T}}$ 是速度雅可比 $\boldsymbol{J}$ 的转置矩阵。

◆ 3.2.3 机器人静力计算的两类问题

从工业机器人手部端点力 $\boldsymbol{F}$ 与广义关节力矩 $\boldsymbol{\tau}$ 之间的关系式 $\boldsymbol{\tau}=\boldsymbol{J}^{\mathrm{T}}\boldsymbol{F}$ 可知，工业机器人操作臂静力计算可分为两类问题：

(1) 已知外界环境对工业机器人手部的作用力 $\boldsymbol{F}$（即手部端点力 $\boldsymbol{F}=-\boldsymbol{F}'$），利用式(3-25)求相应的满足静力平衡条件的关节驱动力矩 $\boldsymbol{\tau}$。

(2) 已知关节驱动力矩 $\boldsymbol{\tau}$，确定工业机器人手部对外界环境的作用力 $\boldsymbol{F}$ 或负载的质量。

第二类问题是第一类问题的逆解。逆解的关系式为：

$$\boldsymbol{F} = (\boldsymbol{J}^{\mathrm{T}})^{-1} \boldsymbol{\tau} \tag{3-26}$$

当工业机器人的自由度不是 6 时，例如 $n>6$ 时，力雅可比矩阵就不是方阵，则 $\boldsymbol{J}^{\mathrm{T}}$ 就没有逆解。所以，对第二类问题的求解就困难得多，一般情况下不一定能得到唯一的解。如果 $\boldsymbol{F}$ 的维数比 $\boldsymbol{\tau}$ 的维数低，且 $\boldsymbol{J}$ 是满秩的话，则可利用最小二乘法求得 $\boldsymbol{F}$ 的估计值。

例 3.2 图 3-5 所示为一个二自由度平面关节机械手，已知手部端点力 $\boldsymbol{F}=[F_X, F_Y]^{\mathrm{T}}$，忽略摩擦，求 $\theta_1=0°$、$\theta_2=90°$时的关节力矩。

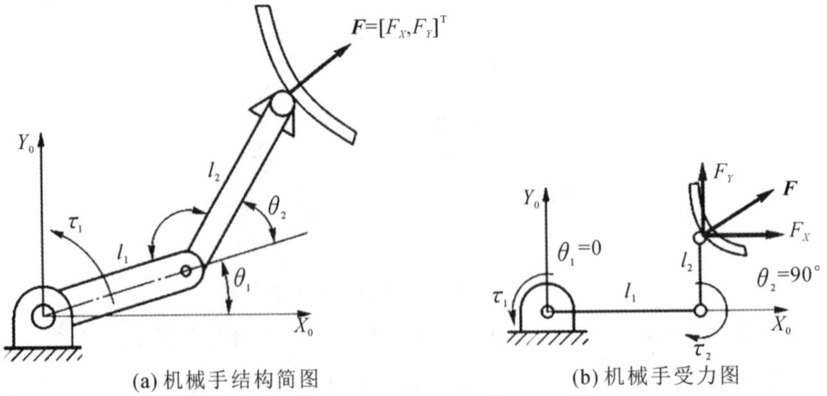

图 3-5 手部端点力 $\boldsymbol{F}$ 与关节力矩 $\boldsymbol{\tau}$

解 由式(3-9)可知，该机械手的速度雅可比矩阵为：

$$J=\begin{bmatrix}-l_1 s\theta_1-l_2 s_{12} & -l_2 s_{12}\\ l_1 c\theta_1+l_2 c_{12} & l_2 c_{12}\end{bmatrix}$$

则该机械手的力雅可比矩阵为：

$$J^{T}=\begin{bmatrix}-l_1 s\theta_1-l_2 s_{12} & l_1 c\theta_1+l_2 c_{12}\\ -l_2 s_{12} & l_2 c_{12}\end{bmatrix}$$

根据 $\tau=J^{T}F$ 得：

$$\tau=\begin{bmatrix}\tau_1\\ \tau_2\end{bmatrix}=\begin{bmatrix}-l_1 s\theta_1-l_2 s_{12} & l_1 c\theta_1+l_2 c_{12}\\ -l_2 s_{12} & l_2 c_{12}\end{bmatrix}\begin{bmatrix}F_X\\ F_Y\end{bmatrix}$$

所以：

$$\tau_1=-(l_1 s\theta_1+l_2 s_{12})F_X+(l_1 c\theta_1+l_2 c_{12})F_Y$$

$$\tau_2=-l_2 s_{12}F_X+l_2 c_{12}F_X$$

如图 3-5(b)所示，在某一瞬时 $\theta_1=0°$、$\theta_2=90°$，则与手部端点力相对应的关节力矩为：

$$\tau_1=-l_2 F_X+l_1 F_Y$$

$$\tau_2=-l_2 F_X$$

3.3 工业机器人动力学分析

随着工业机器人向高精度、高速、重载及智能化方向发展，对工业机器人设计和控制方面的要求就更高了，尤其是对控制方面，工业机器人要求动态实时控制的场合越来越多了。所以，工业机器人的动力学分析尤为重要。工业机器人是一个非线性的复杂的动力学系统，其动力学问题的求解比较困难，而且需要较长的运算时间。因此，简化解的过程、最大限度地减少工业机器人动力学在线计算的时间是一个受到关注的研究课题。

动力学研究物体的运动与受力之间的关系。工业机器人动力学方程是机器人机械系统的运动方程，它表示机器人各关节的关节位置、关节速度、关节加速度与各关节执行器驱动力矩之间的关系。工业机器人动力学问题有下述两类相反的问题。

(1) 运动学正问题——已知关节驱动力矩，求工业机器人系统相应的各瞬时的运动参数，包括各关节的位置、速度和加速度。也就是说，给出关节力矩向量 τ，求工业机器人所产生的运动 θ、$\dot{\theta}$ 及 $\ddot{\theta}$。这对模拟工业机器人的运动是非常有用的。

(2) 运动学逆问题——给出已知的轨迹点上的 θ、$\dot{\theta}$ 及 $\ddot{\theta}$，即工业机器人关节位置、速度和加速度，求相应的关节力矩向量 τ。这对实现工业机器人动态控制是相当有用的。

工业机器人动力学的研究方法主要有牛顿-欧拉(Newton-Euler)法、拉格朗日(Lagrange)法、高斯(Gauss)法、凯恩(Kane)法及罗伯逊-魏登堡(Roberon-Wittenburg)法等。本节介绍动力学研究常用的拉格朗日法和牛顿-欧拉法，运用这两种方法不仅能以最简单的形式求得复杂系统的动力学方程，而且所求得的方程具有显示结构，物理意义比较明确。

3.3.1 拉格朗日方程

在工业机器人的动力学研究中，主要应用拉格朗日方程建立起工业机器人的动力学方程。这类方程可直接表示为系统控制输入的函数，若采用齐次坐标，递推的拉格朗日方程也可建立比较方便而有效的动力学方程。

1. 拉格朗日方程

对于任何机械系统，拉格朗日函数 L 定义为系统总动能 E_k 与总势能 E_p 之差，即：

$$L = E_k - E_p \tag{3-27}$$

由拉格朗日函数 L 所描述的系统动力学状态的拉格朗日方程（简称 L-E 方程，E_k 和 E_p 可以用任何方便的坐标系来表示）为：

$$F_i = \frac{\mathrm{d}}{\mathrm{d}t}\left(\frac{\theta L}{\theta \dot{q}_i}\right) - \frac{\theta L}{\theta q_i} \qquad i = 1,2,\cdots,n \tag{3-28}$$

式中：L——拉格朗日函数（又称拉格朗日算子）；

n——连杆数目；

q_i——系统选定的广义坐标，单位为 m 或 rad，具体选 m 还是 rad 由 q_i 为直线坐标还是转角坐标来决定；

$\dot{q}_i$——广义速度（广义坐标 q_i 对时间的一阶导数），单位为 m/s 或 rad/s，具体选 m/s 还是 rad/s 由 $\dot{q}_i$ 是线速度还是角速度来决定；

F_i——作用在第 i 个坐标上的广义力或力矩，单位为 N 或 N · m，具体选 N 还是 N · m 由 q_i 是直线坐标还是转角坐标来决定。考虑式(3-28)中不显含 $\dot{q}$，上式可写成

$$F_i = \frac{\mathrm{d}}{\mathrm{d}t}\frac{\partial E_k}{\partial \dot{q}_i} - \frac{\partial E_k}{\partial q_i} + \frac{\partial E_p}{\partial q_i} \tag{3-29}$$

应用式(3-29)时应注意：

(1) 系统的势能 E_p 仅是广义坐标 q_i 的函数，而动能 E_k 是 q_i、$\dot{q}_i$ 及时间 t 的函数，因此拉格朗日函数可以写成 $L=L(q_i,\dot{q}_i,t)$；

(2) 若 q_i 是线位移，则 $\dot{q}_i$ 是线速度，对应的广义力 F_i 就是力；若 q_i 是角位移，则 $\dot{q}_i$ 是角速度，对应的广义力 F_i 就是力矩。

2. 求解动力学方程

工业机器人是结构复杂的连杆系统，一般采用齐次变换的方法，用拉格朗日方程建立其系统动力学方程，对其位姿和运动状态进行描述。用拉格朗日方程建立动力学方程的具体推导过程如下：

(1) 选取坐标系，选定完全而且独立的广义关节变量 q_i，$i=1,2,\cdots,n$。

(2) 选定相应关节上的广义力 F_i，当 q_i 是位移变量时，F_i 为力；当 q_i 是角度变量时，F_i 为力矩。

(3) 求出工业机器人各构件的动能和势能，构造拉格朗日函数。

(4) 代入拉格朗日方程求得机器人系统的动力学方程。

下面以图 3-6 所示的平面二自由度机器人为例，详细说明机器人动力学方程的推导步骤。

步骤 1 选定广义关节变量。

选取笛卡儿坐标系。连杆 1 和连杆 2 的关节变量分别是转角 θ_1 和 θ_2，关节 1 和关节 2 相应的力矩分别是 $\boldsymbol{\tau}_1$ 和 $\boldsymbol{\tau}_2$。连杆 1 和连杆 2 的质量分别是 m_1 和 m_2，杆长分别为 l_1 和 l_2，重心分别在 C_1 和 C_2 处，离关节中心的距离分别为 d_1 和 d_2。

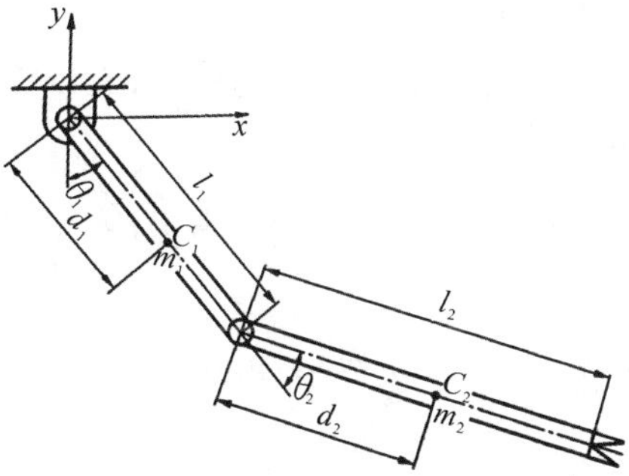

图 3-6 平面二自由度机器人动力学方程的建立

因此，杆 1 重心 C_1 的位置坐标为：

$$x_1 = d_1 s\theta_1$$

$$y_1 = -d_1 c\theta_1$$

杆 1 重心 C_1 速度的二次方为：

$$\dot{x}_1^2 + \dot{y}_1^2 = (d_1\dot{\theta}_1)^2$$

杆 2 重心 C_2 的位置坐标为：

$$x_2 = l_1 s\theta_1 + d_2 s\theta_{12}$$

$$y_2 = -l_1 c\theta_1 - d_2 c\theta_{12}$$

式中：$s\theta_{12} = \sin(\theta_1 + \theta_2)$；$c\theta_{12} = \cos(\theta_1 + \theta_2)$。故：

$$\dot{x}_2 = l_1 c\theta_1\dot{\theta}_1 + d_2 c\theta_{12}(\dot{\theta}_1 + \dot{\theta}_2)$$

$$\dot{y}_2 = l_1 s\theta_1\dot{\theta}_1 + d_2 s\theta_{12}(\dot{\theta}_1 + \dot{\theta}_2)$$

杆 2 重心 C_2 速度的二次方为：

$$\dot{x}_2^2 + \dot{y}_2^2 = l_1^2\dot{\theta}_1^2 + d_2^2(\dot{\theta}_1 + \dot{\theta}_2)^2 + 2l_1 d_2(\dot{\theta}_1^2 + \dot{\theta}_1\dot{\theta}_2)c\theta_2$$

步骤 2 求系统动能。

$$E_k = \sum E_{ki} \qquad (i = 1,2)$$

$$E_{k1} = \frac{1}{2}m_1 d_1^2\dot{\theta}_1^2$$

$$E_{k2} = \frac{1}{2}m_2 l_1^2\dot{\theta}_1^2 + \frac{1}{2}m_2 d_2^2(\dot{\theta}_1 + \dot{\theta}_2)^2 + m_2 l_2 d_2(\dot{\theta}_1^2 + \dot{\theta}_1\dot{\theta}_2)c\theta_2$$

步骤 3 求系统势能。

$$E_p = \sum E_{pi} \qquad (i = 1,2)$$

$$E_{p1} = m_1 g d_1(1 - c\theta_1)$$

$$E_{p2} = m_2 g l_1(1 - c\theta_1) + m_2 g d_2(1 - c\theta_{12})$$

步骤 4 建立拉格朗日函数。

$$\begin{aligned} L &= E_k - E_p \\ &= \frac{1}{2}(m_1 d_1^2 + m_2 l_1^2)\dot{\theta}_1^2 + m_2 l_1 d_2(\dot{\theta}_1^2 + \dot{\theta}_1\dot{\theta}_2)c\theta_2 + \frac{1}{2}m_2 d_2^2(\dot{\theta}_1 + \dot{\theta}_2)^2 \\ &\quad - (m_1 d_1 + m_2 l_1)g(1 - c\theta_1) - m_2 g d_2(1 - c\theta_{12}) \end{aligned}$$

步骤 5 求系统动力学方程。

根据拉格朗日方程式(3-29)计算各关节上的力矩,求系统动力学方程。

(1) 计算关节 1 上的力矩 τ_1。

$$\frac{\partial L}{\partial \dot{\theta}_1} = (m_1 d_1^2 + m_2 l_1^2)\dot{\theta}_1 + m_2 l_1 d_2 (2\dot{\theta}_1 + \dot{\theta}_2) c\theta_2 + m_2 d_2^2 (2\dot{\theta}_1 + \dot{\theta}_2)$$

$$\frac{\partial L}{\partial \theta_1} = -(m_1 d_1 + m_2 l_1) g s\theta_1 - m_2 g d_2 s\theta_{12}$$

所以:

$$\begin{aligned}\tau_1 &= \frac{\mathrm{d}}{\mathrm{d}t}\frac{\partial L}{\partial \dot{\theta}_1} \\ &= (m_1 d_1^2 + m_2 d_2^2 + m_2 l_1^2 + 2m_2 l_1 d_2 c\theta_2)\ddot{\theta}_1 + (m_2 d_2^2 + m_2 l_1 d_2 c\theta_2)\ddot{\theta}_2 \\ &\quad + (-2m_2 l_1 d_2 s\theta_2)\dot{\theta}_1\dot{\theta}_2 + (-m_2 l_1 d_2 s\theta_2)\dot{\theta}_2^2 + (m_1 d_1 + m_2 l_1) g s\theta_1 + m_2 d_2 g s\theta_{12}\end{aligned}$$

上式可简写为:

$$\boldsymbol{\tau}_1 = D_{11}\ddot{\theta}_1 + D_{12}\ddot{\theta}_2 + D_{112}\dot{\theta}_1\dot{\theta}_2 + D_{122}\dot{\theta}_2^2 + D_1 \tag{3-30}$$

式中:

$$D_{11} = m_1 d_1{}^2 + m_2 d_2{}^2 + m_2 l_1{}^2 + 2m_2 l_1 d_2 c\theta_2$$

$$D_{12} = m_2 d_2{}^2 + m_2 l_1 d_2 c\theta_2$$

$$D_{112} = -2m_2 l_1 d_2 s\theta_2$$

$$D_{122} = -m_2 l_1 d_2 s\theta_2$$

$$D_1 = (m_1 d_1 + m_2 l_1) g s\theta_1 + m_2 d_2 g s\theta_{12}$$

(2) 计算关节 2 上的力矩 τ_2。

$$\frac{\partial L}{\partial \dot{\theta}_2} = m_2 d_2^2 (\dot{\theta}_1 + \dot{\theta}_2) + m_2 l_1 d_2 \theta \cdot {}_1 c\theta_2$$

$$\frac{\partial L}{\partial \theta_2} = -m_2 l_1 d_2 (\dot{\theta}_1^2 + \dot{\theta}_1\dot{\theta}_2) s\theta_2 - m_2 g d_2 s\theta_{12}$$

所以:

$$\begin{aligned}\boldsymbol{\tau}_2 = \frac{\mathrm{d}}{\mathrm{d}t}\frac{\partial L}{\partial \dot{\theta}_2} - \frac{\partial L}{\partial \theta_2} &= (m_2 d_2^2 + m_2 l_1 d_2 c\theta_2)\ddot{\theta}_1 + m_2 d_2^2 \ddot{\theta}_2 \\ &\quad + (-m_2 l_1 d_2 s\theta_2 + m_2 l_1 d_2 s\theta_2)\dot{\theta}_1\dot{\theta}_2 + (m_2 l_1 d_2 s\theta_2)\dot{\theta}_1^2 + m_2 g d_2 s\theta_{12}\end{aligned}$$

上式可简写为:

$$\boldsymbol{\tau}_2 = D_{21}\ddot{\theta}_1 + D_{22}\ddot{\theta}_2 + D_{212}\dot{\theta}_1\dot{\theta}_2 + D_{211}\dot{\theta}_1^2 + D_{21} \tag{3-31}$$

式中:

$$D_{21} = m_2 d_2{}^2 + m_2 l_1 d_2 c\theta_2$$

$$D_{22} = m_2 d_2{}^2$$

$$D_{212} = -m_2 l_1 d_2 s\theta_2 + m_2 l_1 d_2 s\theta_2 = 0$$

$$D_{211} = m_2 l_1 d_2 s\theta_2$$

$$D_2 = m_2 d_2 g s\theta_{12}$$

上面这些式子分别表示了关节驱动力矩与关节位移、速度、加速度之间的关系,即力与运动之间的关系,它们即是图 3-6 所示二自由度机器人的运动学方程。

在以上公式中：

（1）含有 $\ddot{\theta}_1$ 或 $\ddot{\theta}_2$ 的项表示由加速度引起的关节力矩项，其中含有 D_{11} 和 D_{22} 的项分别表示由关节 1 加速度和关节 2 加速度引起的惯性力矩项，含有 D_{12} 的项表示关节 2 加速度对关节 1 的耦合惯性力矩项，含有 D_{21} 的项表示关节 1 加速度对关节 2 的耦合惯性力矩项。

（2）含有 $\dot{\theta}_1^2$ 或 $\dot{\theta}_2^2$ 的项表示由向心力引起的关节力矩项，其中含有 D_{122} 的项表示关节 2 速度引起的向心力对关节 1 的耦合力矩项，含有 D_{211} 的项表示关节 1 速度引起的向心力对关节 2 的耦合力矩项。

（3）含有 $\dot{\theta}_1\dot{\theta}_2$ 的项表示由科氏力引起的关节力矩项，其中含有 D_{112} 的项表示科氏力对关节 1 的耦合力矩项，含有 D_{212} 的项表示科氏力对关节 2 的耦合力矩项。

（4）只含有关节变量 $\dot{\theta}_1$、$\dot{\theta}_2$ 的项表示重力引起的关节力矩项，其中含有 D_1 的项表示连杆 1 及连杆 2 对关节 1 引起的重力力矩项，含有 D_2 的项表示连杆 2 对关节 2 引起的重力力矩项。

从上面的推导可以看出，很简单的二自由度平面关节型机器人的动力学方程已经很复杂了，包含很多因素，这些因素都会影响机器人的动力学特性。对于比较复杂的多自由度工业机器人来说，其动力学方程更庞杂，推导过程更为复杂，不利于工业机器人的实时控制。故进行动力学分析时，通常进行下列简化：

（1）当杆间长度不太长、重量很轻时，动力学方程中的重力项可以省略；

（2）当关节速度不太高、工业机器人不是高速工业机器人时，含有 $\dot{\theta}_1^2$、$\dot{\theta}_2^2$ 及 $\dot{\theta}_1\dot{\theta}_2$ 的项可以省略。

（3）当关节加速度不太大，即关节电动机的升、降速比较平稳时，含有 $\ddot{\theta}_1$、$\ddot{\theta}_2$ 的项有时可以省略。但关节加速度减小会引起速度升降的时间增加，使工业机器人作业循环的时间延长。

3.3.2 牛顿-欧拉方程

1. 牛顿-欧拉方程简述

假设工业机器人的每个杆件都为刚体，为了使杆件运动，必须对杆件施加力以使它们加速或减速，运动杆件所需要的力或力矩是所需加速度和杆件质量分布的函数。牛顿方程与用于转动情况的欧拉方程一起，用于描述工业机器人驱动力矩、负载力（力矩）、惯量和加速度之间的相互关系。

首先研究质心的平动，如图 3-7 所示，假设刚体的质量为 m，质心在 C 点，质心处的位置矢量用 $\boldsymbol{c}$ 表示，则质心处的加速度为 $\ddot{c}$；设刚体绕质心转动的角速度用 ω 表示，绕质心的角加速度为 ε，根据牛顿方程可得作用在刚体质心 C 处的力为：

$$F = m\ddot{c} \tag{3-32}$$

根据三维空间欧拉方程，作用在刚体上的力矩为：

$$\tau = I_C\varepsilon + \omega \cdot I_C\omega \tag{3-33}$$

式中：τ——作用力对刚体质心的力矩；

ω 和 ε——绕质心的角速度和角加速度。

式(3-32)和式(3-33)合称为牛顿-欧拉方程。

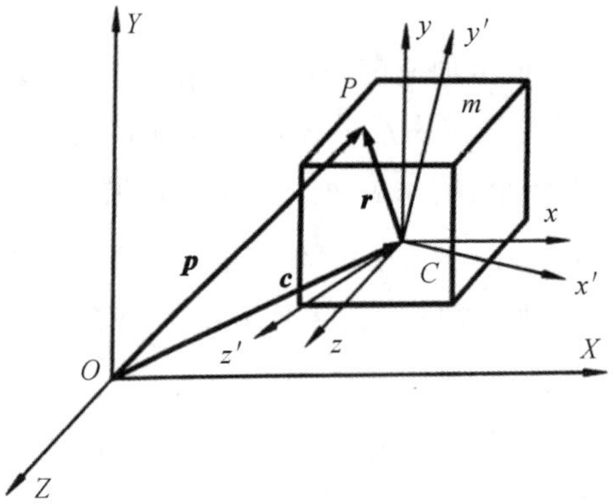

图 3-7 刚体 m

2. 求解动力学方程

平面二自由度工业机器人结构如图 3-8 所示。连杆 1 长度为 L_1，质心为 C_1，质量为 m_1，驱动力矩为 $\tau_1=[0 \quad 0 \quad \tau_{11}]^{\mathrm{T}}$，角速度为 $\omega_1=[0 \quad 0 \quad \omega_1]^{\mathrm{T}}$，加速度为 $\varepsilon_1=[0 \quad 0 \quad \varepsilon_1]^{\mathrm{T}}$；连杆 2 长度为 L_2，质心为 C_2，质量为 m_2，驱动力矩为 $\tau_2=[0 \quad 0 \quad \tau_{22}]^{\mathrm{T}}$，角速度为 $\omega_2=[0 \quad 0 \quad \omega_2]^{\mathrm{T}}$，加速度为 $\varepsilon_2=[0 \quad 0 \quad \varepsilon_2]^{\mathrm{T}}$。

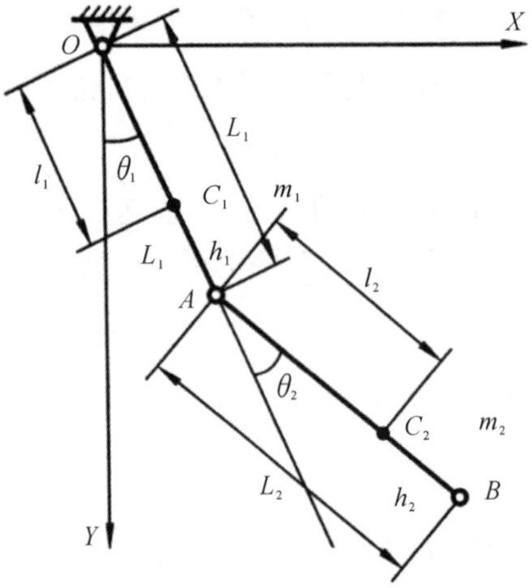

图 3-8 平面二自由度工业机器人结构

选取关节 O 和关节 A 处的转角 θ_1 和 θ_2 为系统的广义坐标，可以写出连杆 1 的牛顿-欧拉方程：

$$f_{0,1}-f_{1,2}+f_1=m_1\ddot{c}_1 \tag{3-34}$$

$$\tau_{0,1}+f_{0,1}\cdot l_1-\tau_{1,2}-f_{1,2}\cdot h_1=I_{C1}\cdot\varepsilon_1 \tag{3-35}$$

连杆 2 的牛顿-欧拉方程为：

$$f_{1,2}+f_2=m_2\ddot{c}_2 \tag{3-36}$$

$$\tau_{1,2}+f_{1,2}\cdot l_2=I_{C2}\cdot\varepsilon_2 \tag{3-37}$$

式中：

$$f_1=[0 \quad m_1g \quad 0]^{\mathrm{T}} \tag{3-38}$$

$$f_2=[0 \quad m_2g \quad 0]^{\mathrm{T}} \tag{3-39}$$

$$\tau_{0,1} = \tau_1 = [0 \quad 0 \quad \boldsymbol{\tau}_{11}]^{\mathrm{T}} \tag{3-40}$$

$$\tau_{1,2} = \tau_2 = [0 \quad 0 \quad \boldsymbol{\tau}_{22}]^{\mathrm{T}} \tag{3-41}$$

由式(3-34)～式(3-41)消去杆件间作用力，可解得：

$$\tau_2 = I_{C2} \cdot \varepsilon_2 - (m_2 \ddot{c}_2 - m_2 g) \cdot l_2 \tag{3-42}$$

$$\tau_1 = I_{C1} \cdot \varepsilon_1 - (m_1 \ddot{c}_1 - m_1 g - m_2 \ddot{c}_2 + m_2 g) \cdot l_1 - (m_2 \ddot{c}_2 - m_2 g) \cdot h_1 + \tau_2 \tag{3-43}$$

考虑质心位置：

$$c_1 = \begin{bmatrix} l_1 \sin\theta_1 \\ l_1 \cos\theta_1 \\ 0 \end{bmatrix} \tag{3-44}$$

$$c_2 = \begin{bmatrix} L_1 \sin\theta_1 + l_2 \sin(\theta_1 + \theta_2) \\ L_1 \cos\theta_1 + l_2 \cos(\theta_1 + \theta_2) \\ 0 \end{bmatrix} \tag{3-45}$$

求导得：

$$\dot{c}_1 = \begin{bmatrix} l_1 \dot{\theta}_1 \cos\theta_1 \\ -l_1 \dot{\theta}_1 \sin\theta_1 \\ 0 \end{bmatrix} \tag{3-46}$$

$$\ddot{c}_1 = \begin{bmatrix} l_1 (-\dot{\theta}_1^2 \sin\theta_1 + \ddot{\theta}_1 \cos\theta_1) \\ -l_1 (\dot{\theta}_1^2 \cos\theta_1 + \ddot{\theta}_1 \sin\theta_1) \\ 0 \end{bmatrix} \tag{3-47}$$

$$\dot{c}_2 = \begin{bmatrix} L_1 \dot{\theta}_1 \cos\theta_1 + l_2 (\dot{\theta}_1 + \dot{\theta}_2) \cos(\theta_1 + \theta_2) \\ -L_1 \dot{\theta}_1 \sin\theta_1 - l_2 (\dot{\theta}_1 + \dot{\theta}_2) \sin(\theta_1 + \theta_2) \\ 0 \end{bmatrix} \tag{3-48}$$

$$\ddot{c}_2 = \begin{bmatrix} -L_1 \dot{\theta}_1^2 \sin\theta_1 - l_2 (\dot{\theta}_1 + \dot{\theta}_2)^2 \sin(\theta_1 + \theta_2) + L_1 \ddot{\theta}_1 \cos\theta_1 + l_2 (\ddot{\theta}_1 + \ddot{\theta}_2) \cos(\theta_1 + \theta_2) \\ -L_1 \dot{\theta}_1^2 \cos\theta_1 - l_2 (\dot{\theta}_1 + \dot{\theta}_2)^2 \cos(\theta_1 + \theta_2) - L_1 \ddot{\theta}_1 \sin\theta_1 - l_2 (\ddot{\theta}_1 + \ddot{\theta}_2) \sin(\theta_1 + \theta_2) \\ 0 \end{bmatrix} \tag{3-49}$$

另外：

$$h_1 = \begin{bmatrix} l_1 \sin\theta_1 \\ l_1 \cos\theta_1 \\ 0 \end{bmatrix} \tag{3-50}$$

$$h_2 = \begin{bmatrix} l_2 \sin(\theta_1 + \theta_2) \\ l_2 \cos(\theta_1 + \theta_2) \\ 0 \end{bmatrix} \tag{3-51}$$

有：

$$\tau_1 = \begin{bmatrix} 0 \\ 0 \\ \tau_{11} \end{bmatrix} = \begin{bmatrix} I_{x2} & 0 & 0 \\ 0 & I_{y2} & 0 \\ 0 & 0 & I_{z2} \end{bmatrix} \begin{bmatrix} 0 \\ 0 \\ \ddot{\theta}_1 + \ddot{\theta}_2 \end{bmatrix} - m_2 \begin{bmatrix} \ddot{c}_{2x} \\ \ddot{c}_{2y-g} \\ 0 \end{bmatrix} \times \begin{bmatrix} l_2 \sin(\theta_1 + \theta_2) \\ l_2 \cos(\theta_1 + \theta_2) \\ 0 \end{bmatrix} \tag{3-52}$$

$$\tau_{11} = I_{z2}(\ddot{\theta}_1 + \ddot{\theta}_2) - m_2 l_2[\ddot{c}_{2x}\cos(\theta_1 + \theta_2) - (\ddot{c}_{2y} - g)\sin(\theta_1 + \theta_2)] \tag{3-53}$$

代入加速度分量,得:

$$\begin{aligned}\tau_{11} = &(m_1 l_1^2 + m_2 l_2^2 + m_2 L_1^2 + 2m_2 L_1 l_2\cos\theta_2)\ddot{\theta}_1 + (m_2 l_2^2 + m_2 L_1 l_2\cos\theta_2)\ddot{\theta}_2 \\ &+ (-2m_2 L_1 l_2\sin\theta_2)\dot{\theta}_1\dot{\theta}_2 + (-m_2 L_1 l_2\sin\theta_2)\dot{\theta}_2^2 + (m_1 l_1 + m_2 L_1)g\sin\theta_1 \\ &+ m_2 l_2 g\sin(\theta_1 + \theta_2)\end{aligned} \tag{3-54}$$

对 τ_{22} 可同样写出矩阵方程。化简可得:

$$\tau_{22} = (m_2 l_2^2 + m_2 L_1 l_2\cos\theta_2)\ddot{\theta}_1 + (m_2 l_2^2)\ddot{\theta}_2 + m_2 L_1 l_2\dot{\theta}_1^2\sin\theta_2 + m_2 g l_2\sin(\theta_1 + \theta_2) \tag{3-55}$$

式(3-54)与式(3-55)分别表示了关节 1 和关节 2 的驱动力矩与关节位置、速度、加速度之间的关系。由此可见,不管用什么方法对工业机器人的动力学方程进行推导,其结果都是一样的。

3.3.3 关节空间和操作空间动力学

1. 关节空间动力学

(1) 关节空间和操作空间。

关节空间即 n 个自由度操作臂末端位姿 X 是由 n 个关节变量决定的,这 n 个关节变量叫 n 维关节矢量 $\boldsymbol{q}$,$\boldsymbol{q}$ 所构成的空间称为关节空间。

操作空间即末端操作器的作业是在直角坐标空间中进行的,位姿 X 是在直角坐标空间中描述的,这个空间叫操作空间。运动学方程 $X=X(q)$就是关节空间向操作空间的映射,而运动学逆解则是由映射求其在关节空间中的原象。在关节空间和操作空间操作臂动力学方程有不同的表示形式,并且两者之间存在着一定的对应关系。

(2) 关节空间动力学方程。

将式(3-30)和式(3-31)写成矩阵形式,有:

$$\boldsymbol{\tau} = \boldsymbol{D}(\boldsymbol{q})\ddot{\boldsymbol{q}} + \boldsymbol{H}(\boldsymbol{q},\dot{\boldsymbol{q}}) + \boldsymbol{G}(\boldsymbol{q}) \tag{3-56}$$

式中:

$$\boldsymbol{\tau} = \begin{bmatrix}\tau_1 \\ \tau_2\end{bmatrix};\boldsymbol{q} = [\theta_1,\theta_2];\dot{\boldsymbol{q}} = \begin{bmatrix}\dot{\theta}_1 \\ \dot{\theta}_2\end{bmatrix};\ddot{\boldsymbol{q}} = \begin{bmatrix}\ddot{\theta}_1 \\ \ddot{\theta}_2\end{bmatrix}$$

所以:

$$\boldsymbol{D}(\boldsymbol{q}) = \begin{bmatrix} m_1 d_1^2 + m_2(l_1^2 + d_2^2 + 2l_1 d_2 c\theta_2) & m_2(d_2^2 + l_1 d_2 c\theta_2) \\ m_2(d_2^2 + l_1 d_2 c\theta_2) & m_2 d_2^2 \end{bmatrix} \tag{3-57}$$

$$\boldsymbol{H}(\boldsymbol{q},\dot{\boldsymbol{q}}) = \begin{bmatrix} -m_2 l_1 d_2 s\theta_2\dot{\theta}_2^2 - 2m_2 l_1 d_2 s\theta_2\dot{\theta}_1\dot{\theta}_2 \\ m_2 l_1 d_2 s\theta_2\dot{\theta}_1^2 \end{bmatrix} \tag{3-58}$$

$$\boldsymbol{G}(\boldsymbol{q}) = \begin{bmatrix} (m_1 d_1 + m_2 l_1)gs\theta_1 + m_2 d_2 gs\theta_{12} \\ m_2 d_2 gs\theta_{12} \end{bmatrix} \tag{3-59}$$

式(3-56)就是操作臂在关节空间的动力学方程的一般结构形式,它反映了关节力矩与关节变量、速度、加速度之间的函数关系。对于 n 个关节的操作臂,$\boldsymbol{D}(\boldsymbol{q})$是 $n\times n$ 的正定对称矩阵,是 q 的函数,称为操作臂的惯性矩阵;$\boldsymbol{H}(\boldsymbol{q},\dot{\boldsymbol{q}})$是 $n\times 1$ 的离心力和科氏力矢量;$\boldsymbol{G}(\boldsymbol{q})$是

$n\times1$ 的重力矢量，与操作臂的形位 q 有关。

2. 操作空间动力学

与关节空间动力学方程相对应，在笛卡儿操作空间中可以用直角坐标变量即末端操作器位姿的矢量 $\boldsymbol{X}$ 表示工业机器人动力学方程。因此，操作力 $\boldsymbol{F}$ 与末端加速度 $\ddot{\boldsymbol{X}}$ 之间的关系可表示为：

$$\boldsymbol{F}=\boldsymbol{M}_x(\boldsymbol{q})\ddot{\boldsymbol{X}}+\boldsymbol{U}_x(\boldsymbol{q},\dot{\boldsymbol{q}})+\boldsymbol{G}_x(\boldsymbol{q}) \tag{3-60}$$

式中：$\boldsymbol{M}_x(\boldsymbol{q})\ddot{\boldsymbol{X}}$、$\boldsymbol{U}_x(\boldsymbol{q},\dot{\boldsymbol{q}})$、$\boldsymbol{G}_x(\boldsymbol{q})$分别为操作空间惯性矩阵、离心力和科氏力矢量、重力矢量，它们都是在操作空间中表示的；

$\boldsymbol{F}$ 是广义操作力矢量。

关节空间动力学方程和操作空间动力学方程之间的对应关系可以通过广义操作力 $\boldsymbol{F}$ 与广义关节力 $\boldsymbol{\tau}$ 之间的关系式(3-61)和操作空间与关节空间之间的速度、加速度的关系式(3-62)求出。

$$\boldsymbol{\tau}=\boldsymbol{J}^{\mathrm{T}}(\boldsymbol{q})\boldsymbol{F} \tag{3-61}$$

$$\left.\begin{aligned}\dot{\boldsymbol{X}}&=\boldsymbol{J}(\boldsymbol{q})\dot{\boldsymbol{q}}\\ \ddot{\boldsymbol{X}}&=\boldsymbol{J}(\boldsymbol{q})\ddot{\boldsymbol{q}}+\dot{\boldsymbol{J}}(\boldsymbol{q})\dot{\boldsymbol{q}}\end{aligned}\right\} \tag{3-62}$$

3.4 工业机器人动力学建模和仿真

3.4.1 工业机器人动力学建模

前面在推导系统动力学方程时忽略了许多因素，做了很多简化假设，其中最主要的是忽略了机构中的摩擦、间隙与变形。在工业机器人传动系统中，齿轮和轴承中的摩擦是客观存在的，并往往可达到关节驱动力矩的25%。机构中的摩擦主要分为黏性摩擦和库仑摩擦，前者与关节速度成正比，后者的大小与速度无关，但方向与关节的速度方向有关。黏性摩擦力 $\boldsymbol{\tau}_{\mathrm{v}}$ 和库仑摩擦力 $\boldsymbol{\tau}_{\mathrm{c}}$ 分别表示为：

$$\boldsymbol{\tau}_{\mathrm{v}}=v\dot{\boldsymbol{q}} \tag{3-63}$$

$$\boldsymbol{\tau}_{\mathrm{c}}=\boldsymbol{F}_{\mathrm{N}}c\ \mathrm{sgn}(\dot{\boldsymbol{q}}) \tag{3-64}$$

式中：v 为黏性摩擦因数；

c 为库仑摩擦因数；

$\boldsymbol{F}_{\mathrm{N}}$ 为正应力。

因此总的摩擦力 $\boldsymbol{\tau}_{\mathrm{f}}$ 为：

$$\boldsymbol{\tau}_{\mathrm{f}}=\boldsymbol{\tau}_{\mathrm{v}}+\boldsymbol{\tau}_{\mathrm{c}}=v\dot{\boldsymbol{q}}+\boldsymbol{F}_{\mathrm{N}}c\ \mathrm{sgn}(\dot{\boldsymbol{q}}) \tag{3-65}$$

其实，机构中的摩擦（包括黏性摩擦和库仑摩擦）十分复杂，并与润滑条件有关。单就库仑摩擦而言，其中 c 值波动很大。当 $\dot{\boldsymbol{q}}=0$ 时，c 称为静态摩擦因数；当 $\dot{\boldsymbol{q}}\neq0$ 时，c 称为动态摩擦因数。静态摩擦因数大于动态摩擦因数。

另外，工业机器人关节中的摩擦力与关节变量 $\boldsymbol{q}$，或者齿轮偏心所引起的摩擦力的波动、不同的形位、关节中摩擦力的变动等因素有关。因此摩擦力可表示为：

$$\boldsymbol{\tau}_f = \boldsymbol{T}(\boldsymbol{q},\dot{\boldsymbol{q}}) \tag{3-66}$$

考虑机构中的摩擦力，在式(3-56)的基础上，工业机器人的动力学方程应加一项，即：

$$\boldsymbol{\tau} = \boldsymbol{D}(\boldsymbol{q})\ddot{\boldsymbol{q}} + \boldsymbol{H}(\boldsymbol{q},\dot{\boldsymbol{q}}) + \boldsymbol{G}(\boldsymbol{q}) + \boldsymbol{T}(\boldsymbol{q},\dot{\boldsymbol{q}}) \tag{3-67}$$

以上的动力学模型都是在将连杆视为刚体的前提下建立的。具有柔性臂的工业机器人系统容易产生共振和其他动态现象，在建模时应对此予以考虑。

3.4.2 工业机器人动力学仿真

计算机仿真技术在工业机器人技术领域极为重要，利用该技术可以进行一些仿真实验。如果不利用仿真技术而是在现实中完成这些实验，可能成本较高，而且需要花费大量的时间。通过计算机仿真技术可以在动态的合成环境中尝试一些轨迹规划和控制算法的研究，同时可以搜集这些响应数据，从而确定工业机器人控制系统的品质。

工业机器人仿真系统较复杂，具有完成一类或多类工业机器人的运动学、动力学、轨迹规划及控制算法、图形显示和输出等功能。如仅从动力学方面考虑，工业机器人动力学仿真就是在计算机内部建立某种动力学模型，根据这种模型对工业机器人运动范围内的典型状态进行动力学计算和分析，从而进行合理的轨迹规划。为了达到这个目的，需要把工业机器人本体和工业机器人所在的作业环境抽象为某种模型，并且必须对人们所设计的工业机器人动作进行动力学仿真。

如图 3-6 所示，以平面二连杆机器人为例进行工业机器人动力学仿真，当两关节的电机输入转矩均为零时，在初始角分别为 $\theta_1=\frac{\pi}{2}$，$\theta_2=\frac{\pi}{2}$ 处，在自身重力的作用下，最后达到两个连杆都在一条铅垂线上的位置。具体步骤如下：

步骤 1 确定实际系统的动力学数学模型。

式(3-67)就是此平面二连杆机器人的动力学模型，其结构参数见表 3-1。

表 3-1 平面二连杆机器人的结构参数

参数名称	符号	取值	参数名称	符号	取值
连杆 1 的等效质量/kg	m_1	2.5	连杆 2 的等效质量/kg	m_2	1.8
连杆 1 杆长/m	l_1	1.0	连杆 2 杆长/m	l_2	0.8
连杆 1 转动惯量/kg·m²	J_1	0.15	连杆 2 转动惯量/kg·m²	J_2	0.05
关节 1 摩擦力矩/N·m	τ_{f1}	2	关节 2 摩擦力矩/N·m	τ_{f2}	2
连杆 1 质心位置/m	d_1	0.5	连杆 2 质心位置/m	d_2	0.1

步骤 2 将以上模型转化为能在计算机上运行的仿真模型。

Simulink 是 MATLAB 中的一种可视化仿真工具，它提供了一个动态系统建模、仿真和综合分析的集成环境。利用 Simulink 对实际问题的建模仿真过程就如同搭积木一样简单，结构和流程清晰、仿真精细、适应面广。

根据步骤 1 中的动力学模型搭建 Simulink 模型图，如图 3-9 所示。

步骤 3 编写仿真程序。

先用 C 语言编写 m 文件，然后将 m 文件添加到函数块(interpreted matlab fcn)中，并设

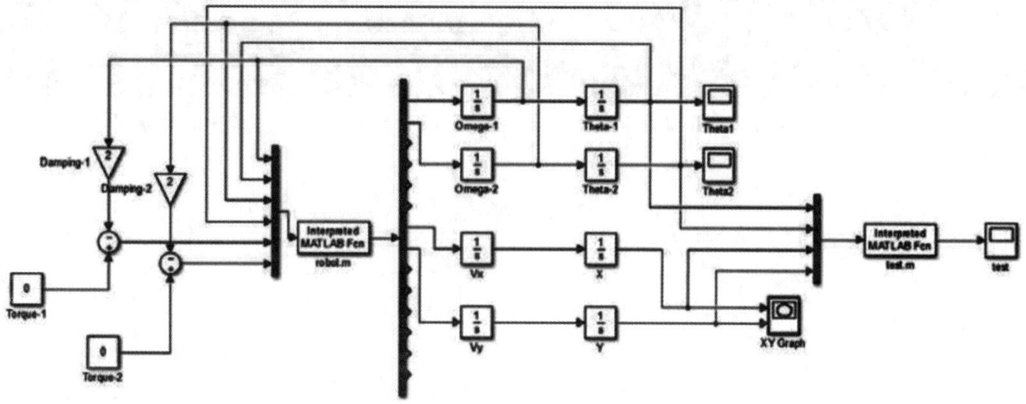

图 3-9　平面二自由度工业机器人的 Simulink 仿真模型图

置各个模块的初始值。

步骤 4　对仿真模型进行修改、检验。

单击模型窗口的 Run 按钮，运行模型文件，看此机器人手臂末端点位移变化，如图 3-10 所示，并基于此对仿真模型进行修改和检验。

由于真实的世界往往都非常凌乱，并且充满了各种噪声，数学模型不能完全反映真实的系统特征，同时系统中的传感器通常都可能呈现出不同的或非预期的特征，因此，对机器人进行仿真通常都非常困难。尽管有这些缺陷，人们依然可以对机器人进行仿真而发现系统的运动特征，从而为控制系统的设计创造条件。

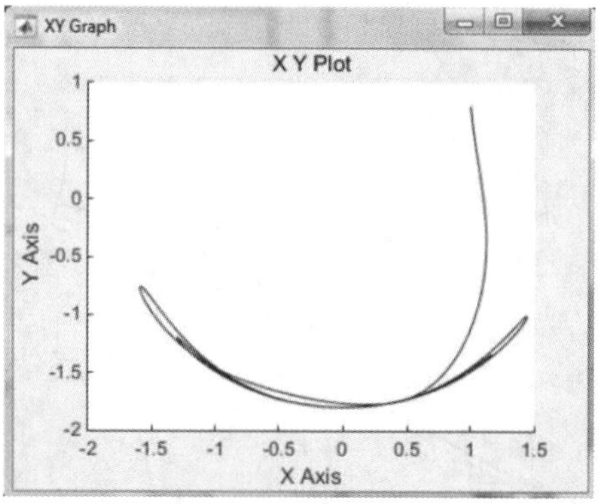

图 3-10　平面二连杆机器人手臂末端点位移变化图

本章小结

本章主要以串联机器人为研究对象，首先通过实例介绍与工业机器人速度和静力有关的雅可比矩阵，在工业机器人雅可比矩阵分析的基础上进行工业机器人的静力分析，然后再介绍了两种常用的动力学分析方法，即拉格朗日方法和牛顿-欧拉方法，通过理论推导和实例相结合阐明求解过程，结果表明不管用什么方法对工业机器人的动力学模型进行推导，其结果都是一样的。最后还对工业机器人的动态特性作简要论述，以便为工业机器人编程、控制等打下基础。

本章习题

3-1 如图 3-11 所示的二自由度机械手，杆长为 $l_1=l_2=0.5$ m，试求表 3-2 中三种情况下的关节瞬时速度 $\dot{\theta}_1$ 和 $\dot{\theta}_2$。

表 3-2 末端执行器速度和关节位置

v_x/(m/s)	−1.0	0	1.0
v_y/(m/s)	0	1.0	1.0
θ_1	30°	30°	30°
θ_2	−60°	120°	−30°

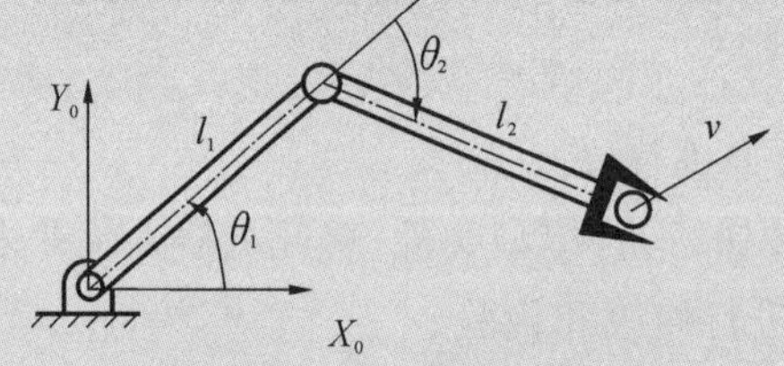

图 3-11 二自由度机械手

3-2 图 3-12 所示为三自由度平面关节机械手，手部握有焊接工具。已知：

$$\theta_1=30°,\dot{\theta}_1=0.04\ \text{rad/s}$$

$$\theta_2=45°,\dot{\theta}_2=0$$

$$\theta_3=45°,\dot{\theta}_3=0.1\ \text{rad/s}$$

求焊接工具末端 A 点的线速度 v_x 及 v_y。

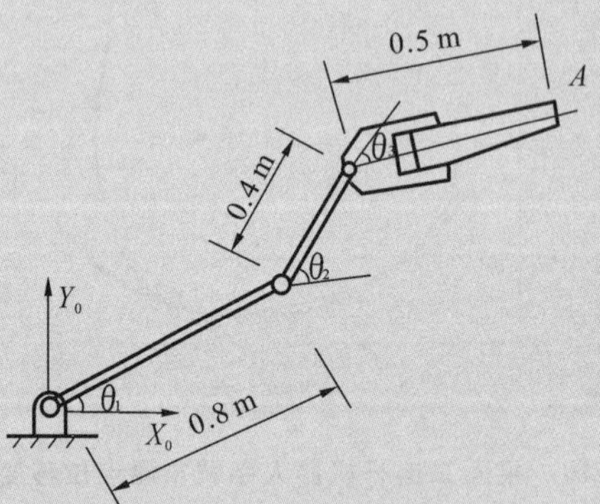

图 3-12 三自由度平面关节机器人

3-3 已知二自由度机械手的雅可比矩阵为：

$$\boldsymbol{J}=\begin{bmatrix}-l_1s_1-l_2s_{12} & -l_2s_{12}\\ l_1c_1+l_2c_{12} & l_2c_{12}\end{bmatrix}$$

若忽略重力，求手部端点力 $\boldsymbol{F}=[1\quad 0]^{\mathrm{T}}$ 时，求与此力相应的关节力矩。

3-4 串联工业机器人力雅可比矩阵和速度雅可比矩阵有何关系？

3-5 二自由度平面关节机械手动力学方程主要包含哪些项？它们各有什么物理意义？

3-6　图 3-13 所示为一个三自由度机械手，其手部夹持一质量 $m=10$ kg 的重物，$l_1=l_2=0.8$ m，$l_3=0.4$ m，$\theta_1=60°$，$\theta_2=-60°$，$\theta_3=-90°$。若不计机械手的重量，求机械手处于平衡状态时各关节力矩。

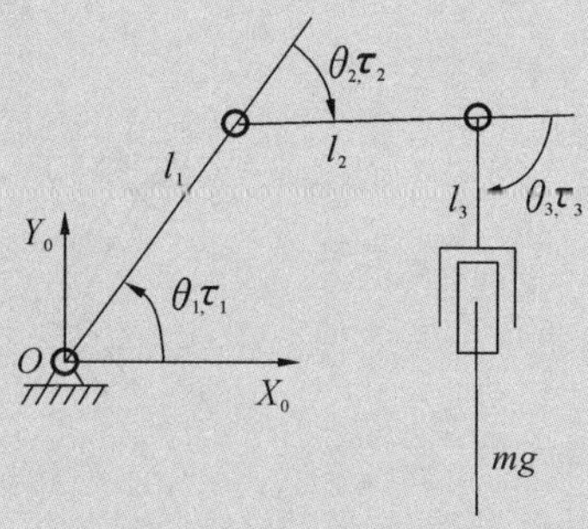

图 3-13　三自由度机械手

3-7　如图 3-14 所示为质量均匀分布的二连杆机器人，把每个杆当成均匀长方形刚体，其长、宽、高分别为 l_i、w_i、h_i，质量为 $m_i(i=1,2)$。

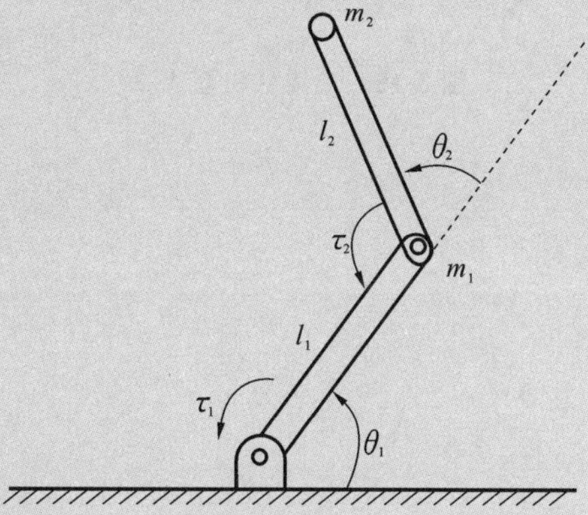

图 3-14　质量均匀分布的二连杆机器人

3-8　用拉格朗日法推导图 3-15 所示二连杆机器人的动力学方程。连杆的质心位于连杆的中心，其惯量矩阵分别为 I_1 和 I_2。

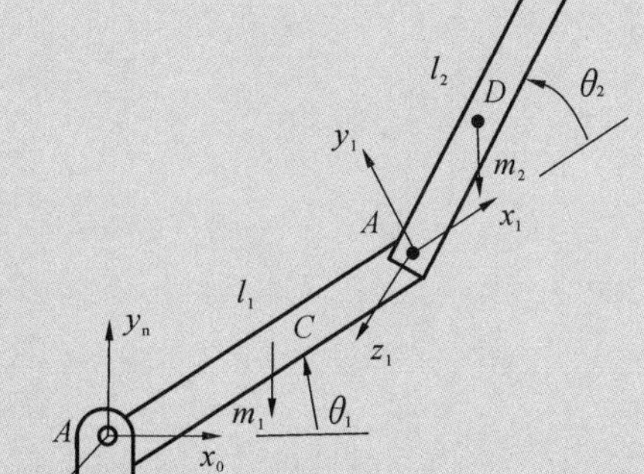

图 3-15　二连杆机器人 1

3-9　二连杆机器人如图 3-16 所示。连杆长度为 d_i，质量为 m_i，重心位置为$(0.5d_i,0,0)$，连杆惯量为 $I_{zzi}=\frac{1}{3}m_i d_i^2$，$I_{yyi}=\frac{1}{3}m_i d_i^2$，$I_{xxi}=0$，传动机构的惯量为 $I_{ai}=0(i=1,2)$用拉格朗日矩阵法确定动力学的参数 D_{ij}，D_{ijk}，D_i。

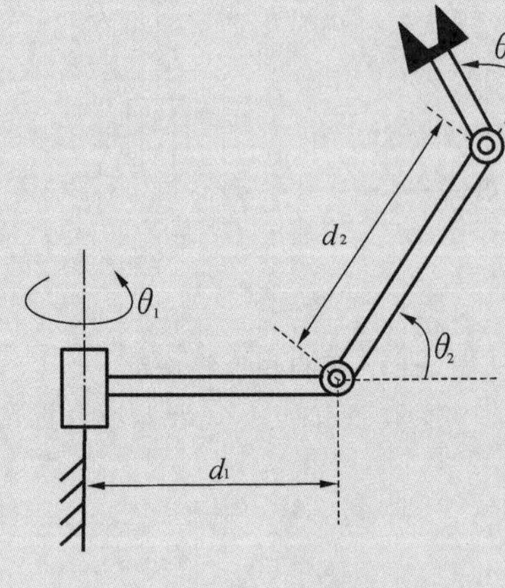

图 3-16　二连杆机器人 2

第 4 章 工业机器人控制

工业机器人的控制系统是工业机器人的大脑，是决定工业机器人功能和性能的主要因素，包含对工业机器人本体工作过程进行控制的控制机、工业机器人专用传感器、运动伺服驱动系统等。控制系统主要对工业机器人工作过程中的动作顺序、应到达的位置及姿态、路径轨迹及规划、动作时间间隔以及末端执行器施加在被作用物体上的力和力矩等进行控制。

4.1 工业机器人控制系统概述

工业机器人控制系统是指由控制主体、控制客体和控制媒体组成的具有自身目标和功能的管理系统。控制系统是为了通过它可以按照所希望的方式保持或改变机器内可变化的量，同时也是为了使被控对象达到预定的理想状态而实施的，让被控对象趋于某种需要的稳定状态。

4.1.1 工业机器人控制系统组成

工业机器人一般由机器人本体、控制系统、驱动器以及周围的一些传感器组成。其中，控制系统是工业机器人的核心，它是由一组硬件与软件组成的，根据指令以及传感信息控制工业机器人完成一定动作或作业任务的装置。工业机器人控制系统的基本结构框图如图 4-1所示。该系统主要由主控单元、执行机构和检测单元三部分组成。其中，主控单元是整个控制系统的核心，主要负责机器人的运动学计算、运动规划、插补计算等，将用户的运动控制指令传输到执行机构。工业机器人的所有动作指令均由控制系统给出。

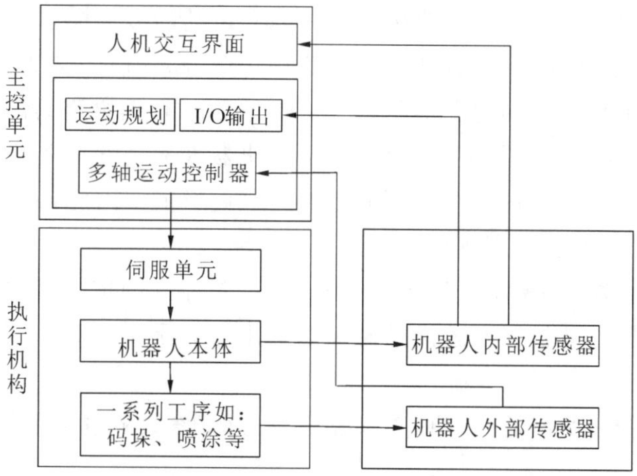

图 4-1 机器人控制系统的基本结构框图

工业机器人驱动器的作用是在移动或转动时使关节或者连杆产生运动并改变它们的位置。反馈控制系统是确保这个位置达到预定的满意程度的控制系统。如果一个系统用来控制给定目标的位置并跟踪给定目标的运动，则此系统称为伺服系统。

图 4-2 所示为工业机器人控制系统的反馈控制简化模型。工业机器人的关节值（位置、速度、加速度及作用力和力矩）可根据运动学、动力学及轨迹分析计算得到。这些关节值发送给控制器，控制器再施加合适的驱动信号给驱动器，以驱动关节按照可控的方式到达目标点，传感器测量输出并将测量信号反馈给控制器，它再相应地控制驱动信号。

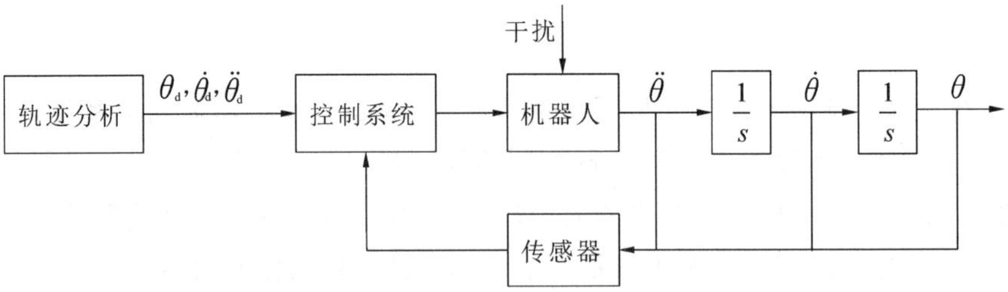

图 4-2 工业机器人控制系统的反馈控制简化模型

4.1.2 工业机器人控制系统的特点

工业机器人的控制技术与传统的自动机械控制相比，没有根本的不同之处。然而，由于工业机器人的结构是由连杆通过关节串联组成的空间开链结构，其各个关节的运动是独立的，为了实现末端点的运动轨迹，需要多关节的运动协调。因此，工业机器人控制系统主要是以机器人的单轴或多轴运动协调为目的的控制系统，其控制结构要比一般自动机械的控制复杂得多。与一般的伺服系统或过程控制系统相比，工业机器人控制系统有如下特点：

（1）工业机器人控制系统是一个多变量控制系统，即使是简单的工业机器人也有 3～5 个自由度，比较复杂的机器人有十几个自由度，甚至几十个自由度。每个自由度一般包含一个伺服机构，多个独立的伺服系统必须有机地协调起来。例如机器人的手部运动是所有关节的合成运动。要使手部按照一定的轨迹运动，就必须控制机器人的基座、肘、腕等各关节协调运动，包括运动轨迹、动作时序等多方面。

（2）工业机器人控制系统本质上是一个非线性系统，运动描述复杂，机器人的控制与机构运动学及动力学密切相关。描述工业机器人状态和运动的数学模型是一个非线性模型，随着状态的变化，其参数也在变化，各变量之间还存在耦合。因此，仅仅考虑位置闭环是不够的，还要考虑速度闭环，甚至加速度闭环。在控制过程中，根据给定的任务，还应当选择不同的基准坐标系，并做适当的坐标变换，以求解工业机器人运动学正问题和逆问题。此外，还要考虑各关节之间惯性力等的耦合作用和重力负载的影响。因此，还经常需要采用一些控制策略，如重力补偿、前馈、解耦或自适应控制等。

（3）具有较高的重复定位精度，系统刚性好。工业机器人的重复定位精度较高，一般为 ±0.1 mm。此外，由于工业机器人运行时要求平稳并且不受外力干扰，为此系统应具有较好的刚性。

（4）工业机器人控制系统是一个时变系统，其动力学参数随着关节运动位置的变化而变化。

（5）信息运算量大。工业机器人的动作规划通常需要解决最优问题。例如机械手末端执行器要到达空间某个位置，可以有好几种解决办法，此时就需要规划出一个最佳路径。较高级的工业机器人可以采用人工智能方法，用计算机建立起庞大的信息库，借助信息库进行控制、决策管理和操作。即使是一般的工业机器人，根据传感器和模式识别的方法获得对象及环境的工况，按照给定的指标要求，自动选择最佳的控制规律。

(6) 需采用加(减)速控制。过大的加(减)速度会影响工业机器人运动的平稳性，甚至使工业机器人发生抖动，因此在工业机器人启动或停止时采取加(减)速控制策略。通常采用匀加(减)速运动指令来实现。此外，工业机器人不允许有位置超调，否则将可能与工件发生碰撞。一般要求控制系统位置无超调，动态响应尽量快。

(7) 工业机器人还有一种特殊的控制方式，即示教再现控制方式。当需要工业机器人完成某项作业时，可预先人为地移动工业机器人手臂来示教该作业的顺序、位置及其他信息。在此过程中相关的作业信息会存储在工业机器人控制系统的内存中。在执行任务时，工业机器人通过读取存储的控制信息来再现动作功能，并可重复进行该作业。此外，从操作的角度来看，要求控制系统具有良好的人机界面，尽量降低对操作者的技术要求。

总之，工业机器人控制系统是一个与运动学和动力学密切相关的、紧耦合的、非线性的多变量控制系统。由于它的特殊性，对经典控制理论和现代控制理论都不能照搬使用。随着实际工作情况不同，可以采用各种不同的控制方式。到目前为止，工业机器人控制理论还不完整、不系统，但发展速度很快，正在逐步走向成熟。

◆ 4.1.3 工业机器人控制系统的功能

工业机器人控制系统是工业机器人的重要组成部分，用于对操作机的控制，以完成特定的工作任务，其基本功能如下：

1. 示教-再现功能

工业机器人控制系统可实现离线编程、在线示教及间接示教等功能，在线示教又包括通过示教器进行示教和导引示教两种情况。在示教过程中，可存储作业顺序、运动方式、运动路径和速度及与生产工艺有关的信息。在再现过程中，能控制工业机器人按照示教的加工信息自动执行特定的作业。

2. 坐标设置功能

一般的工业机器人控制器设置有关节坐标、绝对坐标、工具坐标及用户坐标这4种坐标系，用户可根据作业要求选用不同的坐标系并可以进行各坐标系之间的转换。

3. 与外围设备的联系功能

工业机器人控制器设置有输入/输出接口、通信接口、网络接口和同步接口，并具有示教器、操作面板及显示屏等人机接口。此外还具有视觉、触觉、接近觉、听觉、力觉(力矩)等多种传感器接口。

4. 位置伺服等功能

工业机器人控制系统可实现多轴联动、运动控制、速度和加速度控制、力控制及动态补偿等功能。在运动过程中，还可以实现状态监测、故障诊断下的安全保护和故障自诊断等功能。

4.1.4 工业机器人控制方式

工业机器人控制方式的选择，是由工业机器人所执行的任务决定的。工业机器人控制方式的分类并没有统一标准，根据不同的分类方法，工业机器人控制方式可以划分为不同类别。从总体上看，工业机器人控制方式分为动作控制方式、示教控制方式。此外，按运动坐标控制的方式，可分为关节空间运动控制、直角坐标空间运动控制；按控制系统对工作环境变化的适应程度，可分为程序控制系统、适应性控制系统、人工智能控制系统；按同时控制机器人数目的多少，可分为单控系统、群控系统；按运动控制方式的不同，可分为位置控制、速度控制、力控制（包括位置/力混合控制）。下面对几种常用的工业机器人的控制方式进行具体分析。

1. 点位控制与连续轨迹控制方式

工业机器人的位置控制可分为点位（PTP，point to point）控制和连续轨迹（CP，continuous path）控制两种方式，如图 4-3 所示。

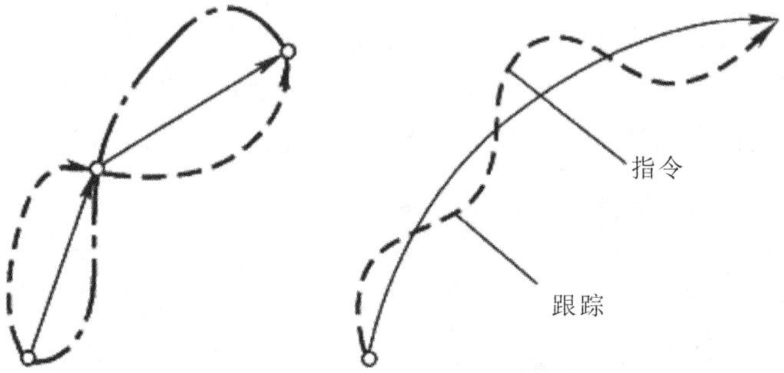

(a) 点位控制方式　　(b) 连续轨迹方式

图 4-3　位置控制方式

点位控制方式用于实现点的位置控制，要求工业机器人末端以一定的姿态尽快且无超调地实现相邻点之间的运动，但对相邻点之间的运动轨迹不做具体要求，即是由一个给定点到下一个给定点，而点与点之间的轨迹却不是最重要的。因此，它的特点是只控制工业机器人末端执行器在作业空间中某些规定的离散点上的位姿。控制时只要求工业机器人快速、准确地实现相邻各点之间的运动，而对到达目标点的运动轨迹则不做规定标记。如自动插件机是在贴片电路板上完成安插元件、点焊、搬运、装配等作业，就是采用点位控制。这种控制方式的主要技术指标是定位精度和运动所需的时间，控制方式比较简单，但要达到较高的定位精度则较难。

连续轨迹控制方式要求机器人末端沿预定的轨迹运动，即在运动轨迹上任意特定数量的点处停留，用于指定点与点之间的运动轨迹所要求的曲线，如直线或圆弧。这种控制方式的特点是连续地控制工业机器人末端执行器在作业空间中的位姿，使其严格按照预先设定的轨迹和速度在一定的精度要求内运动，速度可控、轨迹光滑、运动平稳，以完成作业任务。工业机器人各关节连续、同步地进行相应的运动，保证其末端执行器可完成连续的既定轨迹。这种控制方式的主要技术指标是机器人末端执行器的轨迹跟踪精度及平稳性。在用工业机器人进行弧焊、喷漆、切割等作业时，应选用连续轨迹控制方式。实际上，由于控制器的控制周期在几毫秒到 30 ms 之间，时间很短，可以近似认为运动轨迹是平滑连续的。在工业机器人的实际控制中，通常利用插补点之间的增量和雅可比逆矩阵 J^{-1} 求出各关节的分增量，各电动机按照分增量进行位置控制。

工业机器人的结构多为串接的连杆形式，其动态特性具有高度的非线性。但在控制系统设计中，通常把工业机器人的每个关节当作一个独立的伺服机构来考虑。因此，工业机器人系统就变成了一个由多关节串联组成的各自独立又协同操作的线性系统。

多关节位置控制是指考虑各关节之间的相互影响而对每一个关节分别设计的控制器。但是若多个关节同时运动，则各个运动关节之间的力或力矩会产生相互作用，因而又不能运用单个关节的位置控制原理。要克服这种多关节之间的相互作用，必须添加补偿，即在多关节控制器中，工业机器人的机械惯性影响常常被作为前馈项考虑。

2. 速度控制方式

工业机器人在位置控制的同时，通常还要进行速度控制。例如，在连续轨迹控制方式的情况下，工业机器人需要按预定的指令来控制运动部件的速度和实行加、减速，以满足运动平稳、定位准确的要求。由于工业机器人是一种工作情况(或行程负载)多变、惯性负载大的运动机械，要处理好快速与平稳的矛盾，必须控制启动加速和停止前的减速这两个过渡运动区段。而在整个运动过程中，速度控制通常情况下也是必需的。

3. 力(力矩)控制方式

在喷涂、点焊、搬运时所使用的工业机器人，一般只要求其末端执行器(如喷枪、焊枪、手爪等)沿某一预定轨迹运动，运动过程中末端执行器始终不与外界任何物体相接触，这时只需对工业机器人进行位置控制即可完成作业任务。而在进行抛光、去毛刺、研磨和组装等作业时，除了要求准确定位之外，还要求使用特定的力或力矩传感器对末端执行器施加在工件上的力进行控制。这种控制方式与位置伺服控制原理基本相同，但输入量和输出量不是位置信号，而是力(力矩)信号，因此系统中必须有力(力矩)传感器。

4. 智能控制方式

在不确定或未知条件下作业，工业机器人需要通过传感器获得周围环境的信息，根据自己内部的知识库做出决策，进而对各执行机构进行控制，自主完成给定任务。若采用智能控制技术，工业机器人会具有较强的环境适应性及自学习能力。智能控制方法与人工神经网络、模糊算法、遗传算法、专家系统等人工智能的发展密切相关。

5. 示教-再现控制方式

示教-再现(teaching-playback)控制是工业机器人的一种主流控制方式。为了让工业机器人完成某种作业，首先由操作者对机器人进行示教，即教机器人如何去做。在示教过程中，工业机器人将作业顺序、位置、速度等信息存储起来。在执行任务时，工业机器人可以根据这些存储的信息再现示教的动作。

示教有直接示教和间接示教两种方法。直接示教是操作者使用安装在工业机器人手臂末端的操作杆，按给定运动顺序示教动作内容，工业机器人自动把运动顺序、位置和时间等数据记录在存储器中，再现时依次读出存储的信息，重复示教的动作过程。采用这种方法通常只能对位置和作业指令进行示教，而运动速度需要通过其他方法来确定。间接示教是采用示教盒进行示教。操作者通过示教盒上的按键操纵完成空间作业轨迹点及有关速度等信息的示教，然后通过操作盘用机器人语言进行用户工作程序的编辑，并存储在示教数据区。

再现时，控制系统自动逐条取出示教命令与位置数据，进行解读、运算并做出判断，将各种控制信号送到相应的驱动系统或端口，使机器人忠实地再现示教动作。

采用示教-再现控制方式时不需要进行矩阵的逆变换，也不存在绝对位置控制精度问题。该方式是一种适用性很强的控制方式，但是需由操作者进行手工示教，要花费大量的时间和精力。特别是在产品变更导致生产线变化时，要进行的示教工作较为繁重。现在通常采用离线示教法(off-line teaching)，不对实际作业的工业机器人直接进行示教，而是脱离实际作业环境生成示教数据，间接地对工业机器人进行示教。

4.2 电动机控制

4.2.1 机器人中电动机的控制特征

电动机的种类各种各样，根据各自的特点，工业界早就在家电、玩具、办公仪器设备、测量仪器甚至电气铁路这样一些广泛的领域内制定了各种不同的使用方法。在这些应用中，机器人中的电动机有其自身的特点。

表 4-1 列出了机床和机器人电动机在用途上的对比情况。用于生产线上的机器人，主要承担着零件供应、装配和搬运等工作，其控制目的是位置控制。因为机器人的动作基本上是腕部的运动，所以对电动机来说，主要是惯性负载，并且还存在有重力负载。有负载运动时，电动机的速度最慢；无负载运动时，电动机的速度最快。它们的比值大体上是 1∶10，有时可以达到 1∶100。此外，从电动机的输出功率考虑，多数为十瓦(W)到数千瓦(kW)的电动机。本章节只考虑小型电动机的分类。

表 4-1 机床和机器人电动机在用途上的对比情况

项目	机器人			NC 机床	
	正交型	水平多关节(旋转运动)	垂直多关节(旋转运动)	光杠(直线运动)	主轴(旋转运动)
用途	装配、零件的搬运、零件的供应			金属的机械加工	
控制对象	位置(速度)	位置(速度)	位置(速度)	位置	位置和速度
变速范围	1∶50	1∶100	1∶100	1∶100 000	1∶100
负载类型	惯性负载 重力支持	惯性负载	惯性负载 重力支持	加工负载 惯性负载	

在一般的机械中，多数都要求提供低速度、大转矩的机械功率，与此相应，工业机器人则是一种以电动机的高速度和低转矩形式提供机械功率的设备。因此，为了使两者相匹配，在电动机与机械系统之间，需要采用减速机构。但是，由于间隙和扭转变形，减速机在机械系统的运动过程中会产生振动。由于存在这样的一些问题，因此近年来开发出了一种直接驱动电动机，它可以直接连接到机械系统中，并且可以产生低速度和大转矩。

4.2.2 电动机的选用

电动机根据输出形式分类，可以分为旋转型和直线型(如果根据采用的电源分类，则如表 4-2 所列)。当考虑电动机在机器人中的应用时，应主要关注电动机的如下基本性能：

表 4-2 根据电动机采用电源的分类及用途

变换功能	代表性例子	主要用途
交流→直流(顺变换)	整流电路 PWM 变换器	直流电动机控制,直流电源 (高频抑制)直流电源
直流→交流(电压控制)	断续器 (四象限断续器)	直流电动机控制 直流电动机的可逆控制
直流→交流(逆变换)	变频器	交流电源 交流电动机控制
交流→交流	交流电力调整 循环换流器	感应电动机控制,热与光的控制, 大容量交流电动机的控制

(1) 能实现启动、停止、连续的正反转运行,且具有良好的响应特性。

(2) 正转与反转时的特性相同,且运行特性稳定。

(3) 维修容易,而且不用保养。

(4) 具有良好的抗干扰能力,且相对于输出来说,体积小、重量轻。

在机器人中,首先采用比较多的是直流电动机和无刷直流电动机,因为它们可以满足上述要求。其次,也推荐使用感应电动机和步进电动机。

4.2.3 电机控制系统的数学模型

工业机器人驱动器包括电动机、传感器、控制器及外部负载,它们组成的系统及模型如图 4-4 所示。电动机驱动系统既包含电路部分,也包含机械部分,如惯量和阻尼,这两部分通过反电动势和转矩耦合在一起。根据直流电动机电枢回路的电压平衡方程以及电机轴上的转矩平衡方程,可以建立直流电机的数学模型:

$$L_a \frac{\mathrm{d}i}{\mathrm{d}t} = u_a(t) - R_a i_a(t) - E_a(t) \tag{4-1}$$

$$E_a(t) = K_e \dot{\theta}(t) \tag{4-2}$$

$$T(t) = K_t \cdot i_a(t) \tag{4-3}$$

$$T(t) = J_m \ddot{\theta}(t) + B_m \dot{\theta}(t) + T_d(t) \tag{4-4}$$

式中:L_a——电枢回路电感,H;

u_a——电枢两端的电压,V;

i_a——电枢电流,A;

E_a——直流电机的反电动势,V;

R_a——电枢回路的总电阻,Ω;

K_e——电机的反电动势系数,V·s/rad;

K_t——电机的电磁转矩系数,N·m/A;

T——电动机的电磁转矩,N·m;

T_d——电动机的负载转矩,N·m;

θ——电动机转子的角位移,rad;

B_m——电机黏性阻尼系数,N·m/s;

J_m——电机转子转动惯量,k g·m^2。

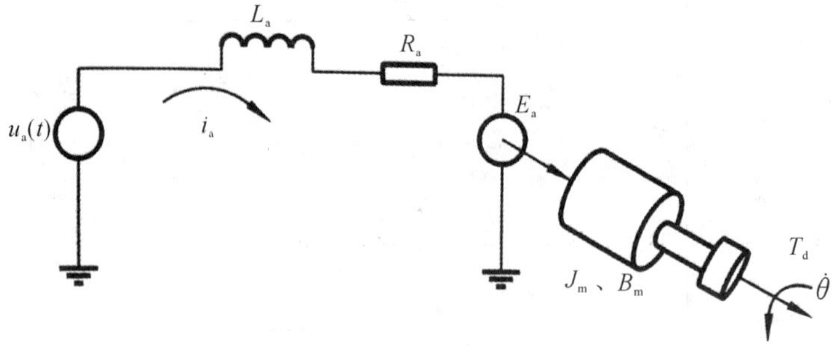

图 4-4 电动机驱动系统组成

将式(4-1)～式(4-4)取拉氏变换，便得到下列代数式方程：

$$U_a(s) = R_a I_a(s) + L_a s I_a(s) + E_a(s) \tag{4-5}$$

$$E_a(s) = K_e \Omega(s) \tag{4-6}$$

$$T(s) = K_t \cdot I_a(s) \tag{4-7}$$

$$T(s) = Js\Omega(s) + B\Omega(s) + T_d(s) \tag{4-8}$$

由上列代数式方程可得到直流伺服电机的传递函数：

$$\frac{I_a(s)}{U_a(s) - E_a(s)} = \frac{1}{L_a s + R_a} \tag{4-9}$$

$$\frac{\Omega(s)}{T(s) - T_d(s)} = \frac{1}{Js + B} \tag{4-10}$$

令 $T_m = \frac{R_a J}{K_e K_t}$ 为电机的机电时间常数；$T_a = \frac{L_a}{R_a}$ 为电动机的电磁时间常数；$T_c = \frac{J}{B}$ 为机械系数时间常数，可得到以输入变量为电枢电压 $u_a(t)$，输出变量为电机的转速 $\omega(t)$ 的传递函数：

$$\frac{\Omega(s)}{U_a(s)} = \frac{1/K_e}{T_a T_m s^2 + (\frac{T_a T_m}{T_c} + T_m)s + (\frac{T_m}{T_c} + 1)} \tag{4-11}$$

此电动机控制系统方框图如图 4-5 所示。

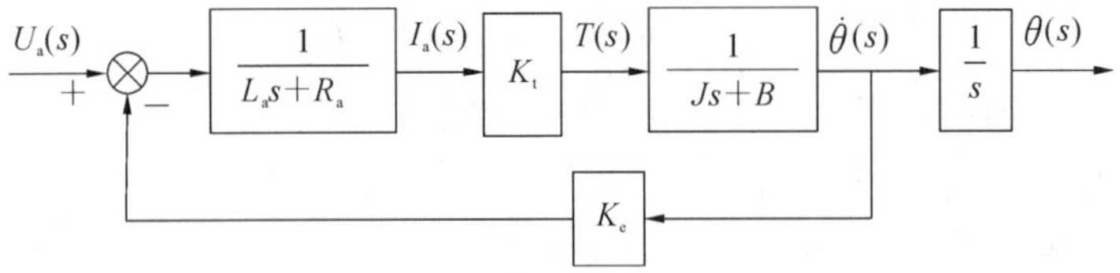

图 4-5 电动机控制系统方框图

4.2.4 电动机的三闭环控制

为了保证电动机有足够的定位精度，电机驱动机构控制系统可采用三闭环控制方案，外环为位置环，中间环为速度环，最内环为电流环。

电流环由电流控制器、PWM 功放（包括三角波发生器、脉冲调制电路、PWM 信号延迟电路及 H 桥式功率电路）以及由霍尔传感器测量的电枢电流负反馈电路等组成。电流环的主要作用是通过调节电枢电流控制电动机的转矩，改善电动机的工作特性和安全性，即当负载突变时，由于电流环的存在，不会因反电动势的作用，使电枢电流过大而出现损坏电动机控制元件的事故；速度环由速度控制器、电流环以及测速发电机组成，保证系统在稳定的条件下实现转速无静差；位置环由位置控制器、速度环以及位置传感器组成，作用是产生电机的速度指令，并使电机准确定位和跟踪。

电动机三闭环控制系统的传递函数方框图如图 4-6 所示。图中，电流负反馈带有一阶低通滤波器，滤波时间常数为 T_i，这是因为电动机由 PWM 功放供电，需要过滤掉电枢电流中所具有的交流谐波噪声，$G_c(s)$、$G_n(s)$、$G_i(s)$ 分别是位置环、速度环、电流环各控制器的传递函数。

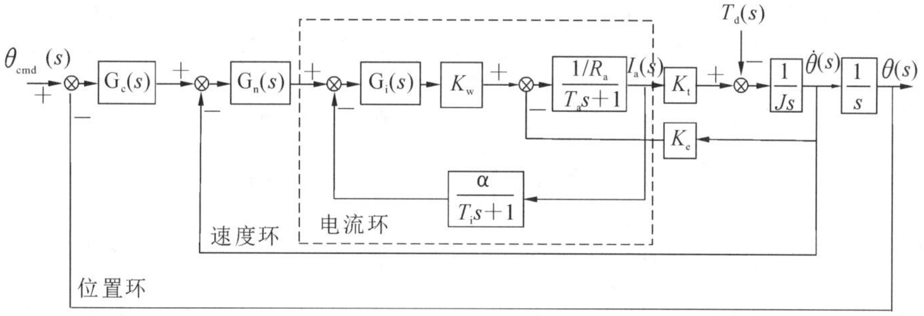

图 4-6 电动机三闭环控制系统的传递函数方框图

4.3 工业机器人位置控制

工业机器人的位置控制有时也称为位姿控制或轨迹控制。工业机器人的位置控制主要实现两大功能：点到点的控制和连续路径控制，其中点形到点的控制即 point to point 控制，例如搬运；而连续路径控制即 control plan 控制，例如环形焊接、自动涂装等。位置控制是实现机器人控制的最基本任务。

机器人位置控制的目标就是要使机器人的各关节及末端执行器的位置和姿态能够以理想的精度指标动态跟踪给定轨迹，或稳定在给定的位姿上。一个好的位置控制系统必须具备较好的稳定性、快速性和准确性。

工业机器人一般采用关节空间控制结构，如图 4-7 所示。图中，$\boldsymbol{q}_d=[q_{d1} \quad q_{d2} \quad \cdots \quad q_{dn}]^T$ 是期望的关节位置矢量，$\dot{\boldsymbol{q}}_d$ 和 $\ddot{\boldsymbol{q}}_d$ 分别是期望的关节速度矢量和加速度矢量，$\boldsymbol{q}$ 和 $\dot{\boldsymbol{q}}$ 分别是实际的关节位置矢量和速度矢量。$\boldsymbol{\tau}=[\tau_1 \quad \tau_2 \quad ... \tau_3]^T$ 是关节驱动力矩矢量，$\boldsymbol{u}_1$ 和 $\boldsymbol{u}_2$ 是相应的控制矢量。

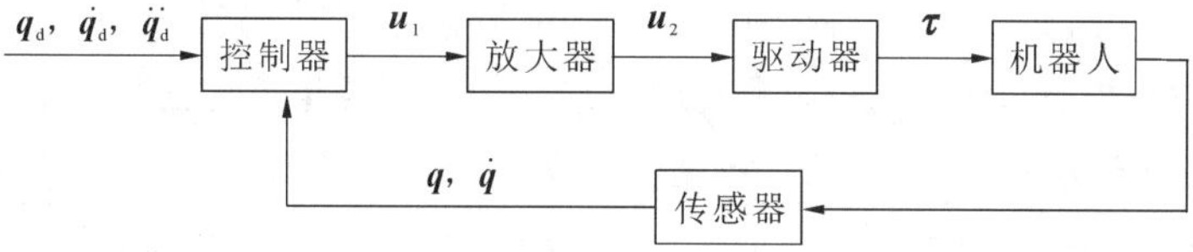

图 4-7 关节空间控制结构

关节空间控制结构期望的轨迹是关节的位置、速度和加速度，是一种较易实现的伺服控制。但在实际应用中通常采用直角坐标系来规定作业路径、运动方向和速度，而不用关节坐标。所以，为了跟踪期望的直角轨迹、速度和加速度，需要先将机器人末端的期望轨迹经过逆运动学计算变换为在关节空间表示的期望轨迹，再进行关节位置控制，如图 4-8 所示。

在图 4-8 中，$\boldsymbol{w}_d=[p_d^T \quad \theta_d^T]$是期望的末端执行器位姿，其中 $\boldsymbol{p}_d=[x_d \quad y_d \quad z_d]$表示期望

的末端执行器位置，$\boldsymbol{\theta}_d=[\theta_{dx}\quad\theta_{dy}\quad\theta_{dz}]$表示期望的末端执行器姿态。$\dot{\boldsymbol{w}}_d=[v_d^T\quad\omega_d^T]$是期望的末端执行器速度，$\boldsymbol{v}_d=[v_{dx}\quad v_{dy}\quad v_{dz}]$是期望的末端执行器线速度；$\boldsymbol{\omega}_d=[\omega_{dx}\quad\omega_{dy}\quad\omega_{dz}]$是期望的末端执行器角速度。$\ddot{\boldsymbol{w}}_d$ 是期望的末端执行器加速度。

工业机器人一般由多个关节构成，具有多个自由度。各关节之间的运动存在相互耦合，其控制系统是一个多输入多输出的非线性系统。本章节以单个关节位置控制问题为例，探讨其位置控制系统的传递函数、控制器及控制参数的确定。最后再讨论多关节机器人的位置控制问题。

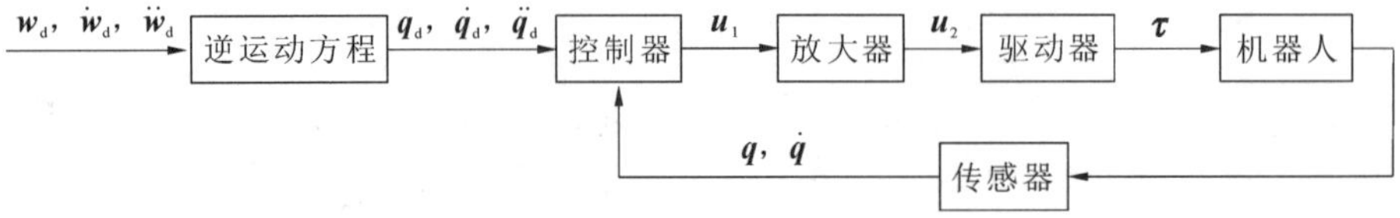

图 4-8　基于直角坐标的关节空间控制结构

◆ 4.3.1 单关节位置控制

工业机器人一般由电动机驱动、液压驱动或气压驱动，最常见的驱动方式是每个关节用一个永磁式直流力矩电动机驱动。永磁式直流力矩电动机是一种特殊的控制电动机，是作为高精度伺服系统的执行元件，适合大扭矩、直接驱动系统，安装空间又很紧凑的场合。

1. 单关节位置控制传递函数

下面以永磁式直流力矩电动机为例讨论单关节的位置控制，其他励磁电动机控制、液压缸或气缸位置控制可参照永磁式直流力矩电动机的情况进行分析。永磁式直流力矩电动机电枢绕组等效电路如图 4-9 所示。单个关节的机械传动原理图如图 4-10 所示。

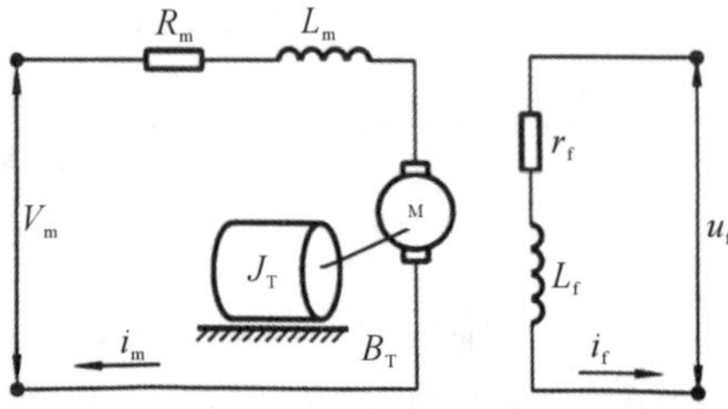

图 4-9　永磁式直流力矩电动机电枢绕组等效电路

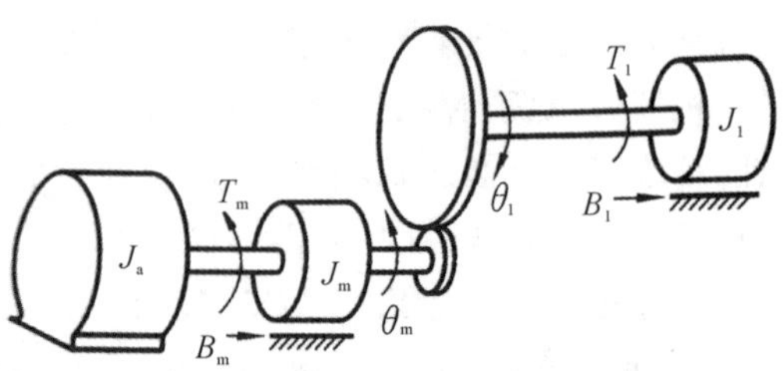

图 4-10　单个关节机械传动原理图

图 4-9 和图 4-10 中，u_f、i_f、r_f、L_f 分别为励磁回路电压、电流、电阻和电感；V_m、i_m、R_m、L_m 分别为电枢回路电压、电流、电阻和电感；T_m 为电动机转矩；K_e 为电动机电动势常数；K_t 为电动机电流力矩比例系数；J_a、J_m、J_1 分别为电动机转子转动惯量、传动机构转动惯量、负载转动惯量；B_m、B_1 分别为传动机构阻尼系数、负载端阻尼系数；θ_m、θ_1 分别为电动机角位移、负载角位移；$n=z_m/z_1$ 为减速比，等于传动轴与负载轴上的齿轮齿数之比。

负载和传动机构的转动惯量折算到电动机轴上的等效总转动惯量 J_T 和总黏性摩擦系数 B_T 分别为：

$$J_T=J_a+J_m+n^2J_1 \tag{4-12}$$

$$B_T=B_m+n^2B_1 \tag{4-13}$$

对于永磁式直流力矩电动机可以不考虑励磁回路。由电枢绕组的电压平衡方程和电动机轴上的力矩平衡方程，得系统的微分方程：

$$u_m = R_m i_m + L_m \frac{di_m}{dt} + K_e \frac{d\theta_m}{dt} \tag{4-14}$$

$$T_m = J_T \frac{d^2\theta_m}{dt^2} + B_T \frac{d\theta_m}{dt} \tag{4-15}$$

$$T_m = K_t i_m \tag{4-16}$$

将上述三式进行拉氏变换，得：

$$U_m(s) = (L_m s + R_m) I_m(s) + K_e s\Theta_m(s) \tag{4-17}$$

$$T_m(s) = (J_T s^2 + B_T s)\Theta_m(s) \tag{4-18}$$

$$T_m(s) = K_t I_m(s) \tag{4-19}$$

将上述三式联立求解得系统的开环传递函数为：

$$\frac{\Theta_m(s)}{U_m(s)} = \frac{K_t}{s[L_m J_T s^2 + (R_m J_T + L_m B_T)s + (R_m B_T + K_e K_t)]} \tag{4-20}$$

由于控制系统的输出是关节角位移 $\Theta_1(s)$，由 $\theta_m = \theta_1/n$，则关节角位移与电枢电压之间的传递函数为：

$$\frac{\Theta_1(s)}{U_m(s)} = \frac{nK_t}{s[L_m J_T s^2 + (R_m J_T + L_m B_T)s + (R_m B_T + K_e K_t)]} \tag{4-21}$$

上式代表了单关节的控制系统关节角位移输出和电枢电压输入之间的传递函数，系统方框图如图 4-11 所示。

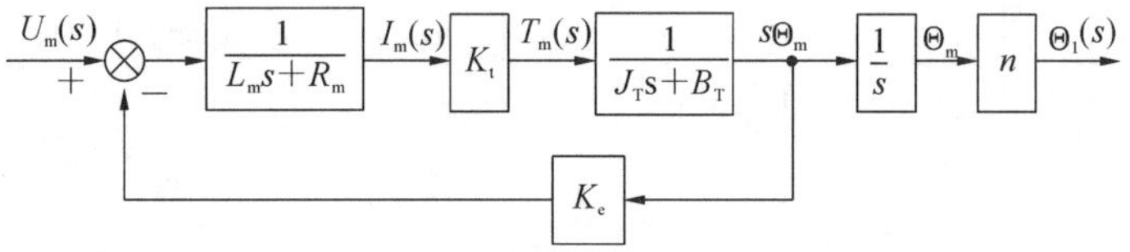

图 4-11　单关节控制系统方框图

2. 单关节位置控制器

单关节位置控制器的作用就是使关节的实际角位移 θ_1 跟踪期望的角位移 θ_d。将位置伺服误差作为电动机的输入信号，产生适当的电压，构成闭环控制系统，即：

$$e(t) = \theta_d(t) - \theta_1(t) \tag{4-22}$$

$$u_m(t) = K_p e(t) = K_p[\theta_d(t) - \theta_1(t)] \tag{4-23}$$

式中：K_p——位置偏差增益系数。

对式(4-22)、式(4-23)进行拉氏变换，得：

$$E(s) = \Theta_d(s) - \Theta_1(s) \tag{4-24}$$

$$U_m(s) = K_p[\Theta_d(s) - \Theta_1(s)] \tag{4-25}$$

由此构造的闭环控制系统结构方框图如图 4-12 所示。

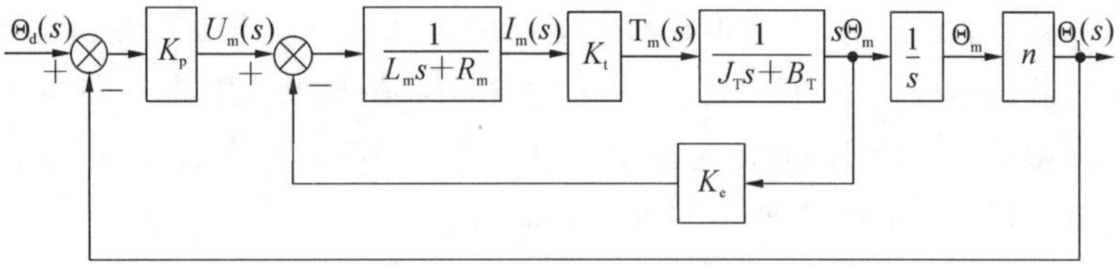

图 4-12　单关节位置闭环控制系统结构方框图

该闭环系统的开环传递函数为：

$$G_K(s)=\frac{\Theta_1(s)}{E(s)}=\frac{nK_pK_t}{s[L_mJ_Ts^2+(R_mJ_T+L_mB_T)s+(R_mB_T+K_eK_t)]} \tag{4-26}$$

由于电动机的电气时间常数远小于机械时间常数，因此可以忽略电枢电感 L_m 的作用，式(4-26)可简化为：

$$G_K(s)=\frac{\Theta_1(s)}{E(s)}=\frac{nK_pK_t}{s(R_mJ_Ts+R_mB_T+K_eK_t)} \tag{4-27}$$

因此，控制系统的闭环传递函数为：

$$\frac{\Theta_1(s)}{\Theta_d(s)}=\frac{G_K(s)}{1+G_K(s)}=\frac{nK_pK_t}{R_mJ_Ts^2+(R_mB_T+K_eK_T)s+nK_pK_T}$$

$$=\frac{nK_pK_t}{R_mJ_T}\cdot\frac{1}{s^2+(R_mB_T+K_eK_t)s/(R_mJ_T)+nK_pK_t/(R_mJ_T)} \tag{4-28}$$

式(4-28)表明单关节机器人的位置控制器是一个二阶系统。当系统参数均为正时，该系统总是稳定的。为了提高系统的定位精度，减小静态误差，可以适当加大位置偏差增益系数 K_p。

要提高控制系统的动态精度，也就是提高系统的快速性，单关节机器人的位置控制器还可以引入传动轴角速度负反馈。传动轴角速度用测速发电机测定，也可以用两次采样周期内的位移数据来近似表示。设 K_v 为测速发电机的速度反馈信号，K_{vp} 为速度反馈信号放大器的增益，引入速度负反馈之后的控制系统方框图如图 4-13 所示。

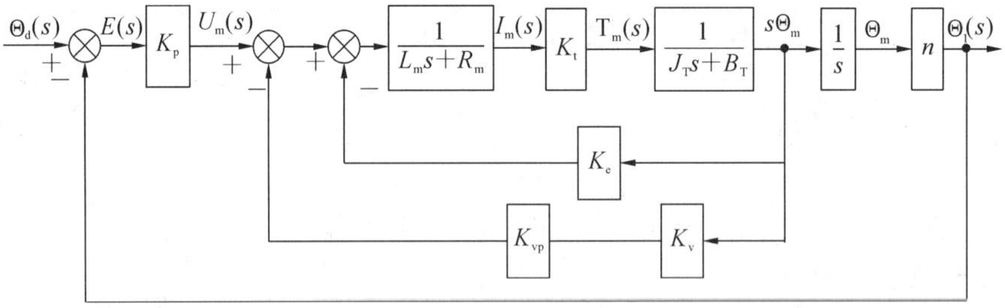

图 4-13　引入速度负反馈后的单关节机器人控制系统方框图

从图 4-13 可以看出，由于引入速度负反馈，电动机的电枢反馈回路的反馈电压已从 $K_e\frac{d\theta_m}{dt}$ 变成了 $(K_e+K_vK_{vp})\frac{d\theta_m}{dt}$。因此，相应的开环和闭环传递函数分别变为：

$$G_K(s)=\frac{\Theta_1(s)}{E(s)}=\frac{nK_pK_t}{s[R_mJ_Ts+R_mB_T+K_t(K_e+K_vK_{vp})]} \tag{4-29}$$

$$\frac{\Theta_1(s)}{\Theta_d(s)}=\frac{G_K(s)}{1+G_K(s)}=\frac{nK_pK_t}{R_mJ_Ts^2+s[R_mB_T+K_t(K_e+K_vK_{vp})]+nK_pK_t}$$

$$=\frac{nK_pK_t}{R_mJ_T}\,\frac{1}{s^2+s[R_mB_T+K_t(K_e+K_vK_{vp})]/(R_mJ_T)+nK_pK_t/(R_mJ_T)} \tag{4-30}$$

忽略电枢电感 L_m 的作用，考虑电动机在运行时还必须克服电动机测速机组的平均摩擦力矩 F_m、外加负载力矩 T_L、重力矩 T_g，这些物理量实际是机器人控制系统的干扰信号。在电动机产生输出力矩的作用点上，把这些作用力矩进行相应的拉普拉斯变换，插入位置控制系统方框图中，可得到如图 4-14 所示的系统方框图。

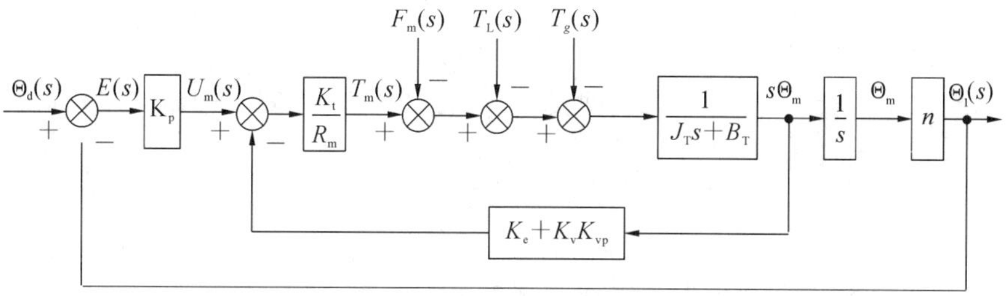

图 4-14 引入外加负载的单关节位置控制器结构图

4.3.2 单关节控制器增益参数确定

1. 位置偏差增益系数 K_p 的确定

二阶闭环控制系统的性能指标有上升时间、调整时间、稳态误差等，这些参数都与系统阻尼比和无阻尼固有频率有关。

由闭环位置控制器的传递函数式(4-30)可得，闭环系统的特征方程为：

$$s^2 + s[R_m B_T + K_t(K_e + K_v K_{vp})]/(R_m J_T) + nK_p K_t/(R_m J_T) = 0 \tag{4-31}$$

把式(4-31)表示为二阶系统特征方程的标准形式：

$$s^2 + 2\xi\omega_n + \omega_n^2 = 0 \tag{4-32}$$

式中：ξ——系统的阻尼比；

ω_n——系统的无阻尼固有频率。

由式(4-31)和式(4-32)对照参数可得：

$$\omega_n = \sqrt{nK_p K_t(R_m J_T)} \tag{4-33}$$

$$\xi = \frac{[R_m B_T + K_t(K_e + K_v K_{vp})]/(R_m J_T)}{2\sqrt{nK_p K_t/(R_m J_T)}} = \frac{R_m B_T + K_t(K_e + K_v K_{vp})}{2\sqrt{nK_p K_t R_m J_T}} \tag{4-34}$$

在确定位置偏差增益系数时，必须考虑工业机器人操作臂的结构刚度和共振频率，它与操作臂的结构、尺寸、质量分布和制造装配质量有关。在前面建立单关节控制系统模型时，忽略了齿轮轴、轴承和连杆等零件的变形，认为这些传动部件的刚度无限大。实际上各部件的刚度都是有限的。但是，如果将这些部件的刚度考虑进去，在建立系统数学模型时，会得到高阶的数学模型，使问题复杂化。因此，式(4-30)所建立的单关节二阶线性系统模型没有考虑系统的共振频率问题，只适用于传动系统刚度无限大、共振频率很高的场合。

系统结构的共振频率：

$$\omega_r = \sqrt{\frac{K_T}{J_T}} \tag{4-35}$$

式中：K_T——关节的等效刚度；

J_T——关节的等效转动惯量。

一般来说，关节的等效刚度 K_T 大致不变，但关节的等效转动惯量 J_T 随着工业机器人末端机械手的负载抓取及操作臂的位姿变化而变化。如果在已知转动惯量 J_o 时测出的关节结构共振频率为 ω_o，则：

$$\omega_o = \sqrt{\frac{K_T}{J_o}} \tag{4-36}$$

由式(4-35)、式(4-36)可知，在转动惯量为 J_T 时的结构共振频率为：

$$\omega_r = \omega_o \sqrt{\frac{J_o}{J_T}} \tag{4-37}$$

为了不激起结构振动和系统共振，建议闭环系统的无阻尼固有频率 ω_n 最好限制在关节共振频率的一半以内，即：

$$\omega_n = \sqrt{nK_pK_t/(R_mJ_T)} \leqslant \frac{1}{2}\omega_r \tag{4-38}$$

由式(4-37)、式(4-38)得位置偏差增益系数 K_p 为：

$$K_p \leqslant \frac{1}{4}\omega_o^2 \frac{J_oR_m}{nK_t} \tag{4-39}$$

由于系统为负反馈，$K_p>0$。所以，位置偏差增益系数 K_p 的取值范围为：

$$0 < K_p \leqslant \frac{1}{4}\omega_o^2 \frac{J_oR_m}{nK_t} \tag{4-40}$$

2. 速度反馈信号放大器的增益系数 K_{vp} 的确定

从安全性考虑，要防止工业机器人控制器处于低阻尼工作状态，一般希望控制系统具有临界阻尼或过阻尼，即要求系统的 $\xi \geqslant 1$。由式(4-34)可以得出：

$$\xi = \frac{R_mB_T + K_t(K_e + K_vK_{vp})}{2\sqrt{nK_pK_tR_mJ_T}} \geqslant 1 \tag{4-41}$$

$$R_mB_T + K_t(K_e + K_vK_{vp}) \geqslant 2\sqrt{nK_pK_tR_mJ_T} \tag{4-42}$$

将式(4-40)代入式(4-42)得：

$$K_{vp} \geqslant \frac{R_m\omega_o\sqrt{J_TJ_o} - R_mB_T - K_eK_t}{K_tK_v} \tag{4-43}$$

◆ 4.3.3 单关节控制器误差分析

在图 4-14 中，由于实际附加载荷——电动机测速机组的平均摩擦力矩 F_m、外加负载力矩 T_L、重力矩 T_g，控制器的闭环传递函数发生了变化，在讨论关节控制器的误差之前，需要推导出新的闭环传递函数。根据图 4-14 所示的系统方框图，控制器的方程如下：

$$(J_Ts + B_T)s\Theta_m(s) = T_m(s) - F_m(s) - T_L(s) - T_g(s) \tag{4-44}$$

$$T_m(s) = \frac{K_t}{R_m}[U_m(s) - s(K_e + K_vK_{vp})\Theta_m(s)] \tag{4-45}$$

$$U_m(s) = K_p(\Theta_d(s) - \Theta_1(s)) \tag{4-46}$$

$$\Theta_m(s)n = \Theta_1(s) \tag{4-47}$$

对式(4-44)～式(4-47)进行整理运算，得：

$$\Theta_1(s) = \frac{n\{K_pK_t\Theta_d(s) - R_m[F_m(s) + T_L(s) + T_g(s)]\}}{N(s)} \tag{4-48}$$

式中：

$$N(s) = R_mJ_Ts^2 + [R_mB_T + K_t(K_e + K_vK_{vp})]s + nK_pK_t \tag{4-49}$$

于是：

$$\begin{aligned} E(s) &= \Theta_d(s) - \Theta_1(s) \\ &= \frac{\{R_mJ_Ts^2 + [R_mB_T + K_t(K_e + K_vK_{vp})]s\}\Theta_d(s) + nR_m[F_m(s) + T_L(s) + T_g(s)]}{N(s)} \end{aligned} \tag{4-50}$$

当 F_m、T_L、T_g 为恒定常量，即 $F_m=C_F$，$T_L=C_L$，$T_g=C_g$ 时，则它们的拉氏变换为：

$$F_m(s)=C_F\frac{1}{s} \tag{4-51}$$

$$T_L(s)=C_L\frac{1}{s} \tag{4-52}$$

$$T_g(s)=C_g\frac{1}{s} \tag{4-53}$$

将式(4-51)～式(4-53)代入式(4-50)得：

$$E(s)=\frac{\{R_mJ_Ts^2+[R_mB_T+K_t(K_e+K_vK_{vp})]s\}\Theta_d(s)+nR_m(C_F+C_L+C_g)/s}{N(s)} \tag{4-54}$$

由终值定理：

$$e_{ss}=\lim_{t\to 0}e(t)=\lim_{s\to 0}sE(s) \tag{4-55}$$

求得控制系统的稳态位置误差为：

$$e_{ss}=\frac{R_m(C_F+C_L+C_g)}{K_pK_t} \tag{4-56}$$

由系统的传递函数式(4-30)，可知系统为 0 型系统，系统的阶跃响应的稳态值是有误差的。当输入信号为阶跃信号，即 $\Theta_d(s)=C_d\frac{1}{s}$时，系统的稳态位置误差为：

$$e_{ss}=\frac{R_m(C_F+C_L+C_g)}{K_pK_t} \tag{4-57}$$

应用自动控制的一般原理和方法，还可以分析控制器的稳态速度误差和稳态加速度误差。由于该控制器为 0 型系统，当系统输入为单位速度信号时，可以得到系统的稳态速度误差为∞；当输入信号为单位加速度信号时，可以得到系统的稳态加速度误差也为∞。

对于控制器的稳态位置误差，可根据要求的力矩补偿信号进行“前馈补偿”，从而将系统的稳态位置误差限制在允许的范围内。

4.3.4 多关节位置控制

工业机器人一般由多关节组成，在工业机器人运动过程中，各关节需要按照轨迹规划的结果同时运动，这时各运动关节之间的力和力矩会产生相互作用。工业机器人控制系统是一个多输入多输出的系统，要克服工业机器人各关节之间的相互耦合作用，需要分析工业机器人动作的动态特征，进行补偿调整。

串联机器人的运动是通过对机器人各个关节的驱动，使末端执行器达到期望的位置和姿态。工业机器人所完成的动作根据工作任务可分解为运动的初始位姿和终止位姿，因此，可以由工作任务给出末端执行器的笛卡儿空间的位姿。对末端执行器在笛卡儿空间的位姿进行逆运动学位置分析，可将运动映射到关节空间，从而可以通过关节空间的各个关节变量的位置控制实现末端执行器的位姿控制，构成机器人的分解运动控制。同理，也可以实现分解速度控制和分解加速度控制。

为简化起见，忽略工业机器人的动态特征，将多输入多输出系统简化为由多个单输入单输出的伺服控制系统串联构成。通过前面几节的论述，当忽略直流电动机绕组中的电感，可得带有负载的拖动系统的数学模型为二阶系统。在理论上，它总是稳定的，为了加快响应速度，需要引入比例环节；为了增大系统的阻尼，引入微分环节，从而构成 PD 控制。若用 $\theta_d = [\theta_{d1} \quad \theta_{d2} \quad \cdots \quad \theta_{dn}]^T$ 表示各关节的目标值，简单有效的 PD 关节伺服系统结构如图 4-15 所示。

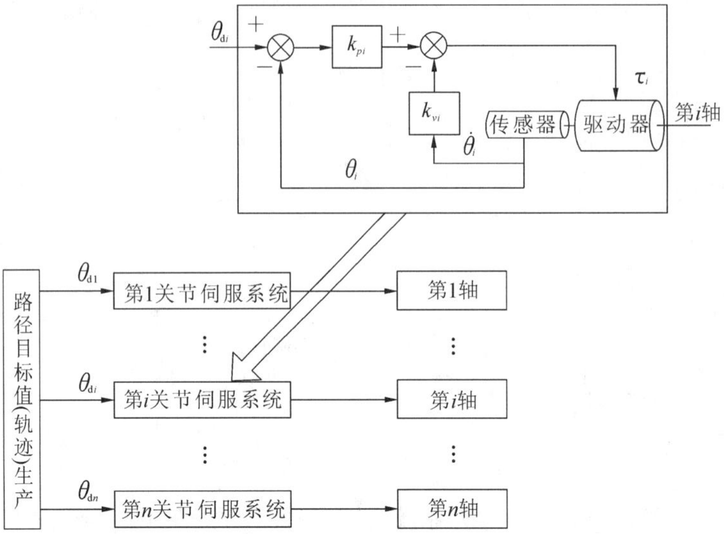

图 4-15　多关节伺服系统结构

如果不考虑驱动器的动态特性，各关节的驱动力矩可以直接给出：

$$\tau_i = k_{pi}(\theta_{di} - \theta_i) - k_{vi}\dot{\theta}_i \tag{4-58}$$

式中：θ_i、$\dot{\theta}_i$——传感器检测并反馈回来的位置和速度信号；

k_{pi}、k_{vi}——第 i 关节的比例增益和速度增益。

对于全部关节，式(4-58)可以写成如下矩阵形式：

$$\tau = K_P(\theta_d - \theta) - K_V\dot{\theta} \tag{4-59}$$

式中：$K_P = \mathrm{diag}(k_{pi})$；

$K_V = \mathrm{diag}(k_{vi})$。

这种关节伺服系统把每个关节作为单输入单输出系统处理，所以结构简单，现在大部分工业机器人都采用这种关节伺服系统来控制。实际上，工业机器人的各个关节都不是单输入单输出系统，关节的重力（惯性）和摩擦等使各关节间存在耦合作用。因此可以在式(4-59)的基础上，把关节间的耦合作用当作外部干扰来处理。为了减少外部干扰的影响，在保证系统在稳定的前提下，将增益尽量取得大一些。

如果把工业机器人的位置控制研究更深入一步：不仅要求工业机器人定位在某点上，而且要求跟踪指定的目标轨迹，即轨迹控制，这时工业机器人各关节必须按照给定的时间函数来运动。要完成这样的运动需要按照自动控制理论的一般原理按输入信号进行前馈补偿：在控制器的前向通道上引入输入信号的速度和加速度信号。这样控制器的输出量在任何时刻都可以完全无误地复现输入量，具有理想的时间相应特性。

4.4 工业机器人力控制

目前用于喷漆、搬运、电焊等操作的工业机器人只具有简单的轨迹控制能力。轨迹控制适用于工业机器人的末端执行器在空间某一规定的路径运动，在运动过程中末端执行器不与任何外界物体接触。对于执行擦玻璃、转动曲柄、拧螺钉、研磨、打毛刺、装配零件等作业的工业机器人，其末端执行器与环境之间存在力的作用，且环境中的各种因素不确定，此时仅使用轨迹控制就不能满足要求。执行这些任务时必须让工业机器人末端执行器沿着预定的轨迹运动，同时提供必要的力使它能克服环境中的阻力或符合工作环境的要求。

以擦玻璃为例，如果工业机器人手爪抓着一块很大很软的海绵，并且知道玻璃的精确位置，那么通过控制手爪相对于玻璃的位置就可以完成擦玻璃作业；但如果作业是用刮刀刮去玻璃表面上的油漆，而且玻璃表面空间不确定，或者手爪的位置误差比较大，由于存在沿垂直玻璃表面的误差，作业执行的结果不是刮刀接触不到玻璃，就是刮刀把玻璃打碎。因此，根据玻璃位置来控制擦玻璃机器人是行不通的。比较好的方法是控制工具与玻璃之间的接触力，这样即便是工作环境（如玻璃）位置不确定，也能保持工具与玻璃正确接触。工业机器人不但有轨迹控制的功能，而且有力控制的功能。

工业机器人具备了力控制功能后，能胜任更复杂的操作任务，如完成零件装配等复杂作业。如果在机械手上安装力传感器，工业机器人控制器就能够检测出机械手与环境的接触状态，可以进行使工业机器人在不确定的环境下与该环境相适应的柔顺控制，这种柔顺控制是工业机器人智能化的特征。

工业机器人具备了力控制功能后，还可以在一定程度上放宽它的精度指标，降低对整个工业机器人体积、质量以及制造精度方面的要求。由于采用了测量力的方法，工业机器人和作业对象之间的绝对位置误差不像单纯位置控制系统那么重要。由于工业机器人与物体接触后，即便是中等硬度的物体，相对位置的微小变化都会产生很大的接触力，利用这些力进行控制能提高位置控制的精度。

迄今为止，许多研究人员针对工业机器人力控制进行了研究，提出了各种各样的控制方案。追溯它的历史，在 20 世纪 60 年代，人们就开始研究工业机器人手臂的力控制问题。从 20 世纪 70 年代后半期到 20 世纪 80 年代前半期，不断涌现出至今仍有重要意义的基本控制方法。21 世纪初，关于刚性构件工业机器人的主要控制方法已经相当成熟了，在一部分工业机器人中已经得到了实际应用。

4.4.1 力控制基本概念

1. 作业约束

工业机器人运动学和动力学并没有讨论工业机器人与环境接触时的关系，但由于力只有在两个物体接触时才产生，因此工业机器人的力控制是将环境考虑在内的控制问题，也是在环境约束条件下的控制问题。

工业机器人在执行任务时一般受到两种约束：一种是自然约束，它是指机器人手爪（或工具）与环境接触时，环境的几何特征构成对作业的约束，而与工业机器人的希望或打算做的运动无关。另一种是人为约束，它是人为给定的约束，用来描述机器人预期的运动或施加的力。

自然约束是在某种特定的接触环境下自然发生的约束，与工业机器人的运动轨迹无关。例如，当工业机器人手部与固定刚性表面接触时，不能自由穿过这个表面，称为自然位置约束；若这个表面是光滑的，则不能对手爪施加沿表面切线方向的力，称为自然力约束。一般可将接触表面定义为一个广义曲面，沿曲面法线方向定义自然位置约束，沿切线方向定义自然力约束。

人为约束与自然约束一起规定出希望的运动或作用力，每当指定一个需要的位置轨迹或力时，就要定义一组人为约束条件。人为约束也定义在广义曲面的法线和切线方向上，但人为力约束在法线方向上，人为位置约束在切线方向上，以保证与自然约束相容。

图 4-16 表示出了旋转曲柄和拧螺丝两种作业的自然约束和人为约束。为了描述自然约束，需要建立约束坐标系。在图 4-16(a)中，约束坐标系建在曲柄上，随曲柄一起运动，其中 x 轴总是指向曲柄的转轴。手指紧握曲柄的手把，手把套在一个小轴上，可绕小轴转动。在图 4-16(b)中，约束坐标系建在螺丝刀顶端，在操作时随螺丝刀一起转动。为了不使螺丝刀从螺钉槽中滑出，在 y 方向的力为零作为约束条件之一。如果假设螺钉与被拧入材料无摩擦，则在 z 方向的力矩为零也作为约束条件之一。

在图 4-16 所示情况下，位置约束可以用手端在约束坐标系中的位置分量表示，手端速度在约束坐标系中的分量$[v_x \quad v_y \quad v_z \quad \omega_x \quad \omega_y \quad \omega_z]^T$ 表示位置约束；而力约束则为在约束坐标系中的力/力矩分量 $f=[f_x \quad f_y \quad f_z \quad \tau_x \quad \tau_y \quad \tau_z]^T$。

在图 4-16(a)中，自然约束：$v_x=0, v_z=0, \omega_x=0, \omega_y=0, f_y=0, \tau_z=0$

人为约束：$v_y=0, \omega_z=\alpha_1, f_x=0, f_z=0, \tau_x=0, \tau_y=0$

在图 4-16(b)中，自然约束：$v_x=0, \omega_x=0, \omega_y=0, v_z=0, f_y=0, \tau_z=0$

人为约束：$v_y=0, \omega_z=\alpha_2, f_x=0, \tau_x=0, \tau_y=0, f_z=\alpha_3$

可见，自然约束和人为约束把机器人的运动分成两组正交的集合，在控制时必须根据不同的规则对这两组集合进行控制。

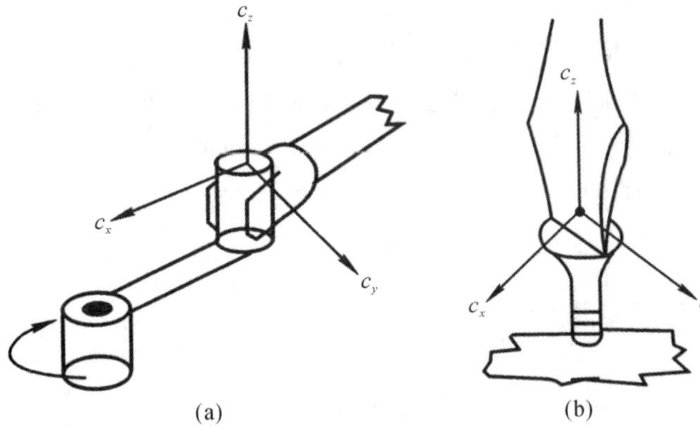

图 4-16　两种作业的自然约束和人为约束

2. 控制策略

对于工业机器人旋转曲柄和拧螺丝这样的任务，在整个工作过程中自然约束和人为约束保持不变，但在比较复杂的情况下，如工业机器人执行装配作业时，需要把一个复杂的任务分成若干个子任务，对每个子任务规定约束坐标系和相应的人为约束，各子任务的人为约束组成一个约束序列，按照这个序列实现预期的任务。在执行作业过程中，必须能够检出工业机器人与环境状态的变化，以便为工业机器人跟踪环境（用自然约束描述）提供信息。根据自然约束的变化，调用人为约束条件，实现与自然约束和人为约束相适应的控制。

图 4-17 表示将一个销子插入孔中的装配过程。首先把销子放在孔的左侧平面上，然后

在平面上平移滑动，直到掉入孔中。再将销子向下插入孔底。上述每个动作定义为一个子任务，然后分别给出自然约束和人为约束，根据检测出的自然约束条件变化的信息，调用人为约束条件。

将约束坐标系建在销子上，在销子从空中向下落的过程中，销子与环境不接触，其运动不受任何约束，因此自然约束为：

$$F-0$$

根据任务要求，规定任务约束条件是销子沿 z 方向以速度 v_z 趋近平面，所以人为约束为：

$$\boldsymbol{v}=[0 \quad 0 \quad v_z \quad 0 \quad 0 \quad 0]^{\mathrm{T}}$$

当销子下降到与平面接触时，如图 4-17(b)所示，可以通过力传感器检测到接触的发生，生成了一组新的自然约束：销子不能再沿 z 方向运动，也不能在 x 和 y 方向自由转动，同时在其他 3 个自由度上不能自由地作用力，其自然约束表达式为：

$$v_z=0, \omega_x=0, \omega_y=0, f_x=0, f_y=0, \tau_z=0$$

在此条件下，人为约束的规定应满足销子在平面上沿 y 方向以速度 v_h 滑动，并在 z 方向施加较小的力 f_i 保持销子与平面接触，所以人为约束表达式为：

$$v_x=0, v_y=v_h, \omega_z=0, f_z=f_i, \tau_x=0, \tau_y=0$$

当检测到沿 z 方向的速度，表明销子进入了孔中，如图 4-17(c)所示，说明自然约束又发生了变化，必须改变人为约束条件，即以速度 v_{in} 把销子插入孔中。这时，自然约束为：

$$v_x=0, v_y=0, \omega_x=0, \omega_y=0, f_z=0, \tau_z=0$$

相应的人为约束为：

$$v_z=v_{in}, \omega_z=0, f_x=0, f_y=0, \tau_x=0, \tau_y=0$$

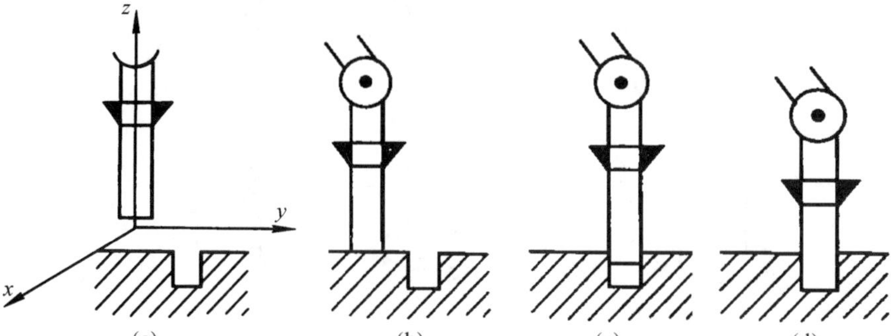

图 4-17　插销入孔作业过程

从以上过程可以看出，自然约束的变化是依据检测到的信息来确认的，而这些被检测的信息多数是不受控制的位置或力的变化量。例如，销子从接近到接触，被控制量是位置，而用来确定是否达到接触状态的被检测量是不受控制的力；手部的位置控制是沿着有自然力约束的方向，而手部的力控制是沿着有自然位置约束的方向。

3. 柔顺控制

所谓柔顺是指工业机器人对外界环境变化适应的能力。工业机器人与外界环境接触时，即使外界环境发生了变化（如零件位置或尺寸的变化），工业机器人仍然能够与环境保持预定的接触力，这就是工业机器人的柔顺能力。为了使工业机器人具有一定的柔顺能力，需要对工业机器人进行柔顺控制。柔顺控制的本质是力和位置的混合控制。

实现柔顺控制的方法有两类：一类是力和位置的混合控制，另一类是阻抗控制。

所谓力和位置的混合控制，是指工业机器人末端执行器在某个方向受到约束时，同时进行不受约束方向的位置控制和受约束方向的力控制的控制方法。其特点是力和位置是独立控制的以及控制规律是以关节坐标给出的。

阻抗控制不是直接控制期望的力和位置，而是通过控制力和位置之间的动态关系来实现柔顺控制。这种动态关系类似于电路中的阻抗的概念，因而称为阻抗控制。任一自由度上的机械阻抗是该自由度上的动态力增量与由它引起的动态位移增量之比，机械阻抗是个非线性动态系数，表征了机械动力学系统在任一自由度上的动刚度。阻尼控制，顾名思义，就是控制力和位置之间的动力学关系，使工业机器人末端呈现需要的刚性和阻尼。

4.4.2 力和位置混合控制

工业机器人的手爪和外界环境接触有两种极端状态：一种是手爪在空间自由运动，即手爪与外界环境没有力的作用，如图 4-18(a)所示，自然约束为 $F=0$，即在手爪的任何方向上都不能施加力和力矩，这种情况属于单纯的位置控制问题。另一种是手爪与环境固接在一起，如图 4-18(b)所示，手爪完全不能自由改变位置，即手爪的自然约束是六个位姿约束，可在任何方向施加力和力矩，这种情况纯属力控制问题。第二种情况在实际中很少出现，大多数情况是部分自由度受位置约束，部分自由度受力约束，因此需要进行力和位置混合控制。

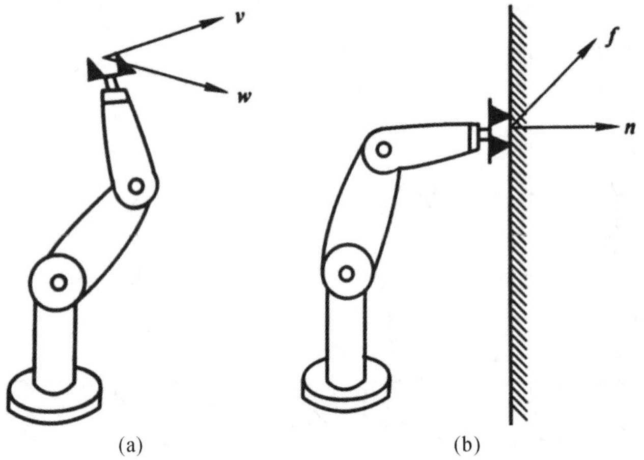

图 4-18 工业机器人手爪与环境接触的两种极端情况

按照控制策略，工业机器人力和位置的混合控制需要解决以下三个问题：

(1) 在存在力自然约束的方向上施加位置控制；

(2) 在存在位置自然约束的方向上施加力控制；

(3) 根据接触状态，规定约束坐标系，将整个形位空间分解成两个正交的子空间，分别实施位置和力控制。

三自由度直角坐标机器人与平面接触如图 4-19 所示，约束坐标系{C}的 ^{c}y 轴与平面垂直，其他两轴 ^{c}x 和 ^{c}z 在切面内，分别与机械手的三个关节轴线 y、x 和 z 一致。显然，^{c}y 方向需要进行力控制，而 ^{c}x 和 ^{c}z 方向需要进行位置控制，所以机械手关节 1 和 3 应该使用轨迹控制器，关节 2 使用力控制器，于是在 ^{c}x 和 ^{c}z 方向设定位置轨迹，而在 ^{c}y 方向独立地设定力轨迹。

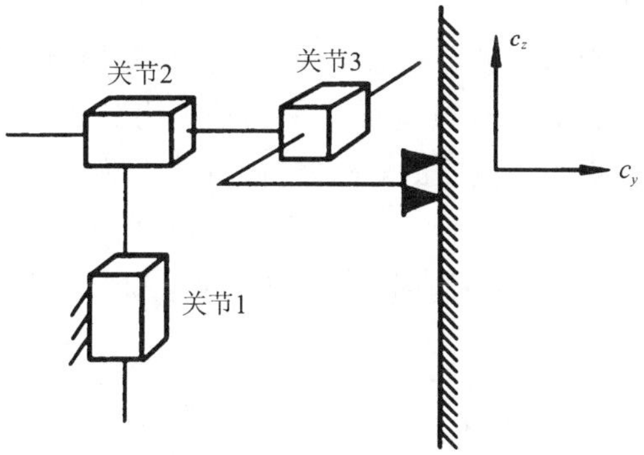

图 4-19　三自由度直角坐标机器人与平面接触

如果外界环境发生变化，对于机器人的某个自由度原来进行力控制的可能要改变为轨迹控制，原来进行轨迹控制的可能要改变为力控制。这样，对每个自由度要求既能进行轨迹控制又能进行力控制。因此，对于三自由度机器人控制器的结构，应是它既可用于全部三自由度位置控制，也能用于三自由度的力控制。当然对于同一自由度一般不需要同时进行位置和力控制，因此需要设置一种工作模式，用来指明在给定的时刻每个自由度究竟施加哪种控制模式。

三自由度直角坐标机器人的力和位置混合控制器框图如图 4-20 所示，三个关节既有位置控制器又有力控制器，图中引入的两组 3×3 阶对角阵 $\boldsymbol{S}$ 和 $\boldsymbol{S}'$，实际上是两组互锁的开关，用来根据条件设置各个自由度所要求的控制模式。如要求对 i 个关节进行位置(或力)控制，则矩阵 $\boldsymbol{S}$(或 $\boldsymbol{S}'$)对角线上的第 i 个元素为 1，否则为 0。此时，对应于图 4-20 中的 $\boldsymbol{S}$ 和 $\boldsymbol{S}'$应为：

$$\boldsymbol{S}=\begin{bmatrix}1&0&0\\0&0&0\\0&0&1\end{bmatrix}\qquad \boldsymbol{S}'=\boldsymbol{I}-\boldsymbol{S}=\begin{bmatrix}0&0&0\\0&1&0\\0&0&0\end{bmatrix}$$

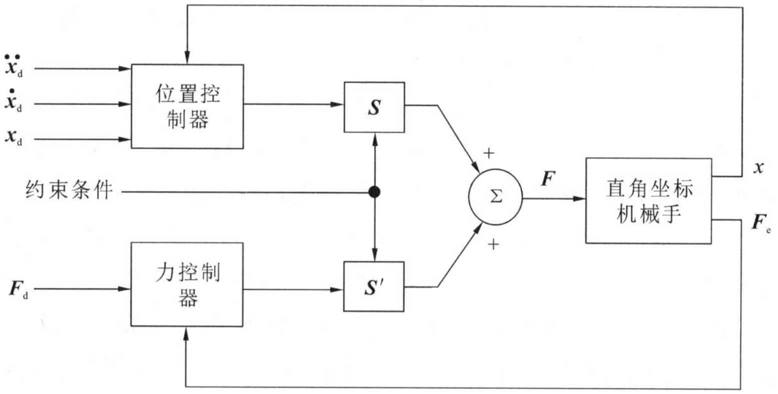

图 4-20　三自由度直角坐标机器人的力和位置混合控制器框图

与选择矩阵 $\boldsymbol{S}$ 和 $\boldsymbol{S}'$相对应，系统共有三个轨迹分量受控，分别为位置轨迹和力轨迹的一种组合。当系统某关节以位置(或力)控制方式工作时，该关节的力(或位置)误差信息将被忽略。

值得注意的是，图 4-20 所示的力和位置混合控制器是针对关节轴线与约束坐标系$\{C\}$完全一致的特定情况，如果要将此控制方案应用于一般的工业机器人，使之适应于任意约束坐标系，需要将工业机器人的动力学方程式写成终端执行器在直角坐标系的形式。

一种力和位置混合控制器结构如图 4-21 所示。其中 $\boldsymbol{x}$ 为约束坐标系中的位置矢量，$\boldsymbol{x}_E$ 为接触环境的位置矢量，K_E 为与接触有关的结构（手臂、传感器、环境等）的综合刚度，$\boldsymbol{F}$ 为接触力矢量，$\boldsymbol{J}$ 为雅可比矩阵，$\boldsymbol{F}_d$ 为在约束坐标系中的期望力矢量，$\boldsymbol{x}_d$ 为在约束坐标系中的期望位置向量。$\boldsymbol{S}$ 是对角线元素为 1 或 0 的对角矩阵，其阶数为 6×6，$\boldsymbol{I}$ 为 6×6 阶单位矩阵。由选择矩阵 $\boldsymbol{S}$ 确定约束坐标系 6 个自由度中的哪个自由度受力控制，哪个自由度受位置控制。由图 4-21 可见，系统具有位置控制回路、力控制回路和速度阻尼回路。

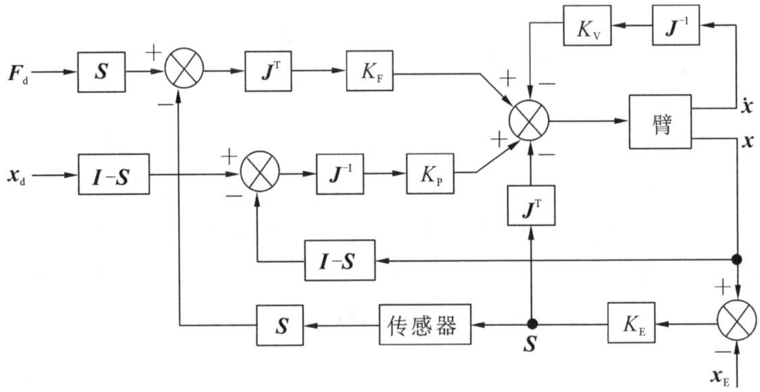

图 4-21 力和位置混合控制器结构

4.4.3 阻抗控制

阻抗控制就是给接触力一个适当的抗性，既能保持接触，又能缓冲外力，避免过大的接触力造成严重后果。

工业机器人末端六个方向相互正交，互不影响，六个方向就有六组阻抗参数和六组运动参数，则阻抗函数可写成矩阵的形式，即刚度矩阵 $\boldsymbol{K}$、阻尼矩阵 $\boldsymbol{B}$、惯量矩阵 $\boldsymbol{M}$。六组阻抗参数可以根据任务独立确定，单独调试。而对于串联型工业机器人来说，实现末端六个方向运动的根本在于各个关节的运动，所以要把末端的运动解算为关节的运动，即笛卡儿空间向关节空间的转换，通常可使用逆运动学或逆雅可比矩阵。其中，逆运动学是末端位置到关节转角的映射，逆雅可比矩阵是末端速度到关节角速度的映射。

工业机器人有一定的控制周期。如果不对关节转速加以控制，工业机器人每次都会以最快速度到达期望位置。阻抗控制实现柔顺性的过程是一个控制周期累积的效果，期望关节位置在不断更新。如此，高刚性位置控制直接作为控制量，会导致工业机器人有较大的冲击。如果控制了机器人的速度，位置就不再频繁突变。但速度同样存在突变的问题，在突变处的加速度为无穷大。然而控制加速度，无论直接还是间接都非易事。如果是直接控制，控制量是关节电动机的输出力矩。加速度产生的原因是合外力/力矩，需要考虑机器人的关节电动机力矩常数、机械摩擦等因素，算法复杂且误差较大。

工业机器人的雅可比矩阵用于从关节速度映射到末端速度，典型的六自由度串联型工业机器人的雅可比矩阵为方阵。逆雅可比矩阵用于从笛卡儿空间向关节空间做速度变换。阻抗控制计算出的末端速度，通过逆雅可比矩阵转换到关节角速度，而后进行控制，这就是常用的六维力控制方案，工业机器人的六维阻抗控制算法框图如图 4-22 所示。

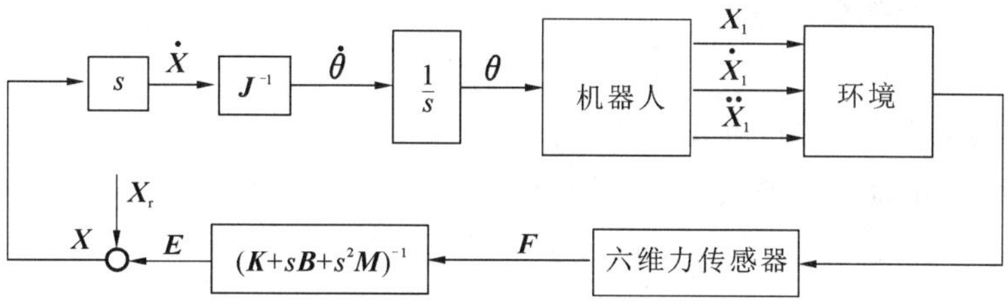

图 4-22　工业机器人的六维阻抗控制算法框图

4.5 工业机器人的现代控制技术

4.5.1 工业机器人的自适应控制

工业机器人动力学模型存在非线性和不确定性因素，这些因素包括未知的系统参数（如摩擦力）、非线性动态特性（如齿轮间隙和增益的非线性）以及环境因素（如负载变动和其他扰动）等，采用自适应控制来补偿上述因素，能够显著改善工业机器人的性能。自适应控制是工业机器人控制器设计的一种可行而有效的办法。

工业机器人的自适应控制与工业机器人的动力学模型密切相关，为了阐述工业机器人自适应控制原理，需要把工业机器人的动力学方程用状态方程描述。工业机器人状态方程具有在现代控制理论中描述系统动态特性的状态方程的形式，但它仍为复杂的时变非线性方程。

1. 工业机器人状态方程

工业机器人动力学方程的矢量形式为：

$$\boldsymbol{F} = \boldsymbol{D}(\boldsymbol{q})\ddot{\boldsymbol{q}} + \boldsymbol{C}(\boldsymbol{q},\dot{\boldsymbol{q}}) + \boldsymbol{G}(\boldsymbol{q}) \tag{4-60}$$

如果定义：

$$\boldsymbol{C}(\boldsymbol{q},\dot{\boldsymbol{q}}) = \boldsymbol{C}^1(\boldsymbol{q},\dot{\boldsymbol{q}})\dot{\boldsymbol{q}}, \boldsymbol{G}(\boldsymbol{q}) = \boldsymbol{G}^1(\boldsymbol{q})\boldsymbol{q}$$

则式(4-60)可写成：

$$\boldsymbol{F} = \boldsymbol{D}(\boldsymbol{q})\ddot{\boldsymbol{q}} + \boldsymbol{C}^1(\boldsymbol{q},\dot{\boldsymbol{q}})\dot{\boldsymbol{q}} + \boldsymbol{G}^1(\boldsymbol{q})\boldsymbol{q} \tag{4-61}$$

式(4-61)为工业机器人动力学的拟线性表达式。如定义 $\boldsymbol{x}=[\boldsymbol{q} \quad \dot{\boldsymbol{q}}]^{\mathrm{T}}$ 为 $2n$ 维状态向量，可把式(4-61)表示为工业机器人的状态方程：

$$\dot{\boldsymbol{x}} = \boldsymbol{A}_{\mathrm{P}}(\boldsymbol{x},t)\boldsymbol{x} + \boldsymbol{B}_{\mathrm{P}}(\boldsymbol{x},t)\boldsymbol{F} \tag{4-62}$$

式(4-62)是 $2n$ 维方程，式中：

$$\boldsymbol{A}_{\mathrm{P}}(\boldsymbol{x},t) = \begin{bmatrix} 0 & \boldsymbol{I} \\ -\boldsymbol{D}^{-1}\boldsymbol{G}^1 & -\boldsymbol{D}^{-1}\boldsymbol{C}^1 \end{bmatrix}_{2n\times 2n}, \boldsymbol{B}_{\mathrm{P}}(\boldsymbol{x},t) = \begin{bmatrix} 0 \\ \boldsymbol{D}^{-1} \end{bmatrix}$$

式(4-62)表示的工业机器人动力学模型是自适应控制器的调节对象。

考虑到实际工业机器人的结构，需要将传动装置的动力学特性包含进控制系统的模型。对于 n 个驱动关节的工业机器人，其传动装置的动力学特性为：

$$\boldsymbol{M}_{\mathrm{a}}\boldsymbol{u} - \boldsymbol{\tau} = \boldsymbol{J}_{\mathrm{a}}\ddot{\boldsymbol{q}} + \boldsymbol{B}_{\mathrm{a}}\dot{\boldsymbol{q}} \tag{4-63}$$

式中：$\boldsymbol{u},\boldsymbol{q},\boldsymbol{\tau}$——传动装置的输入电压、关节位移和扰动力矩，它们均是 n 维向量；

$\boldsymbol{M}_{\mathrm{a}},\boldsymbol{J}_{\mathrm{a}},\boldsymbol{B}_{\mathrm{a}}$——由传动装置决定的 $n\times n$ 阶对角矩阵。

扰动力矩 τ 由两部分组成：

$$\boldsymbol{\tau} = \boldsymbol{F}(\boldsymbol{q},\dot{\boldsymbol{q}},\ddot{\boldsymbol{q}}) + \boldsymbol{\tau}_{\mathrm{d}} \tag{4-64}$$

式中：$\boldsymbol{F}$——驱动连杆的力矩，由式(4-61)确定；

$\boldsymbol{\tau}_{\mathrm{d}}$——包括了电动机的非线性和摩擦力矩。

联立求解式(4-61)、式(4-63)和式(4-64)，并定义：

$$\begin{cases} \boldsymbol{J}(\boldsymbol{q}) = \boldsymbol{D}(\boldsymbol{q}) + \boldsymbol{J}_{\mathrm{a}} \\ \boldsymbol{E}(\boldsymbol{q}) = \boldsymbol{C}^{1}(\boldsymbol{q}) + \boldsymbol{B}_{\mathrm{a}} \\ \boldsymbol{H}(\boldsymbol{q})\boldsymbol{q} = \boldsymbol{G}^{1}(\boldsymbol{q})\boldsymbol{q} + \boldsymbol{\tau}_{\mathrm{d}} \end{cases}$$

则包含工业机器人传动装置动力学特性的工业机器人状态方程为：

$$\dot{\boldsymbol{x}} = \boldsymbol{A}_{\mathrm{P}}(\boldsymbol{x},t)\boldsymbol{x} + \boldsymbol{B}_{\mathrm{P}}(\boldsymbol{x},t)\boldsymbol{u} \tag{4-65}$$

式中：

$$\boldsymbol{A}_{\mathrm{P}}(x,t) = \begin{bmatrix} 0 & \boldsymbol{I} \\ -\boldsymbol{J}^{-1}\boldsymbol{H} & -\boldsymbol{J}^{-1}\boldsymbol{E} \end{bmatrix}_{2n\times 2n}, \boldsymbol{B}_{\mathrm{P}}(x,t) = \begin{bmatrix} 0 \\ \boldsymbol{J}^{-1}\boldsymbol{M}_{\mathrm{a}} \end{bmatrix}_{2n\times n}$$

式(4-62)和式(4-65)具有相同的形式，均可作为自适应控制系统的调节对象，只是式(4-62)未包含传动装置的动力学特性，而式(4-65)表示得更全面。自适应控制器的主要结构有两种：模型参考自适应控制器(MRAC)和自校正自适应控制器(STAC)。

2. 模型参考自适应控制

模型参考自适应控制的基本设计思想是为工业机器人的状态方程式(4-65)综合一个控制信号 $\boldsymbol{u}$，或为状态方程式(4-62)综合一个输入 $\boldsymbol{F}$，这种控制信号将以一定的由参考模型所规定的期望方式，迫使系统具有需要的特性。模型参考自适应控制器的结构如图 4-23 所示。

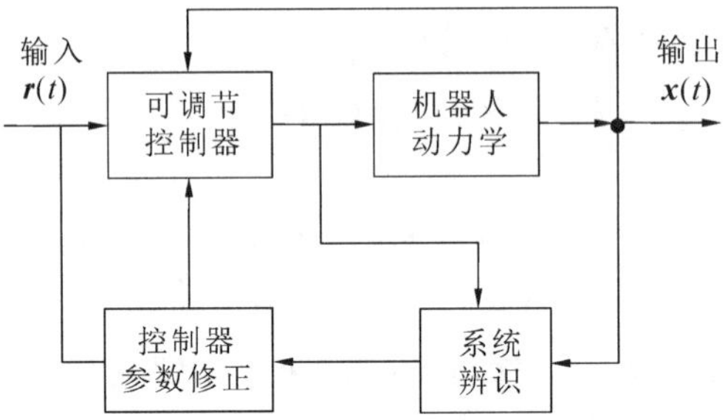

图 4-23　模型参考自适应控制器的结构图

指定的参考模型可选为一稳定的线性定常系统：

$$\dot{\boldsymbol{y}} = \boldsymbol{A}_{\mathrm{m}}\boldsymbol{y} + \boldsymbol{B}_{\mathrm{m}}\boldsymbol{r} \tag{4-66}$$

式中：$\boldsymbol{y}$——$2n$ 维参考模型状态向量；

$\boldsymbol{r}$——$2n$ 维参考模型输入向量。

而且

$$\boldsymbol{A}_{\mathrm{m}} = \begin{bmatrix} 0 & \boldsymbol{I} \\ -\boldsymbol{\Lambda}_{1} & -\boldsymbol{\Lambda}_{2} \end{bmatrix}, \boldsymbol{B}_{\mathrm{m}} = \begin{bmatrix} 0 \\ \boldsymbol{\Lambda}_{1} \end{bmatrix}$$

式中：$\boldsymbol{\Lambda}_{1}$——含有 ω_i 项的 $n \times n$ 阶对角矩阵；

$\boldsymbol{\Lambda}_{2}$——含有 $2\xi_i\omega_i$ 项的 $n \times n$ 阶对角矩阵。

方程式(4-66)和方程式(4-65)具有相同的形式，但它表示 n 个含有指定参数 ω_i 和 ξ_i 的去耦二阶线性常微分方程：

$$\ddot{\boldsymbol{y}}_i + 2\xi_i\omega_i\dot{\boldsymbol{y}}_i + \omega_i^2\boldsymbol{y}_i = \omega_i^2\boldsymbol{r} \tag{4-67}$$

式中：r——输入的控制量，是由设计者预先规定的理想工业机器人的运动轨迹。

图 4-23 中自适应控制器把系统状态 $\boldsymbol{x}(t)$ 反馈给“可调节控制器”，并通过调整，使工业机器人的状态方程变为可调的。同时，将系统的状态变量 $\boldsymbol{x}(t)$ 与参考模型状态 $\boldsymbol{y}(t)$ 进行比较，所得的状态误差 e 作为自适应算法的输入，其调节的目标是使状态误差接近于零，以实现使工业机器人具有参考模型的动态特性。

控制器的自适应算法应具有使自适应控制器渐进稳定的功能，可根据李雅普诺夫稳定性判据设计控制器的自适应算法。

设工业机器人状态方程的输入为：

$$\boldsymbol{u} = \boldsymbol{K}_x\boldsymbol{x} + \boldsymbol{K}_u\boldsymbol{r} \tag{4-68}$$

式中：$\boldsymbol{K}_x$，$\boldsymbol{K}_u$—— $n \times n$ 阶时变可调反馈矩阵和前馈矩阵，实现图 4-23 中“可调节控制器”的功能。

将式(4-68)代入工业机器人状态方程式(4-65)，得闭环系统的状态方程为：

$$\dot{\boldsymbol{x}} = \boldsymbol{A}_s(\boldsymbol{x},t)\boldsymbol{x} + \boldsymbol{B}_s(\boldsymbol{x},t)\boldsymbol{r} \tag{4-69}$$

式中：

$$\boldsymbol{A}_s(\boldsymbol{x},t) = \begin{bmatrix} 0 & \boldsymbol{I} \\ -\boldsymbol{J}^{-1}(\boldsymbol{H} + \boldsymbol{M}_a\boldsymbol{K}_{x1}) & -\boldsymbol{J}^{-1}(\boldsymbol{E} + \boldsymbol{M}_a\boldsymbol{K}_{x2}) \end{bmatrix}, \boldsymbol{B}_s(\boldsymbol{x},t) = \begin{bmatrix} 0 \\ \boldsymbol{J}^{-1}\boldsymbol{M}_a\boldsymbol{K}_u \end{bmatrix}$$

式中：$\boldsymbol{K}_{x1}$ 和 $\boldsymbol{K}_{x2}$——$\boldsymbol{K}_x$ 的两个子矩阵，适当地设计 $\boldsymbol{K}_{x1}$ 和 $\boldsymbol{K}_{x2}$ 可使工业机器人状态方程与参考模型完全匹配，即使式(4-70)趋于零。

$$\boldsymbol{e}(t) = \boldsymbol{y} - \boldsymbol{x} \tag{4-70}$$

由式(4-66)、式(4-69)和式(4-70)可得：

$$\dot{\boldsymbol{e}} = (\boldsymbol{A}_m - \boldsymbol{A}_s)\boldsymbol{x} + (\boldsymbol{B}_m - \boldsymbol{B}_s)\boldsymbol{r} \tag{4-71}$$

为了系统的稳定性，选取正定李雅普诺夫函数为：

$$\boldsymbol{V} = \boldsymbol{e}^{\mathrm{T}}P\boldsymbol{e} + \mathrm{tr}[(\boldsymbol{A}_m - \boldsymbol{A}_s)^{\mathrm{T}}\boldsymbol{F}_a^{-1}(\boldsymbol{A}_m - \boldsymbol{A}_s)] + \mathrm{tr}[(\boldsymbol{B}_m - \boldsymbol{B}_s)^{\mathrm{T}}\boldsymbol{F}_b^{-1}(\boldsymbol{B}_m - \boldsymbol{B}_s)] \tag{4-72}$$

利用式(4-70)和式(4-71)，并对式(4-72)求导得：

$$\begin{aligned}\dot{\boldsymbol{V}} = {} & \mathrm{e}^{\mathrm{T}}(\boldsymbol{A}_m\boldsymbol{P} + \boldsymbol{P}\boldsymbol{A}_m)\mathrm{e} + \mathrm{tr}[(\boldsymbol{A}_m - \boldsymbol{A}_s)^{\mathrm{T}}(Pe\boldsymbol{x}^{\mathrm{T}} - \boldsymbol{F}_a^{-1}\dot{\boldsymbol{A}}_s)] + \\ & \mathrm{tr}[(\boldsymbol{B}_m - \boldsymbol{B}_s)^{\mathrm{T}}(Pe\boldsymbol{r}^{\mathrm{T}} - \boldsymbol{F}_b^{-1}\dot{\boldsymbol{B}}_s)]\end{aligned} \tag{4-73}$$

根据李雅普诺夫稳定性理论，保证系统稳定的充分必要条件是 $\dot{\boldsymbol{V}}$ 负定，由此可求得：

$$\boldsymbol{A}_m^{\mathrm{T}}\boldsymbol{P} + \boldsymbol{P}\boldsymbol{A}_m = -\boldsymbol{Q}$$

$$\dot{\boldsymbol{A}}_s = \boldsymbol{F}_a Pe\boldsymbol{x}^{\mathrm{T}} \approx \boldsymbol{B}_P\dot{\boldsymbol{K}}_x$$

$$\dot{\boldsymbol{B}}_s = \boldsymbol{F}_b Pe\boldsymbol{r}^{\mathrm{T}} \approx \boldsymbol{B}_P\dot{\boldsymbol{K}}_u$$

以及

$$\dot{\boldsymbol{K}}_u = \boldsymbol{K}_u\boldsymbol{B}_m^{+}\boldsymbol{F}_b Pe\boldsymbol{r}^{\mathrm{T}}, \dot{\boldsymbol{K}}_x = \boldsymbol{K}_u\boldsymbol{B}_m^{+}\boldsymbol{F}_a Pe\boldsymbol{x}^{\mathrm{T}}$$

式中：$\boldsymbol{P}$，$\boldsymbol{Q}$——对称正定矩阵，$\boldsymbol{B}_m^{+}$ 为 $\boldsymbol{B}_m$ 的伪逆矩阵；

$\boldsymbol{F}_a$，$\boldsymbol{F}_b$——正定自适应增益矩阵。

满足这些条件的 $\boldsymbol{K}_x$ 和 $\boldsymbol{K}_u$ 可使系统渐进稳定，进而实现自适应控制的目的。

3. 自校正自适应控制

工业机器人的自校正自适应控制是把工业机器人状态方程在目标轨迹附近线性化，形成离散摄动方程，用递推最小二乘法辨识摄动方程中系统参数，并在每个采样周期更新和调整线性化系统的参数和反馈增益，以确定所需的控制力，其结构如图 4-24 所示。

工业机器人的状态方程式(4-65)可写成如下形式：

$$\dot{\boldsymbol{x}} = f(\boldsymbol{x},\boldsymbol{u}) \tag{4-74}$$

用泰勒级数将式(4-74)在目标轨迹附近展开，得到系统的线性化摄动方程为：

$$\delta\dot{\boldsymbol{x}}(t) = \boldsymbol{A}(t)\delta\boldsymbol{x}(t) + \boldsymbol{B}(t)\delta\boldsymbol{u}(t) \tag{4-75}$$

式中：$\boldsymbol{A}(t)$，$\boldsymbol{B}(t)$——系统的时变参数矩阵，分别是沿目标轨迹计算的雅可比矩阵，即：

$$\boldsymbol{A}(t) = \frac{\partial \boldsymbol{f}}{\partial \boldsymbol{x}} \quad , \quad \boldsymbol{B}(t) = \frac{\partial \boldsymbol{f}}{\partial \boldsymbol{u}}$$

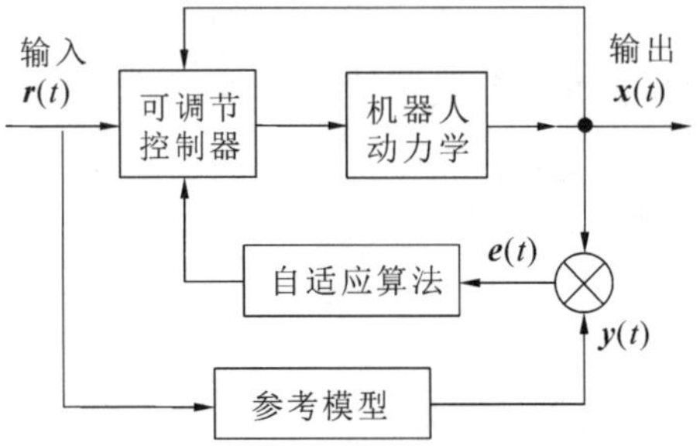

图 4-24　自校正自适应控制器结构图

因为 $\boldsymbol{A}(t)$和 $\boldsymbol{B}(t)$为复值函数，一般无法准确知道，在实际的控制系统中，用参数辨识技术确定其中的未知元素。

设目标输出及对应的输入分别为 $\boldsymbol{x}_d$ 和 $\boldsymbol{u}_d$，则 $\delta\boldsymbol{x}=\boldsymbol{x}(t)-\boldsymbol{x}_d(t)$，$\delta\boldsymbol{u}=\boldsymbol{u}(t)-\boldsymbol{u}_d(t)$，将方程式(4-75)离散化为：

$$\boldsymbol{x}(k+1) = \boldsymbol{A}(k)\boldsymbol{x}(k) + \boldsymbol{B}(k)\boldsymbol{u}(k) \qquad (k = 0,1,2,\cdots,n-1) \tag{4-76}$$

由于 $\boldsymbol{A}(t)$和 $\boldsymbol{B}(t)$的阶数分别为 $2n \times 2n$ 和 $2n \times n$，所以在模型中共有 $6n^2$ 个参数需要辨识。在辨识中做以下假设：

(1) 当采样间隔取得足够小时，系统参数变化速度小于自适应的调节速度；

(2) 测量噪声可忽略；

(3) 式(4-76)中的状态变量可测。

在式(4-76)中第 k 时刻未知参数组成一个向量：

$$\boldsymbol{v}_{i,k} = [\boldsymbol{a}_{i,1}(k) \quad \cdots \quad \boldsymbol{a}_{i,2n}(k) \quad \boldsymbol{b}_{i,1}(k) \quad \cdots \quad \boldsymbol{b}_{i,n}(k)]^{\mathrm{T}} \tag{4-77}$$

将 k 时刻的状态和输入也组成一个向量：

$$\boldsymbol{\varphi}_k = [\boldsymbol{x}_1(k) \quad \cdots \quad \boldsymbol{x}_{2n}(\boldsymbol{k}) \quad \boldsymbol{u}_1(k) \quad \cdots \quad \boldsymbol{u}_n(k)]^{\mathrm{T}} \tag{4-78}$$

式(4-76)中的状态向量可写成：

$$\boldsymbol{x}(k) = [\boldsymbol{x}_1(k) \quad \cdots \quad \boldsymbol{x}_{2n}(k)]^{\mathrm{T}} = [\boldsymbol{x}_{1,k} \quad \cdots \quad \boldsymbol{x}_{2n,k}]^{\mathrm{T}} \tag{4-79}$$

则式(4-76)的第 i 行可写成：

$$\boldsymbol{x}_{i,k+1} = \boldsymbol{\varphi}_k^{\mathrm{T}}\boldsymbol{v}_{i,k} \qquad (i = 1,2,\cdots,2n) \tag{4-80}$$

式(4-80)是辨识参数的标准形式。递推最小二乘法参数辨识的算法为：

$$\hat{\boldsymbol{v}}_{i,k+1} = \hat{\boldsymbol{v}}_{i,k} - \boldsymbol{P}_k\boldsymbol{\varphi}_k[\boldsymbol{\varphi}_k^{\mathrm{T}}\boldsymbol{P}_k\boldsymbol{\varphi}_k + r]^{-1}[\boldsymbol{\varphi}_k^{\mathrm{T}}\hat{\boldsymbol{v}}_{i,k} - \boldsymbol{x}_{i,k+1}] \tag{4-81}$$

式中：r——大于 0 小于 1 的加权因子；

$\boldsymbol{P}_k$——$3n\times3n$ 阶对称正定矩阵，其递推形式为：

$$\boldsymbol{P}_{k+1}=[\boldsymbol{P}_k-\boldsymbol{P}_k\boldsymbol{\varphi}_k(\boldsymbol{\varphi}_k^{\mathrm{T}}\boldsymbol{P}_k\boldsymbol{\varphi}_k+r)^{-1}\boldsymbol{\varphi}_k^{\mathrm{T}}\boldsymbol{P}_k] \tag{4-82}$$

线性化摄动系统的控制问题可转化为线性二次型问题，在确定 $\boldsymbol{A}(t)$ 和 $\boldsymbol{B}(t)$ 之后，可寻找一个最优控制，使如下性能指标最小：

$$\boldsymbol{J}(k)=\frac{1}{2}[\boldsymbol{x}^{\mathrm{T}}(k+1)\boldsymbol{Q}\boldsymbol{x}(k+1)+\boldsymbol{u}^{\mathrm{T}}(k)\boldsymbol{R}\boldsymbol{u}(k)] \tag{4-83}$$

式中：$\boldsymbol{Q}$——$2n\times 2n$ 阶半正定矩阵；

$\boldsymbol{R}$——$n\times n$ 阶正定矩阵。

满足式(4-76)和性能指标式(4-83)为最小的最优控制为：

$$\boldsymbol{u}(k)=-\{[\boldsymbol{R}+\boldsymbol{B}^{\mathrm{T}}(k)\boldsymbol{Q}\boldsymbol{B}(k)]^{-1}\boldsymbol{B}^{\mathrm{T}}\boldsymbol{Q}\boldsymbol{A}(k)\boldsymbol{x}(k)\} \tag{4-84}$$

一般取 $\boldsymbol{Q}$、$\boldsymbol{R}$ 以及 $\boldsymbol{P}_k$ 的初值为常数乘以单位矩阵。

4.5.2 工业机器人的滑模变结构控制

滑模变结构由苏联学者在 20 世纪 50 年代提出，由于受当时的技术条件和控制手段的限制，这种理论没有得到迅速发展。近年来，随着计算机技术的发展和应用，使得滑模变结构控制技术能方便实现，并不断充实和发展，目前滑模变结构控制已成为非线性控制的一种简单而有效的方法。

滑模变结构控制系统的特点是，在动态控制过程中，系统的结构根据系统当时的状态偏差及其各阶导数的变化，以跃变的方式按设定的规律做相应改变，它是一类特殊的非线性控制系统。该控制系统预先在状态空间设定一个特殊的超越曲面，由不连续的控制规律，不断变换控制系统结构，使其沿着这个特定的超越曲面向平衡点滑动，最后渐进稳定至平衡点。其特点如下：

(1) 该控制方法对系统参数的时变规律、非线性程度以及外界干扰等不需要精确的数学模型，只要知道它们的变化范围，就能对系统进行精确的轨迹跟踪控制。

(2) 控制器设计对系统内部的耦合不必做专门解耦，因为设计过程本身就是解耦过程，因此在多输入多输出系统中，多个控制器设计可按各自独立系统进行。其参数选择也不是十分严格。

(3) 系统进入滑态后，对系统参数及扰动变化反应迟钝，始终沿着设定滑线运动，具有很强的鲁棒性。

(4) 滑模变结构控制系统快速性好，无超调，计算量小，实时性强，很适合于工业机器人控制。

滑模变结构控制系统的一般结构如图 4-25 所示。

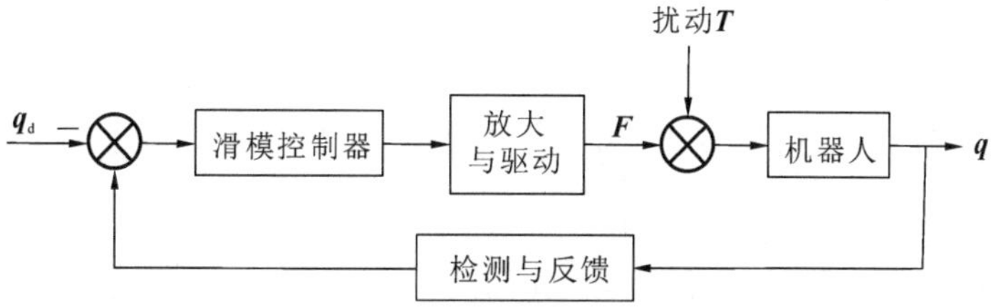

图 4-25　滑模变结构控制系统结构图

具有 n 个关节的工业机器人动力学模型为：

$$\boldsymbol{F}=\boldsymbol{D}(\boldsymbol{q})\ddot{\boldsymbol{q}}+\boldsymbol{C}^1(\boldsymbol{q},\dot{\boldsymbol{q}})\dot{\boldsymbol{q}}+\boldsymbol{G}^1(\boldsymbol{q})\boldsymbol{q} \tag{4-85}$$

定义：

$$\boldsymbol{C}^1(\boldsymbol{q},\dot{\boldsymbol{q}})\dot{\boldsymbol{q}}+\boldsymbol{G}^1(\boldsymbol{q})\boldsymbol{q}=\boldsymbol{W}(\boldsymbol{q},\dot{\boldsymbol{q}}),\boldsymbol{X}_1=\boldsymbol{q},\boldsymbol{X}_2=\dot{\boldsymbol{q}}$$

则式(4-85)变为：

$$\boldsymbol{F}=\boldsymbol{D}(\boldsymbol{q})\ddot{\boldsymbol{q}}+\boldsymbol{W}(\boldsymbol{q},\dot{\boldsymbol{q}}) \tag{4-86}$$

也即：

$$\ddot{\boldsymbol{q}}=-\boldsymbol{D}^{-1}(\boldsymbol{q})\boldsymbol{W}(\boldsymbol{q},\dot{\boldsymbol{q}})+\boldsymbol{D}^{-1}(\boldsymbol{q})\boldsymbol{F} \tag{4-87}$$

把式(4-87)表示成状态方程形式：

$$\dot{\boldsymbol{x}}_s=\boldsymbol{A}_s(\boldsymbol{x},t)+\boldsymbol{B}_s(\boldsymbol{x},t)\boldsymbol{F} \tag{4-88}$$

式中：

$$\dot{\boldsymbol{x}}_s=\dot{\boldsymbol{x}}_2=\ddot{\boldsymbol{q}}$$

$$\boldsymbol{A}_s(\boldsymbol{x},t)=-\boldsymbol{D}^{-1}(\boldsymbol{x}_1,\boldsymbol{W}(\boldsymbol{x}))$$

$$\boldsymbol{B}_s(\boldsymbol{x},t)=\boldsymbol{D}^{-1}(\boldsymbol{x}_1)$$

为了使系统具有期望的动态性能，设整个系统的滑动曲面为：

$$S=[S_1 \quad \cdots \quad S_n]^{\mathrm{T}}=\dot{E}+HE \tag{4-89}$$

式中：

$$E=[e_1 \quad \cdots \quad e_n]^{\mathrm{T}},H=\mathrm{diag}[h_1 \quad \cdots \quad h_n]$$

对给定轨迹为 q_{id} 的第 i 个关节分量的表达式为：

$$S_i=\dot{e}_i+h_ie_i \tag{4-90}$$

式中：$e_i=x_i-x_{id}$；

$h_i=$常数$>0(i=1,\cdots,n)$。

假定系统状态被约束在开关函数曲面上，则产生滑动运动的相应控制量 $\boldsymbol{F}$ 可由 $\dot{S}=0$ 来决定。

$$\dot{S}-\ddot{E}+H\dot{E} \tag{4-91}$$

由 $\dot{X}_i=\dot{X}_s$ 及式(4-88)，$\ddot{E}$ 可以表示为：

$$\ddot{E}=A_s(x,t)+B_s(x,t)F-\dot{x}_{2d} \tag{4-92}$$

同理，$H\dot{E}$表示为：

$$H\dot{E}=H(x_2-x_{2d}) \tag{4-93}$$

把式(4-92)、式(4-93)代入式(4-91)有：

$$\dot{S}=A_s(x,t)+B_s(x,t)F-\dot{x}_{2d}+H(x_2-x_{2d}) \tag{4-94}$$

则对应元素表示为：

$$\dot{S}_i=-\sum_{j=1}^{n}b_{ij}\omega_j+\sum_{j=1}^{n}b_{ij}\tau_j-\dot{x}_{(n+i)d}+h_i[x_{(n+i)}-x_{(n+i)d}] \tag{4-95}$$

令 $\dot{S}=0$，即：

$$F'=WA(x)+D(x)[\dot{x}_{2d}-H(x_2-x_{2d})] \tag{4-96}$$

其元素表示为：

$$\tau_i=\hat{W}(x)+\sum_{j=1}^{n}\hat{m}_{ij}(x_1)[\dot{x}_{(n+j)d}-h_i(x_{(n+j)}-x_{(n+j)d})] \tag{4-97}$$

根据变结构控制基本原理，欲使系统向滑动面运动，并确保产生滑动运动的条件为 $\dot{S}_i S_i < 0 (i=1,\cdots,n)$，如果无建模误差，即 $\hat{W}=W$，$\hat{D}=D$，这时按等效控制方法则控制量为：

$$\tau_i = \tau_i' + \tau_{gi} \tag{4-98}$$

式中：τ_{gi}——用来修正滑动状态误差的 S_i 项。

将式(4-97)和式(4-98)代入式(4-95)，可得到：

$$\dot{S}_i = \sum_{j=1}^{n} b_{ij}(x_i)\tau_{gi} \tag{4-99}$$

为保证 $\dot{S}_i S_i < 0 (i=1,\cdots,n)$，选择 τ_{gi} 使其满足：

$$S_i = \sum_{j=1}^{n} b_{ij}(x_i)\tau_{gi} = -C_i \operatorname{sgn}(S_i) \qquad (i=1,\cdots,n;S_i \neq 0) \tag{4-100}$$

式中：C_i=常数>0，此时 $\dot{S}_i S_i = -C_i |S_i| < 0$。

由式(4-100)可得滑动状态误差修正量 τ_{gi} 为：

$$\tau_{gi} = -\sum_{j=1}^{n} (x_i) m_{ij}(x_1) C_i \operatorname{sgn}(S_i) \tag{4-101}$$

显然，系统接近于滑动线 $S_i=0$ 的速度与 C_i 成正比，由于控制量切换频率是有限的，当 C_i 选的太大时，运动轨迹在滑动面附近以正比于采样周期 T 的振幅摆动，且与建模误差有关。

设采样周期为 T，则两次采样所得滑动状态误差由式(4-100)得：

$$\Delta S_i = S_i(k+1) - S_i(k) \approx -C_i(k)\operatorname{sgn}(S_i(k))T \tag{4-102}$$

式中：$S_i(k)$——第 k 次采样时刻得到的 i 关节的滑动状态误差。

为使 $S_i(k+1)=0$，则：

$$C_i(k) = |S_i(k)|/T \qquad (i=1,\cdots,n)$$

将式(4-97)和式(4-102)代入式(4-98)，可得控制率为：

$$\tau_i = W_i - \sum_{j=1}^{n} \hat{m}_{ij}[\dot{X}_{(n+j)\mathrm{d}} - h_i(X_{(n+j)} - X_{(n+j)\mathrm{d}}) - C_i \operatorname{sgn}(S_i)] \tag{4-103}$$

4.6 工业机器人的智能控制技术

4.6.1 工业机器人的学习控制

很多情况下，工业机器人的目标运动是在某个有限区间$[0,t_f]$（t_f为运动终止时刻）中给出的。在这种场合，不仅要考虑保证在无限长时间内运动稳定性的传统控制法，也要考虑在其他时间区间内一面反复运动一面接近目标值的另一类控制法。这种方式的想法正好对应于人类的一种学习过程，我们人类能够一面在实际中使身体重复运动，一面也学习了理想的运动模式。对于具体的数字控制情况，首先以适当的采样间隔将离散化的目标运动参数作为时间序列信号给出，然后通过适当的输入模式驱动工业机器人，并将其运动和目标运动之差作为误差存储起来，在相继的试行中把前次输入的模式用这个误差修正，再传给机器人，以后反复进行这种操作，以构成能实现目标运动的输入模式的时间序列信号。这种方式意味着不需要根据机器人参数来计算机器人的逆动力学问题，而是在反复操作过程中不断求解。因而，这种控制方式的优点是不必估计机器人的杆件质量、惯性矩和摩擦等。

1. 学习控制的结构

首先进行下面的一些设定。

(1) 预先给出在有限时间区间内的理想运动模式，即预先给出在有限时间区间$[0,T]$内所定义的控制对象的目标输出Y_{d}。

(2) 与人的练习过程相对应的控制对象的驱动，在每次反复时都是在有限时间区间$[0,t_{\mathrm{f}}]$内实现。

(3) 在每次试行中，令初始条件都一致。例如，在以工业机器人关节角$\theta(t)$的二阶微分方程形式表示动力学方程时，对于令k次试行的对象系统的初始状态$\boldsymbol{\theta}_k(0)$有下列关系成立：

$$\boldsymbol{\theta}_k(0)=\boldsymbol{q}_0$$
$$\dot{\boldsymbol{\theta}}_k(0)=\boldsymbol{p}_0,\qquad k=1,2,\cdots \tag{4-104}$$

式(4-104)中，$\boldsymbol{q}_0$、$\boldsymbol{p}_0$分别为初始位置向量和初始速度向量。这个假设条件，对于具有很好的运动在线能力的工业机器人对象来说是完全可以满足的。

(4) 对象系统的动力学特性在试行中没有变化。

(5) 在每次试行中都可测定输出$y_k(t)$，从而为了决定下次试行时的控制输入，可利用下式所示的误差信号：

$$e_k(t)=y_{\mathrm{d}}(t)-y_k(t) \tag{4-105}$$

(6) 第$(k+1)$次试行时的控制输入$u_{k+1}(t)$是在第k次试行的基础上通过下面的算法更新：

$$u_{k+1}(t)=F(u_k(t),e_k(t)) \tag{4-106}$$

(7) 更新后的输入$u_{k+1}(t)$代替前次的输入$u_k(t)$被记忆下来。

(8) 通过学习来改善控制性能，这一过程可用下面的数学形式来描述：

$$\|e_{k+1}\|\leqslant\|e_k\|(\|e_k\|\to0,k\to\infty) \tag{4-107}$$

2. 在工业机器人运动控制中的应用

三自由度结构的工业机器人如图 4-26 所示，下面以此工业机器人为例来说明应用学习控制的实验情况。

该实验系统用 PSD(position sensor device)检测安装于工业机器人末端的 LED 所发出的红外线，并可以从其受光位置测定工业机器人的末端空间位置。为了检测在三维空间的位置，利用了两台 PSD，整个实验系统结构如图 4-27 所示。

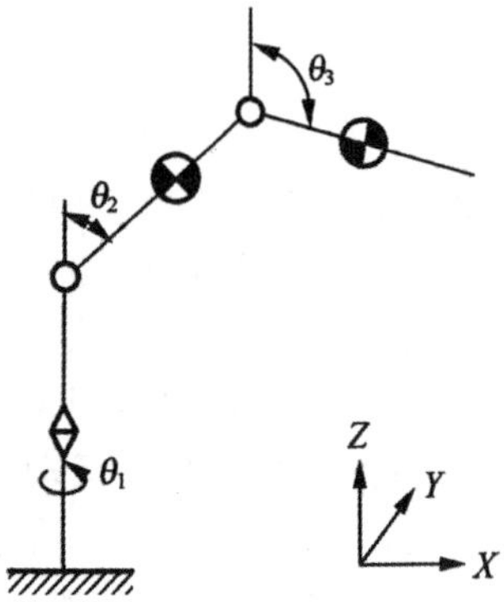

图 4-26　三自由度结构工业机器人

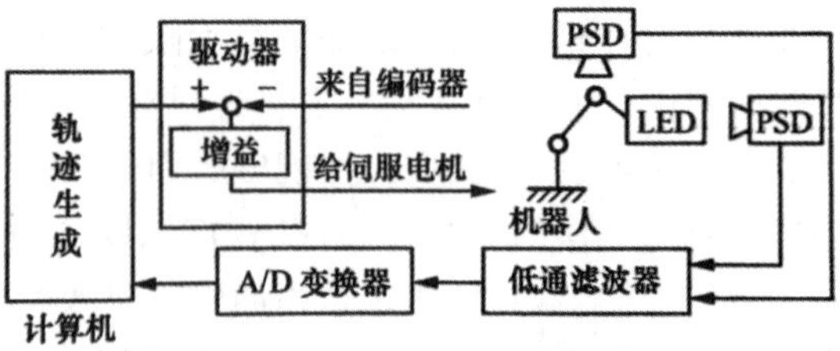

图 4-27　试验系统结构图

设在图 4-26 所示的作业坐标$\boldsymbol{r}=(\boldsymbol{x},\boldsymbol{y},\boldsymbol{z})^{\mathrm{T}}$中给出目标运动模式，用$\boldsymbol{r}_{\mathrm{d}}=(\boldsymbol{x}_{\mathrm{d}},\boldsymbol{y}_{\mathrm{d}},\boldsymbol{z}_{\mathrm{d}})^{\mathrm{T}}$表示。这种情况下，通过学习过程所形成的前馈输入$\boldsymbol{w}(t)$，可利用作业坐标系的速度误差按式(4-108)求出：

$$\boldsymbol{w}_{k+1}=\boldsymbol{w}_k+\boldsymbol{\varphi}(\dot{\boldsymbol{r}}_{\mathrm{d}}+\dot{\boldsymbol{r}}_k) \tag{4-108}$$

$$v_k = J^{\mathrm{T}}(\theta_k) w_k \tag{4-109}$$

式中：$J(\theta)$——以 $J(\theta)=\partial r/\partial \theta$ 所定义的雅可比矩阵。

然后根据式(4-109)构成在关节角坐标系的前馈输入 $v(t)$。

因而在这种情况下，对象工业机器人的运动是比较缓慢的，而且减速比也比较大，因此这就意味着把对象工业机器人动力学视为线性系统，再通过速度误差进行学习控制。作为具体的动作是让此工业机器人描绘一个圆，其目标轨迹为：

$$r_{\mathrm{d}} = \begin{bmatrix} R \cdot \sin(g(t)) \\ R \cdot \cos(g(t)) \\ 0 \end{bmatrix} \tag{4-110}$$

式中：$g(t)=2\pi[-2\ (t/t_{\mathrm{f}})^3+3\ (t/t_{\mathrm{f}})^2]$；

$R=5$ cm；

$t=3.3$ s。

实验结果如图 4-28 所示，从图中可以看出，随着试行次数的增加，工业机器人的运动将收敛于目标运动。

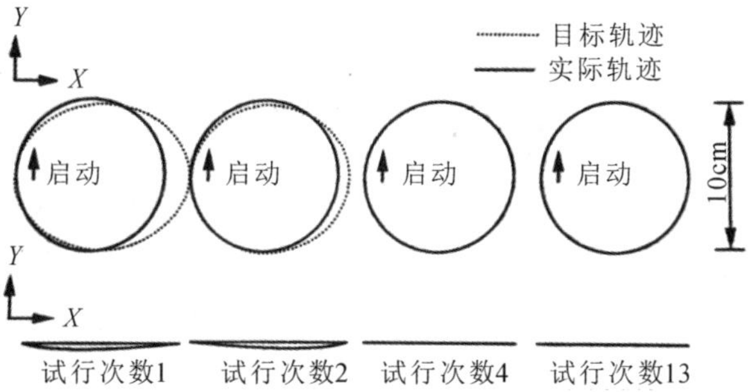

图 4-28　实验结果图

◆ 4.6.2　工业机器人的模糊控制

模糊逻辑可以代替经典控制系统或与经典控制系统相结合而控制工业机器人。通过应用模糊逻辑，工业机器人可以变得更独特和更智能。例如，假设一个工业机器人依据彩条的色彩对一袋物品按颜色进行分类。在这个例子和无数其他类似的例子中，模糊逻辑或许是完成任务的最好选择。

例 4.1　作为一个特殊的应用，机器人可用来依据质量和色泽对钻石分类，并进而确定钻石的价格。设计一个模糊逻辑系统来控制这个过程。

解　钻石可以通过质量、色泽(用字母表示，A 为极纯，而其他字母表示钻石中黄色的浓淡)及纯度(杂质的多少)来分类。钻石越纯、杂质越少、尺寸越大则每克拉钻石越贵。本例仅研究依据色泽和尺寸(质量)对钻石分类。假设通过视觉系统得到钻石图像，并采用颜色数据对它的颜色进行比较，以估计其色泽度。假设视觉系统可以识别钻石，测量它的表面，并基于尺寸估计它的质量。此外，钻石的尺寸设定为小(small)、中(medium)、大(large)和很大(very-large)集合中的一个(如图 4-29 所示)。钻石的颜色分成三种颜色范围：D、H、L。钻石每克拉的价格定在 10、15、20、30、40、50(全部乘＄100)范围内。以下是规则库：

如果尺寸小与色泽 D 则价格为 20；

如果尺寸中与色泽 D 则价格为 30；

如果尺寸大与色泽 D 则价格为 40；

如果尺寸很大与色泽 D 则价格为 50；

如果尺寸小与色泽 H 则价格为 15；

如果尺寸中与色泽 H 则价格为 20；

如果尺寸大与色泽 H 则价格为 30；

如果尺寸很大与色泽 H 则价格为 40；

如果尺寸小与色泽 L 则价格为 10；

如果尺寸中与色泽 L 则价格为 15；

如果尺寸大与色泽 L 则价格为 20；

如果尺寸很大与色泽 L 则价格为 30。

由规则库及图 4-29 可以看出，对于任何颜色与质量的组合，都有一个相应的价格。采用这种模糊逻辑系统，仅需 12 条规则，视觉系统就可以自动估计出钻石的对应价格。

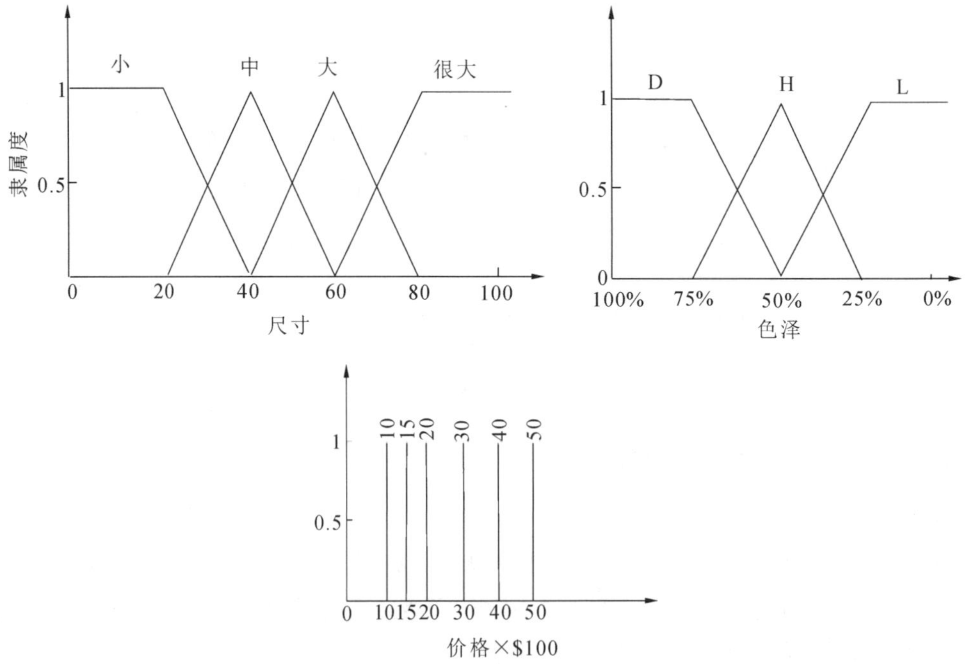

图 4-29 输入和输出变量的模糊集合

本章小结

本章首先简单介绍了工业机器人控制系统的组成，说明了工业机器人的控制流程与特点；其次，介绍了几种典型的工业机器人控制方式，并对工业机器人的位置控制方式、力（力矩）控制方式进行了详细的讨论与讲解，对其控制方式控制参数的确定也进行了详细介绍；再次，介绍了作业约束、控制策略、柔顺控制等工业机器人力控制的一些基本概念，简单分析了力和位置混合控制问题；最后，简单介绍了几种工业机器人的现代控制技术，如自适应控制技术、滑模变结构控制技术，以及智能控制技术。

本章习题

4-1 列举你所知道的工业机器人的控制方式，并简单说明其应用场合。

4-2 何为点位控制和连续轨迹控制？举例说明它们在工业上的应用。

4-3 如图 4-30 所示的工业机器人双手指的控制原理图，工业机器人两手指由直流电动机驱动，经传动齿轮带动手指传动。每个手指的转动惯量为 J，阻尼系数为 b，已知直流电动机的传递函数(输入电枢电压为 U_a，输出电动机的转矩为 T_m)为：

$$\frac{T_m(s)}{U_a(s)}=\frac{1}{Ls+R}$$

式中：L，R 分别为电动机电枢的电感和电阻。

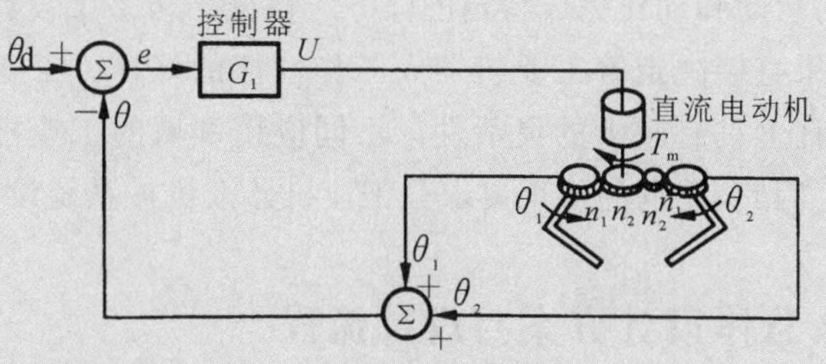

图 4-30 工业机器人双手指的控制原理图

(1) 证明手指的传递函数为：

$$\frac{\Theta_1(s)}{T_m(s)}=\frac{k_1}{s(Js+b)},\quad \frac{\Theta_2(s)}{T_m(s)}=\frac{k_2}{s(Js+b)}$$

(2) 绘出以 θ_d 为输入、θ 为输出的闭环系统框图。

(3) 如果采用比例控制器($G_c=k$)，求出闭环系统的特征方程。k 是否存在极大值？为什么？

4-4 推导基于直流伺服电动机的单关节控制的工业机器人数学模型。

4-5 画出图 4-31 所示的二连杆机器人的关节空间位置控制器方块图，使得此机器人在全部工作空间内处于临界阻尼状态，并说明方块图各方框中的方程式。

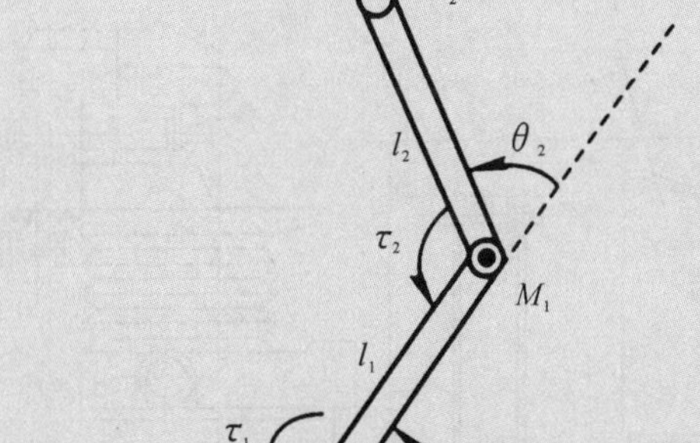

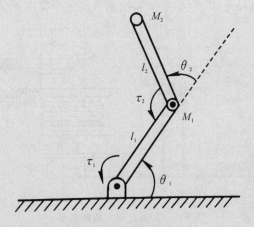

图 4-31 二连杆机器人

4-6 自适应控制器有几种结构形式？简述其工作原理。

4-7 什么是变结构控制，为什么要采用变结构控制？

4-8 如何实现基于传感器的工业机器人学习控制？

第5章 工业机器人的机械结构系统设计

工业机器人机械结构系统是工业机器人的支承基础和执行机构，计算、分析和编程的最终目的是要通过本体的运动和动作完成特定的任务。机械结构系统设计是工业机器人设计的一个重要内容，其结果直接决定着工业机器人工作性能的好坏。工业机器人不同于其他自动化专业设备，在设计上具有较大的灵活性。不同应用领域的工业机器人在机械结构系统设计上的差异较大。因此，它们的使用要求是工业机器人机械系统设计的基本出发点。

5.1 工业机器人总体设计方案与设计流程

5.1.1 总体设计方案制定

工业机器人设计是一项复杂的工作，其工作量大、涉及的知识面广，往往需要多人共同完成。工业机器人设计是面向客户的设计，而不是闭门造车；设计者需要同用户共同探讨、不断地全面分析用户的要求，并寻求和完善解决方案。

总体设计方案的制定包括确定工业机器人系统组成、建立坐标系、确定运动模式等。

1. 工业机器人系统组成

工业机器人一般由机械系统、驱动系统和控制系统三个基本部分组成，如图5-1所示。

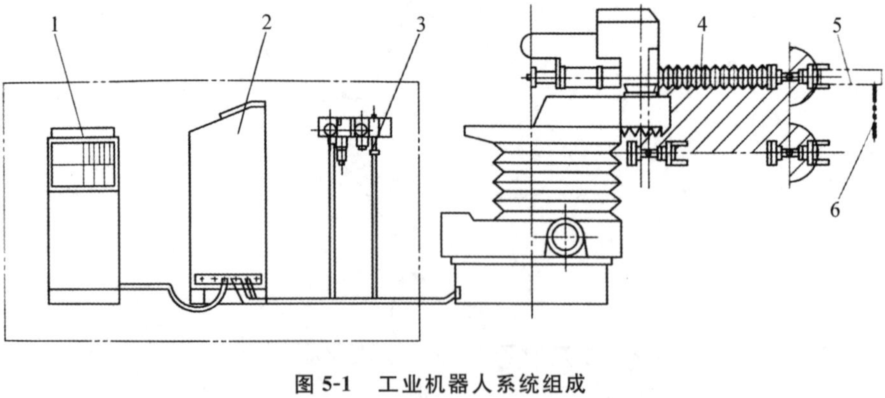

图5-1 工业机器人系统组成

1—电驱动配套件；2—程控装置；3—气压组件；4—机器人主体；5—工件；6—外轴

机械系统即执行机构，包括基座、臂部和腕部，大多数工业机器人有3～6个运动自由度；驱动系统主要指驱动机械系统的驱动装置，用以使执行机构产生相应的动作；控制系统的任务是根据机器人的作业指令程序及从传感器反馈回来的信号来控制机器人的执行机构，使其完成规定的运动和功能。工业机器人的外围部分还包括工件及外轴等。

2. 建立坐标系

为了精确、系统地描述工业机器人各单元之间的相互关系和作用，实现工业机器人精确控制，需要建立工业机器人坐标系。目前常用的坐标系形式主要包括基坐标系、大地坐标系、工件坐标系及工具坐标系等。

1）基坐标系

基坐标系位于工业机器人基座，其建立方式如图5-2所示。基坐标系在工业机器人的基座中有相应的零点，使用该方式，工业机器人的移动具有可预测性，对于将工业机器人从一个位置移动到另一个位置时有很大帮助。

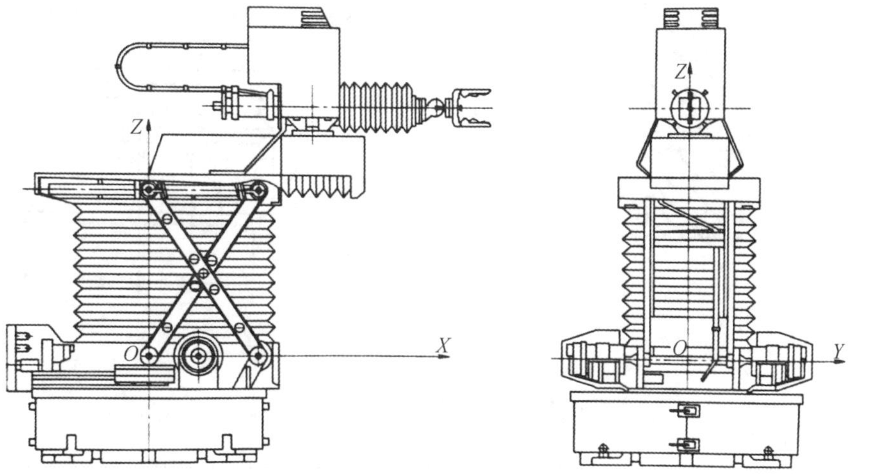

图5-2 基坐标系建立

2）大地坐标系

大地坐标系在工作单元或工作站中的固定位置均有其相应的零点，其建立方式如图5-3所示。这有助于处理若干个工业机器人或由外轴移动的工业机器人工作。在默认情况下，大地坐标系与基坐标系是一致的。

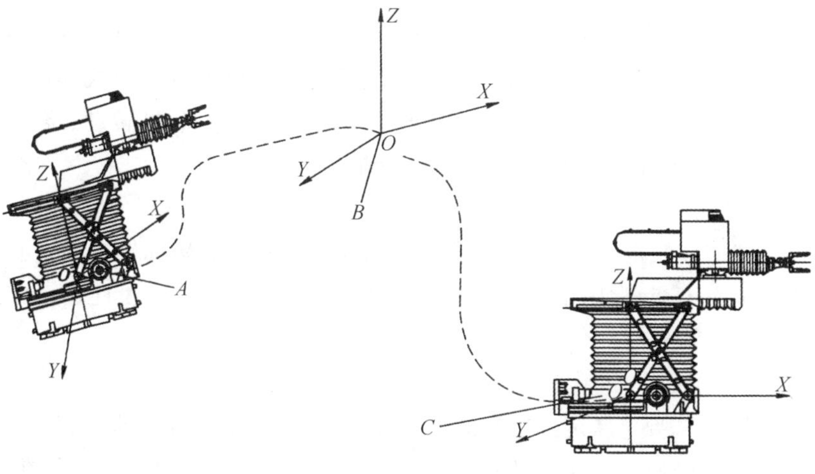

图5-3 大地坐标系建立

A—机器人1的基坐标系；*B*—大地坐标系；*C*—机器人2的基坐标系

3）工件坐标系

工件坐标系是拥有特定附加属性的坐标系，其建立方式如图 5-4 所示。它的主要功能是简化编程，工件坐标系拥有两个框架：用户框架（与大地基座相关）和工件框架（与用户框架有关）。

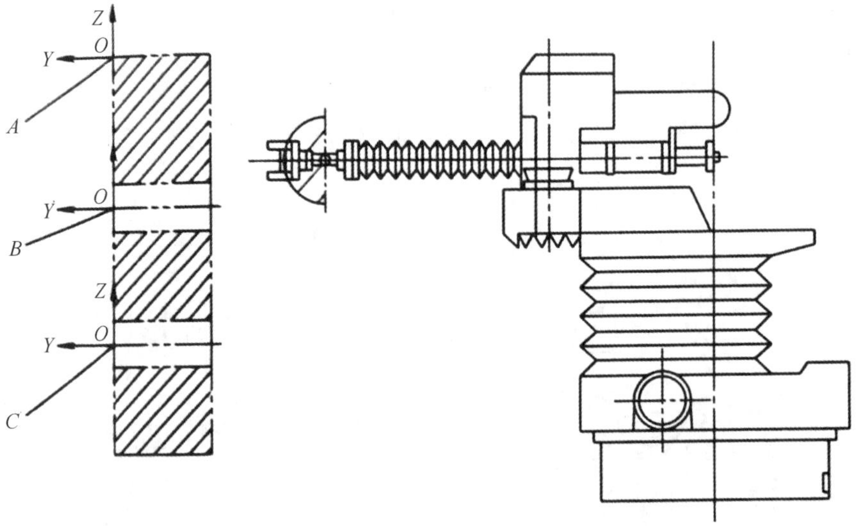

图 5-4　工件坐标系建立

A—用户框架；*B*—目标框架 1；*C*—目标框架 2

4）工具坐标系

工具坐标系将工具中心点（tool center point，简称 TCP）设为零位，由此定义工具的位置和方向，其建立方式如图 5-5 所示。执行程序时，工业机器人就是将 TCP 移至编程位置。这意味着，如果要更改工具，工业机器人的移动也将随之更改，以便新的 TCP 可以到达目标。

3. 确定运动模式

工业机器人运动模式包括单轴运动模式、线性运动模式及重定位运动模式。

1）单轴运动模式

单轴运动模式即为单独控制某一个关节轴运动，机器人末端轨迹难以预测，一般只用于移动某个关节轴至指定位置、校准机器人关节原点等场合。单轴运动模式如图 5-6 所示，图中转动运动的有：绕垂直轴Ⅰ-Ⅰ转动、绕垂直轴Ⅱ-Ⅱ转动、绕轴Ⅲ-Ⅲ转动、绕轴Ⅳ-Ⅳ转动；移动运动的有：沿水平轴Ⅲ-Ⅲ移动、沿轴Ⅰ-Ⅰ移动。

2）线性运动模式

线性运动模式即控制机器人 TCP 沿着指定的参考坐标系的坐标轴方向进行移动，在运动过程中工具的姿态不变，常用于空间范围内移动机器人 TCP 位置，线性运动模式如图 5-7 所示。

3）重定位运动模式

一些特定情况下，需要重新定位工具的方向，使其与工件保持特定的角度，以便获得最佳的效果，例如在焊接、切割、铣削等应用中。当将工具中心点微调至特定位置后，在大多数情况下需要重新定位工具方向，定位完成后，将继续以线性动作进行微动控制，已完成路径和所需操作。重定位运动模式如图 5-8 所示，在图中 *A*、*B*、*C* 不同位置时，*O* 点就是重定位位置。

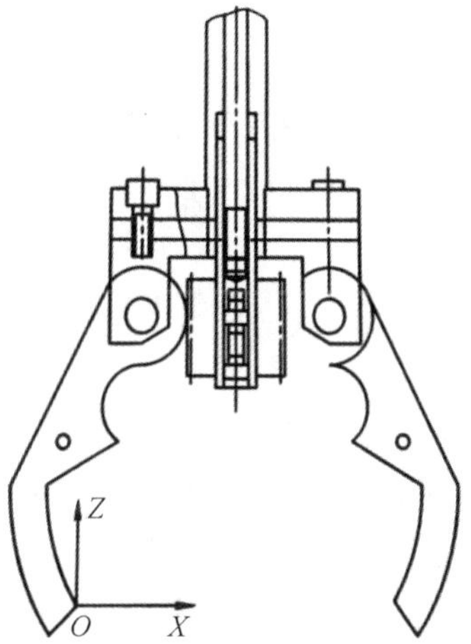

图 5-5　工具坐标系建立

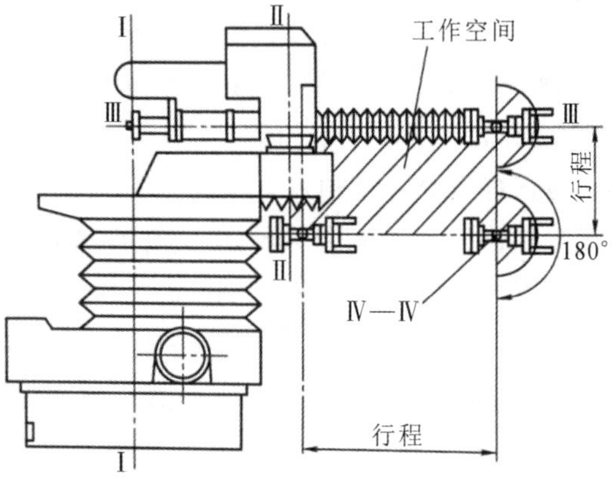

图 5-6　单轴运动模式

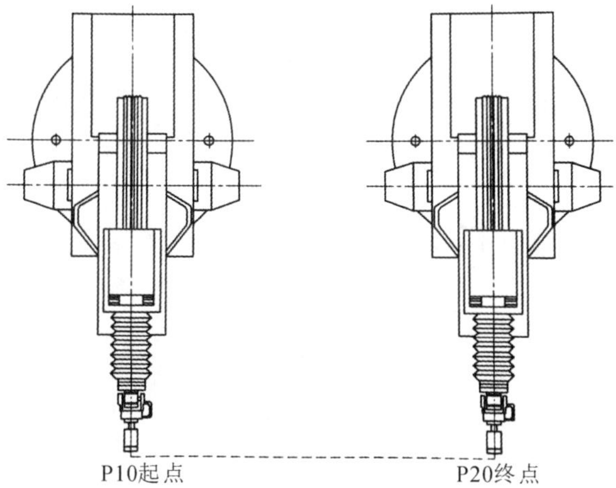

图 5-7　线性运动模式

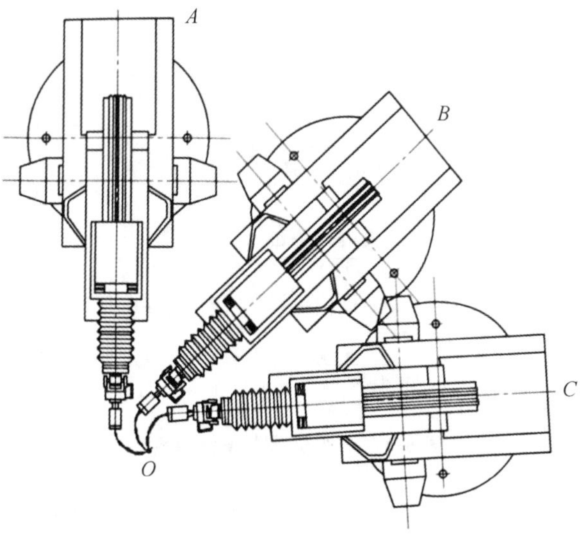

图 5-8　重定位运动模式

5.1.2 工业机器人设计流程

工业机器人的设计与大多数机械设计过程相似，具体到工业机器人产品，如何保证设计的协调性、规范性，首先需要明确工业机器人的使用要求，即能实现哪些功能、活动空间有多大，接下来要做的是确定设计任务。

确定设计任务是一个相对复杂的过程，如机械结构模型的建立、运动性能的计算等。对于设计流程的制定不应强求一致，但应有明确的规则。

工业机器人设计流程可用图 5-9 所示，但此图仅示出了工业机器人设计流程涉及的主要内容，在制定工业机器人设计流程时，还要涉及制作机械传动图、运动分析图，指定动作流程表，确定传动功率、控制流程和方式，设计计算、草图绘制、材料选择、加工工艺及程序编写等。另外，在分析工业机器人的使用要求时，还需要参考机器人的应用领域，如金属切削机床机器人、垛码机器人、包装机器人、焊接机器人等。

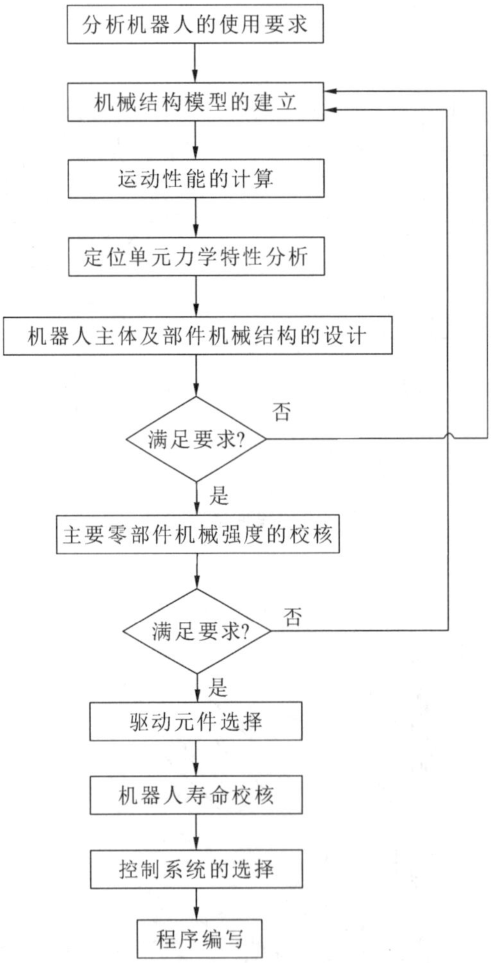

图 5-9　工业机器人设计流程

5.2 工业机器人总体设计

工业机器人的设计过程是跨学科的综合设计过程，涉及机械设计、传感设计、计算机应用和自动控制等多方面的内容。应将工业机器人作为一个系统进行研究，从总体出发研究系统内部各组成部分之间及外部环境与系统之间的相互关系。机器人总体设计一般分为系统分析、技术设计和仿真分析三大步骤。

5.2.1 系统分析

工业机器人是实现生产过程自动化、提高劳动生产率的一种有力工具。首先确定使用工业机器人是否需要和合适，决定采用后需要做以下工作。

(1) 根据工业机器人的使用场合，明确工业机器人的目的和任务。

(2) 分析工业机器人所在系统的工作要求，包括设备的兼容性等。

(3) 认真分析系统的工作要求，确定工业机器人的基本功能和方案，如工业机器人的自由度数、信息的存储容量、定位精度、抓取重量等。

(4) 进行必要的调查研究。搜集国内外有关技术资料。

5.2.2 技术设计

1. 工业机器人基本参数的确定

工业机器人的技术参数或技术特性是以工业机器人的用途、应用范围和生产条件为基础的。在系统分析的基础上，具体确定工业机器人的自由度数目、作业范围、承载能力、运动速度及定位精度等基本参数。

1) 自由度数目的确定

自由度是工业机器人的一个重要技术参数，由工业机器人的机械结构形式决定。在三维空间中描述一个物体的位置和姿态需要六个自由度。但是，工业机器人的自由度是根据其用途设计的，可能少于六个自由度，也可能多于六个自由度。

自由度数目的选择也与生产要求有关。如果生产批量大、操作可靠性要求高、运行速度快、周围设备构成比较复杂、所抓取的工件质量较小，工业机器人的自由度数可少一些；如果要便于产品更换、增加柔性，则工业机器人的自由度数要多一些。

2) 作业范围的确定

工业机器人的作业范围需根据工艺要求和操作运动的轨迹来确定。一条运动轨迹往往是由几个运动合成的。在确定作业范围时，可将运动轨迹分解成单个动作，由单个动作的行程确定工业机器人的最大行程。为便于调整，可适当加大行程数值。各个动作的最大行程确定之后，工业机器人的作业范围也就定下来了。

但要注意的是，作业范围的形状和尺寸会影响工业机器人的坐标形式、自由度数、各手臂关节轴线间的距离和各关节轴转角的大小及变动范围。作业范围大小不仅与工业机器人各杆件的尺寸有关，而且与它的总体构形有关；在作业范围内要考虑杆件自身的干涉，也要防止构件与作业环境发生碰撞。此外，还应注意：在作业范围内某些位置工业机器人可能达不到预定的速度，甚至不能在某些方向上运动，即所谓作业范围的奇异性。

3）运动速度的确定

确定工业机器人各动作的最大行程之后，可根据生产需要的工作节拍分配每个动作的时间，进而确定完成各动作时工业机器人的运动速度。如一个工业机器人要完成某一工件的上料过程，需要完成夹紧工件及手臂升降、伸缩、回转等一系列动作，这些动作都应该在工作节拍所规定的时间内完成。至于各动作的时间究竟应如何分配，则取决于很多因素，不是通过一般的计算就能确定的。要根据各种因素反复考虑，并试制定各动作的分配方案，比较动作时间的平衡后才能确定。

4）承载能力的确定

承载能力代表着工业机器人搬运物体时所能达到的最大臂力。目前，使用的工业机器人的臂力范围较大。对专用机械手来说，其承载能力主要根据被抓取物体的质量来定，其安全系数一般可在 1.5～3.0 之间选取。对工业机器人来说，臂力要根据被抓取、搬运物体的质量变化范围来确定。

5）定位精度的确定

工业机器人的定位精度是根据使用要求确定的，而工业机器人本身所能达到的定位精度，则取决于工业机器人的定位方式、运动速度、控制方式、臂部刚度、驱动方式，所采取的缓冲方式等因素。

工艺过程的不同，对工业机器人重复定位精度的要求也不同。不同工艺过程所要求的定位精度一般如表 5-1 所示。

表 5-1　不同工艺过程要求的定位精度

工艺过程	定位精度	工艺过程	定位精度
金属切削机床上下料	±(0.05～1.00)mm	冲床上下料	±1 mm
模锻	±(0.1～2.0)mm	点焊	±1 mm
装配、测量	±(0.01～0.50)mm	喷涂	±3 mm

当工业机器人达到所要求的定位精度有困难时，可采用辅助工、夹具协助定位，即工业机器人把被抓取物体先送到工、夹具进行粗定位，然后利用工、夹具的夹紧动作实现工件的最后定位。采用这种方法既能保证工艺要求，又可降低工业机器人的定位要求。

2. 工业机器人运动形式的选择

根据主要的运动参数选择运动形式是机械结构设计的基础。常见工业机器人的运动形式有直角坐标型、圆柱坐标型、球（极）坐标型、关节坐标型和 SCARA 型五种。为适应不同生产工艺的需要，同一种运动形式的工业机器人可采用不同的结构。具体选用哪种形式，必须根据工艺要求、工作现场、位置以及搬运前后工件中心线方向的变化等情况分析比较、择优选择。

为了满足特定工艺要求，专用的机械手一般只要求有 2～3 个自由度，而通用工业机器人必须具有 4～6 个自由度，以满足不同产品的不同工艺要求。所选择的运动形式，在满足需要的情况下，应以使自由度最少、结构最简单为宜。

3. 拟定检测传感系统框图

确定工业机器人的运动形式后，还需拟定检测传感系统框图，选择合适的传感器，以便在进行结构设计时考虑安装位置。

4. 确定控制系统总体方案，绘制框图

按工作要求选择工业机器人的控制方式，确定控制系统类型，设计计算机控制硬件电路并编制相应控制软件。最后确定控制系统的总体方案，绘制出控制系统框图，并选择合适的电器元件。

5. 机械结构设计

确定驱动方式，选择运动部件和设计具体结构，绘制工业机器人总装图及主要零部件图。

5.2.3 仿真分析

1. 运动学计算

分析工业机器人末端执行器和关节是否达到要求的位置、速度和加速度。

2. 动力学计算

计算工业机器人各关节驱动力的大小，分析驱动装置是否满足要求。

3. 运动的动态仿真

将每一位姿用三维图形连续显示出来，实现工业机器人的运动仿真。

4. 性能分析

建立工业机器人的数学模型，对工业机器人动态性能进行仿真计算。

5. 方案和参数修改

运用仿真分析的结果对所涉及的方案、结构、尺寸和参数进行修改，加以完善。

工业机器人机械系统设计是工业机器人设计的重要部分。其他系统的设计尽管有各自的独立性，但必须与机械系统相匹配，相辅相成，才能构成一个完整的工业机器人系统。

5.3 工业机器人的传动机构设计

工业机器人的传动机构，也是驱动机构(drive mechanism)，主要用于把驱动元件的运动传递到工业机器人的关节和动作部位。按实现的运动方式，驱动机构可分为直线驱动机构和旋转驱动机构两种。驱动机构的运动可以由不同的驱动方式来实现。

5.3.1 驱动方式

工业机器人的驱动方式主要有液压驱动、气压驱动、电气驱动三种基本类型。工业机器人出现的初期，由于其大多采用曲柄机构或连杆机构等，所以较多使用液压或者气压驱动方式。但随着对工业机器人作业速度要求越来越高，以及工业机器人的功能日益复杂化，目前采用电气驱动的工业机器人所占比例越来越大，常见的工业机器人驱动系统如图5-10所示。但在需要功率很大的应用场合，或运动精度不高、有防爆要求的场合，液压、气压驱动仍应用较多。

1. 液压驱动方式

液压驱动的特点是功率大，结构简单，可省去减速装置，能直接与被驱动的杆件相连，响应快，伺服驱动具有较高的精度，但需要增设液压源，而且易产生液体泄漏，故目前多用于特大功率的工业机器人系统。

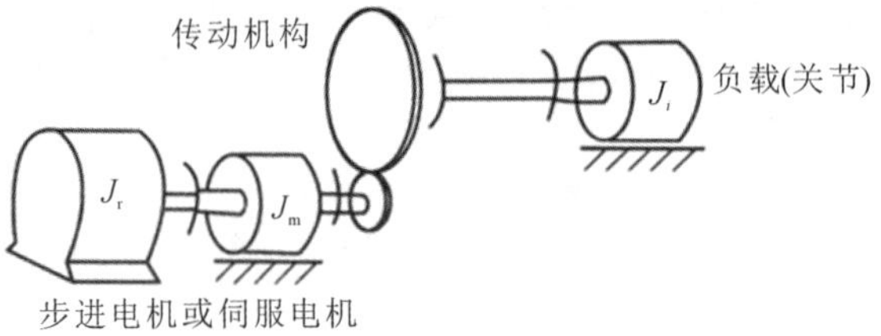

图 5-10　常见的工业机器人驱动系统

液压驱动有以下几个优点：

(1) 液压容易达到较高的单位面积压力(常用油压为 2.5～6.3 MPa)，液压设备体积较小，可以获得较大的推力或转矩；

(2) 液压系统的可压缩性小，系统工作平稳可靠，并可得到较高的位置精度；

(3) 在液压传动中，力、速度和方向比较容易实现自动控制；

(4) 液压系统采用油液作介质，具有防锈蚀和自润滑性能，可以提高机械效率，系统的使用寿命长。

液压驱动的不足之处如下：

(1) 油液的黏度随温度变化而变化，会影响系统的工作性能，且油温过高时容易引起燃烧爆炸等危险；

(2) 液体的泄漏难以克服，要求液压元件有较高的精度和质量，故造价较高；

(3) 需要相应的供油系统，尤其是电液伺服系统要求严格的滤油装置，否则会引起故障。

2. 气压驱动方式

气压驱动的结构比较简单，但与液压驱动相比，同体积条件下功率较小，而且速度不易控制，所以多用于精度不高的点位控制系统。

与液压驱动相比，气压驱动的优点如下：

(1) 压缩空气黏度小，容易达到高速(1 m/s)；

(2) 利用工厂集中的空气压缩机站供气，不必添加动力设备，且空气介质对环境无污染，使用安全，可在易燃、易爆、多尘埃、强磁、辐射、振动等恶劣工作环境中工作；

(3) 气动元件工作压力低，故自造要求也比液压元件低，价格低廉；

(4) 空气具有可压缩性，使气动系统能够实现过载自动保护，提高了系统的安全性和柔软性。

气压驱动的不足之处如下：

(1) 压缩空气常用压力为 0.4～0.6 MPa，若要获得较大的动力，其结构就要相对增大；

(2) 空气压缩性大，工作平稳性差，速度控制困难，要实现准确的位置控制很困难；

(3) 压缩空气的除水问题是一个很重要的问题，处理不当会使钢类零件生锈，导致机器失灵；

(4) 排气会造成噪声污染。

3. 电气驱动方式

电气驱动是指利用电动机直接或通过机械传动装置来驱动执行机构，其所用能源简单，机构速度变化范围大，效率高，速度和位置精度都很高，且具有使用方便、噪声低和控制灵活的特点，在工业机器人中得到了广泛的应用。

根据选用电动机及配套驱动器的不同，电气驱动系统大致可分为步进电动机驱动系统、直流伺服电动机驱动系统和交流伺服电动机驱动系统等。步进电动机多为开环控制，控制简单但功率不大，多用于低精度、小功率工业机器人系统；直流伺服电控机易于控制，有较理想的机械特性，但其电刷易磨损，且易形成火花；交流伺服电动机结构简单，运行可靠，可频繁启动、制动，没有无线电波干扰。交流伺服电动机与直流伺服电动机相比较又具有以下特点：没有电刷等易磨损元件，外形尺寸小，能在重载下高速运行，加速性能好，能实现动态控制和平滑运动，但控制较复杂。目前，常用的交流伺服电动机有交流永磁伺服电动机（PMSM）、感应异步电动机（IM）、无刷直流电动机（BLDC）等。交流伺服电动机已逐渐成为工业机器人的主流驱动方式。

5.3.2 直线驱动机构

工业机器人采用的直线驱动方式包括直角坐标结构的 X、Y、Z 三个方向的驱动，圆柱坐标结构的径向驱动和垂直升降驱动，以及极坐标结构的径向伸缩驱动。直线运动可以直接由气压缸或液压缸和活塞产生，也可以采用齿轮齿条、丝杠、螺母等传动元件由旋转运动转换而得到。

1. 齿轮齿条装置

通常齿条是固定不动的。当齿轮转动时，齿轮轴连同拖板沿齿条方向做直线运动。这样，齿轮的旋转运动就转换成为拖板的直线运动，如图 5-11 所示。拖板是由导杆或导轨支撑的。该装置的回转误差较大。

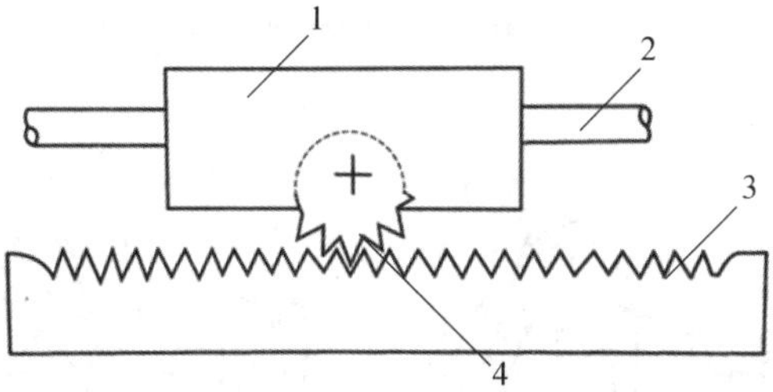

图 5-11 齿轮齿条装置

1—拖板；2—导向杆；3—齿条；4—齿轮

2. 普通丝杠

普通丝杠驱动采用了一个旋转的精密丝杠，它驱动一个螺母沿丝杠轴向移动，从而将丝杠的旋转运动转换成为螺母的直线运动。由于普通丝杠的摩擦力较大，效率低，惯性大，在低速时容易产生爬行现象，精度低，回差大，所以在工业机器人中很少采用。由丝杠螺母传动的手臂升降机构如图 5-12 所示。

3. 滚珠丝杠

在工业机器人中经常采用滚珠丝杠，这是因为滚珠丝杠的摩擦力很小且运动响应速度快。由于滚珠丝杠螺母的螺旋槽里放置了许多滚珠，丝杠在传动过程中所受的是滚动摩擦力，摩擦力较小，因此传动效率高，同时可消除低速运动时的爬行现象。在装配时施加一定的预紧力，可消除回转误差。

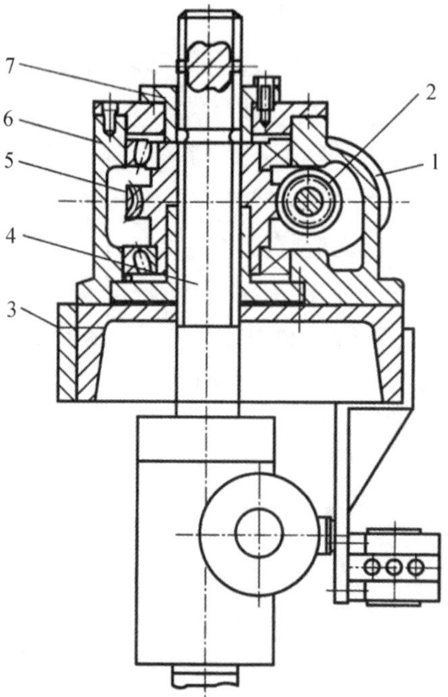

图 5-12　由丝杠螺母传动的手臂升降机构

1—电动机；2—蜗杆；3—臂架；4—丝杠；5—蜗轮；6—箱体；7—花键套

滚珠丝杠如图 5-13 所示，滚珠丝杠里的滚珠从钢套管中出来，进入经过研磨的导槽，转动 2～3 圈以后，返回钢套管。滚珠丝杠的传动效率可以达到 90%，所以只需要使用极小的驱动力，并采用较小的驱动连接件，就能够传递运动。通常，人们还使用两个背靠背的双螺母对滚珠丝杠进行预加载，以消除丝杠和螺母之间的间隙，提高运动精度。

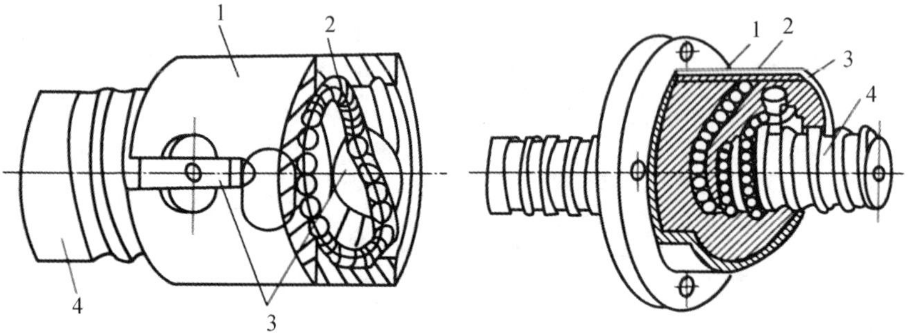

图 5-13　滚珠丝杠

1—螺母；2—滚珠；3—回程引导装置；4—丝杠

4. 液压(气压)缸

液压(气压)缸是将液压泵(空气压缩机)输出的压力能转换为机械能并做直线往复运动的执行元件，使用液压(气压)缸可以很容易地实现直线运动。液压(气压)缸主要由缸筒、缸盖、活塞、活塞杆和密封装置等部件构成，活塞杆和缸筒采用精密滑动配合，压力油(压缩空气)从液压(气压)缸一端进去，把活塞推向液压(气压)缸的另一端，从而实现直线运动。通过调节进入液压(气压)缸液压油(压缩空气)的流动方向和流量，可以控制液压(气压)的流动方向和流量，还可以控制液压(气压)缸的运动方向和速度。

早期的许多工业机器人都是采用由伺服阀控制的液压缸产生直线运动的。液压缸功率大，结构紧凑。虽然高性能的伺服阀价格昂贵，但采用伺服阀时不需要把旋转运动转换成直线运动，可以节省转换装置的费用。目前，高效专用设备和自动线大多采用液压驱动，因此配合其作业的工业机器人可直接使用主设备的动力源。

5.3.3 旋转驱动机构

多数普通电动机和伺服电动机都能够直接产生旋转运动，但其输出力矩比所要求力矩小，转速比所要求的转速高，因此需要采用减速机、皮带传动装置或其他运动传动机构，把较高的转速转换成较低的转速，并获得较大的力矩。有时也采用液压缸或气压缸为动力源，这就需要把直线运动转换成旋转运动。运动的传递和转换必须高效率地完成，并且不能有损于工业机器人系统所需要的特性，特别是定位精度、重复定位精度和可靠性。通过下列设备可以实现运动的传递和转换。

1. 齿轮机构

齿轮机构是由两个或两个以上的齿轮组成的传动机构，常见的齿轮机构如图 5-14 所示。它不但可以传递角位移和角速度，而且可以传递力和力矩。现以具有两个齿轮的齿轮机构为例，说明其传动转换关系。其中一个齿轮装在输入轴上，另一个齿轮装在输出轴上，如图 5-15 所示。

图 5-14　常见的齿轮机构

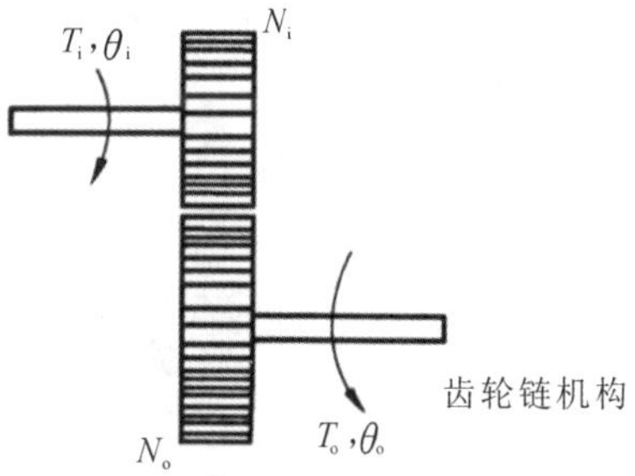

图 5-15　齿轮机构

使用齿轮机构应注意几个问题：齿轮机构的引入会减小系统的等效转动惯量，从而使驱动电动机的响应时间缩短，这样伺服系统就更加容易控制。轴转动惯量转换到驱动电机上，等效转动惯量的下降与输入输出齿轮齿数的平方成正比；齿轮间隙误差将会导致工业机器人手臂的定位误差增加，而且，假如不采取补偿措施，间隙误差还会引起伺服系统的不稳定。

2. 同步带传动

同步带类似于工厂的风扇皮带和其他传动皮带，所不同的是这种皮带上具有许多型齿，它们和同样具有型齿的同步皮带轮齿相啮合，如图 5-16 所示。工作时，它们相当于柔软的齿轮，具有柔性好、价格便宜两大优点。另外，同步皮带还被用于输入轴和输出轴方向不一致的情况。这时，只要同步皮带足够长，皮带的扭转角不太大，同步皮带仍能够正常工作。同步带的柔性使其运用更加灵活，还可以用于多轴传动。在伺服

图 5-16　同步带传动

系统中，如果输出轴的位置采用码盘测量，则输入传动的同步皮带可以放在伺服环外面，这对系统的定位精度和重复性不会有影响，加工也容易得多。有时，齿轮机构和同步带结合起来使用更为方便。

5.3.4 工业机器人中主要使用的减速器

在实际应用中，驱动电动机的转速非常高，达到每分钟几千转。但机械本体的动作较慢，减速后要求输出转速为每分钟几百转，甚至低至每分钟几十转，所以减速器在机器人的驱动中是必不可少的。由于机器人的特殊结构，对减速器提出了较高的要求。目前，在工业机器人中主要使用的减速器是谐波齿轮减速器和 RV 减速器两种。

1. 谐波齿轮减速器

虽然谐波齿轮已问世多年，但直到近年来人们才开始广泛地使用它。目前，有 60%～70%的工业机器人旋转开关使用的是谐波齿轮传动。

谐波齿轮由刚性齿轮（刚轮）、谐波发生器和柔性齿轮（柔轮）三个主要零件组成，如图 5-17 所示。工作时，刚性齿轮固定安装，各齿均布于圆周上，具有外齿圈的柔性齿轮沿刚性齿轮的内齿圈转动。柔性齿轮比刚性齿轮少两个齿，所以柔性齿轮沿刚性齿轮每转一圈就反向转过 2 个齿的相对转角。谐波发生器具有椭圆形轮廓，装在其上的滚珠用于支撑柔性齿轮，谐波发生器驱动柔性齿轮旋转并使之发生塑性变形。转动时，柔性齿轮的椭圆形端部只有少数齿与刚性齿轮啮合。只有这样，柔性齿轮才能相对于刚性齿轮自由地转过一定的角度。通常，刚性齿轮固定，谐波发生器作为输入端，柔性齿轮与输出轴相连。

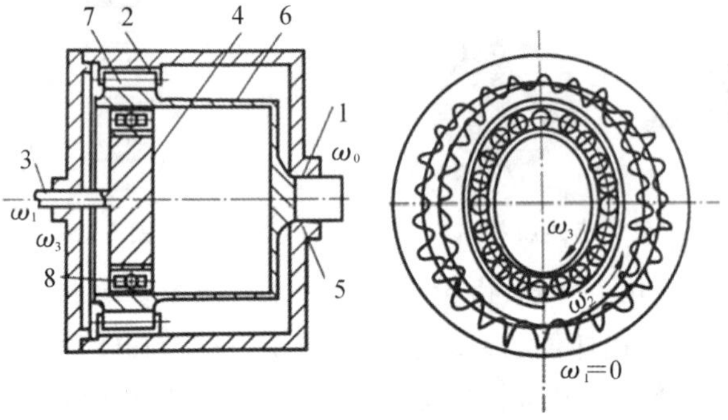

图 5-17　谐波齿轮

1—刚轮；2—刚轮的齿；3—输入油；4—谐波发生器；
5—输出油；6—柔轮；7—柔轮的齿；8—滚珠轴承

由于自然形成的预加载谐波发生器啮合齿数较多，齿的啮合比较平稳，谐波齿轮传动的齿隙几乎为零，因此传动精度高，回差小。但是，由于柔性齿轮的刚度较差，承载后会出现较大的扭转变形，从而会引起一定的误差。不过，对于多数应用场合，这种变形将不会引起太大的问题。

谐波齿轮传动特点如下：结构简单、体积小、重量轻；传动比范围大，单机谐波减速器传动的传动比可在 50～300 之间，优选在 75～250 之间；运动精度高、承载能力大，由于是多齿啮合，与相同精度的普通齿轮相比，其运动精度能提高四倍左右，承载能力也大大提高；运动平稳、无冲击、噪声小；齿侧间隙可以调整。

2. RV 减速器

RV 减速器由第一级渐开线圆柱齿轮行星减速机构和第二级摆线针轮行星减速机构两部分组成，为一封闭差动轮系。RV 减速器具有结构紧凑、传动比大、振动小、噪声低、能耗低的特点，日益受到国内外的广泛关注。与工业机器人中常用的谐波齿轮减速器相比，具有高得多的疲劳强度、刚度和寿命，而且回差精度稳定，不像谐波齿轮减速器那样随着使用时间增长运动精度会显著降低，故 RV 减速器在高精度工业机器人传动中得到了广泛的应用。

1）结构组成

RV 减速器的结构与传动简图如图 5-18 所示，其主要由中心轮、行星轮、曲柄轴、摆线轮、针齿销、针轮壳体（机架）、输出轴等部分组成。

(1)中心轮。中心轮（太阳轮）与输入轴连接在一起，以传递输入功率，且与行星轮相互啮合。

(2)行星轮。行星轮与曲柄轴相连接，n 个（$n \geqslant 2$）行星轮均匀地分布在一个圆周上，它起着功率分流的作用，即将输入功率分成 n 路传递给摆线针轮行星机构。

(3)曲柄轴。曲柄轴一端与行星轮相连接，另一端与支承圆盘相连接，两端用圆锥滚子轴承支承。它是摆线轮的旋转轴，既带动摆线轮进行公转，同时又支承摆线轮产生自转。

(4)摆线轮。摆线轮的齿廓通常为短幅外摆线的内侧等距曲线。为了实现径向力的平衡，一般采用两个结构完全相同的摆线轮，通过偏心套安装在曲柄轴的曲柄处，且偏心相差为 180°。在曲柄轴的带动下，摆线轮与针轮相啮合，既产生公转，又产生自转。

(5)针齿销。数量为 N 个的针齿销固定安装在针轮壳体上，构成针轮，与摆线轮相啮合而形成摆线针轮行星传动。

(6)针轮壳体（机架）。针齿销的安装壳体，通常针轮壳体固定，输出轴旋转。如果输出轴固定，则针轮壳体旋转，两者之间由轴承支承。

(7)输出轴。输出轴与支承圆盘相互连接成为一个整体，在支承圆盘上均匀分布多个曲柄轴的轴承孔和输出块的支承孔，在三对曲柄轴轴承推动下，通过输出块和支承圆盘把摆线轮上的自转矢量以 1∶1 的传动比传递出来。

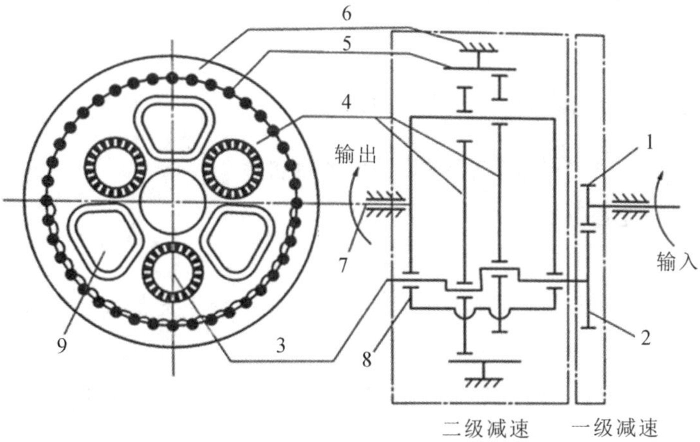

图 5-18　RV 减速器的结构与传动简图

1—中心轮；2—行星轮；3—曲柄轴；4—摆线轮；5—针齿销；6—针轮壳体；
7—输出轴；8—支承圆盘；9—输出块

2) 工作原理

驱动电动机的旋转运动由中心轮传递给 n 个行星轮，进行第一级减速。行星轮的旋转运动传递给曲柄轴，使摆线轮产生偏心运动。当针轮固定时，摆线轮一边随曲柄轴产生公转，一边与针轮相啮合。由于针轮固定，摆线轮在与针轮相啮合的过程中，产生一个绕输出轴旋转的反向自转运动，这个运动就是 RV 减速器的输出运动。

通常摆线轮的齿数比针齿销数少一个，且齿距相等。如果曲柄轴旋转一圈，摆线轮与固定的针轮相啮合，沿与曲柄轴相反的方向转过一个针齿销，形成自转。摆线轮的自转运动通过支承圆盘上的输出块带动输出轴运动，实现第二级减速输出。

3) RV 减速器的主要特点

RV 减速器具有两级减速装置，曲轴采用了中心圆盘支承结构的封闭式摆线针轮行星传动机构。其主要特点是传动比大，承载能力大、刚度大、运动精度高、传动效率高、回差小。

(1)传动比大。通过改变第一减速装置中中心轮和行星轮的齿数，可以方便地获得范围较大的传动比，其常用的传动比范围为 57～192。

(2)承载能力大。由于采用了 n 个均匀分布的行星轮和曲柄轴，可以进行功率分流。而且采用了圆盘支承装置的输出机构，故其承载能力大。

(3)刚度大。由于采用了圆盘支承装置，改善了曲柄轴的支承情况，从而使得其传动轴的扭转刚度增大。

(4)运动精度高。由于系统的回转误差小，因此可获得较高的运动精度。

(5)传动效率高。除了针轮的针齿销支承部分外，其他构件均为滚动轴承支承，传动效率高，传动效率为 0.85～0.92。

(6)回差小。各构件间所产生的摩擦和磨损较小、间隙小、传动性能好。

5.4 工业机器人机身和臂部设计

工业机器人机械部分主要由机身、臂部、腕部、手部四大部分构成。机座往往与机身做成一体。机身和臂部相连，机身支撑臂部，臂部又支撑腕部和手部。机身和臂部运动的平稳性也是应重点注意的问题。

5.4.1 机身结构的基础形式和特点

工业机器人机身(立柱)是支撑臂部及手部的部件。

1. 机身与臂部的配置形式

1) 横梁式

机身设计成横梁式，由于悬挂手臂部件，这类工业机器人大都为移动式。

2) 立柱式

立柱式工业机器人多采用回转型、俯仰型或屈伸型的运动形式，是一种常见的配置形式。

3) 机座式

机身设计成机座式，这种工业机器人是可以独立的、自成系统的完整装置，可以随意安装和搬动。

4）屈伸式

屈伸式工业机器人的臂部可以由大小臂组成，大小臂之间有相对运动，成为屈伸臂。

2. 机身的典型结构

机身结构一般由工业机器人总体设计确定。比如，圆柱坐标型机器人把回转与升降这两个自由度归属于机身；球坐标型机器人把回转与俯仰这两个自由度归属于机身；关节坐标型机器人把回转自由度归属于机身；直角坐标型机器人有时把升降（Z 轴）或水平移动（X 轴）自由度归属于机身。

1）回转与升降机身

机身的回转与升降可通过液压缸实现，回转运动可采用回转油缸，升降运动采用升降油缸。布局时有两种方式：一种是升降油缸在下，回转油缸在上，这种方式因回转油缸安装在升降活塞杆的上方，故升降活塞杆的尺寸要加大；另一种是回转油缸在下，升降油缸在上，这时回转油缸的驱动力矩要设计得大一些。

另外，有时会采用一些传动机构将直线运动变为旋转运动，实现机身的回转。如图 5-19 所示，将链条的直线运动变为链轮的回转运动，它的回转角度可大于 360°。图 5-19(a) 所示为气动机器人采用单杆活塞气缸驱动链条链轮传动机构实现机身的回转运动，也有用双杆活塞气缸驱动链条链轮回转的方式，如图 5-19(b) 所示。

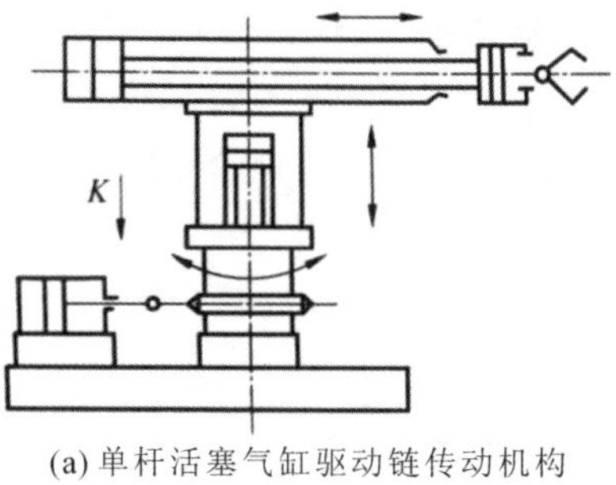

(a) 单杆活塞气缸驱动链传动机构

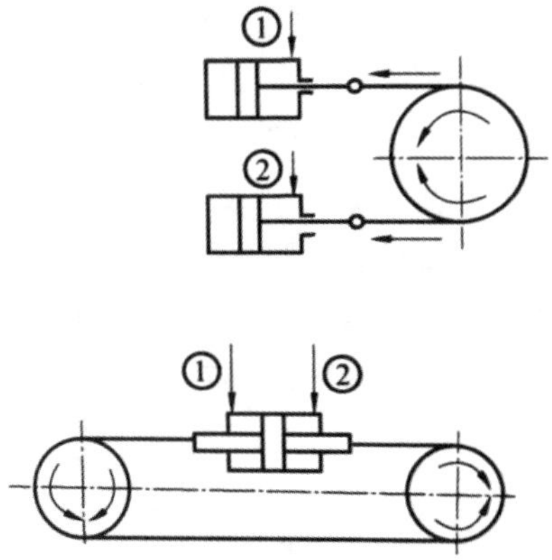

(b) 双杆活塞气缸驱动链传动机构

图 5-19 链传动实现机身回转的原理图

2）回转与俯仰机身

工业机器人手臂的俯仰运动一般采用活塞油（气）缸与连杆机构实现。手臂俯仰运动用的活塞缸位于手臂的下方，其活塞杆和手臂用铰链连接，缸体采用尾部耳环或中部销轴等方式与立柱连接，如图 5-20 所示。此外，有时也采用无杆活塞缸驱动齿条齿轮或四连杆机构实现手臂的俯仰运动。

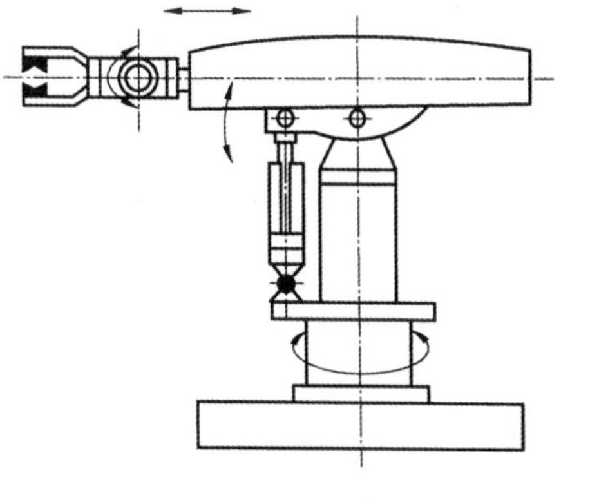

图 5-20 回转与俯仰机身图

3. 机身驱动力(力矩)计算

1）垂直升降运动驱动力的计算

作垂直运动时，除克服摩擦力之外，还要克服机身自身运动部件的重力和其支撑的手臂、手腕、手部及工件的总重力以及升降运动的全部部件惯性力，故其驱动力 P_q 为：

$$P_q = F_m + F_g \pm W \tag{5-1}$$

式中：F_m——各支撑处的摩擦力，N；

F_g——启动时的总惯性力，N；

W——运动部件的总重力，N；

$\pm$——上升时为正，下降时为负。

2）回转运动驱动力矩的计算

回转运动驱动力矩只包括两项，即回转部件的摩擦总力矩和机身自身运动部件与其支撑的手臂、手腕、手部及工件的总惯性力矩，故驱动力矩 M_q 为：

$$M_q = M_m + M_g \tag{5-2}$$

式中：M_m——总摩擦总力矩，N · m；

M_g——各回转运动部件的总惯性力矩，N · m。

$$M_g = J_0 \frac{\Delta\omega}{\Delta t} \tag{5-3}$$

式中：$\Delta\omega$——升速或制动过程中的角速度增量，rad/s；

Δt——回转运动升速过程或制动过程的时间，s；

J_0——全部回转零部件对机身回转轴的转动惯量，kg · m^2，如果零件轮廓尺寸不大，重心到回转轴线的距离较远时，一般可按质点计算它对回转轴的转动惯量。

3）升降立柱下降不卡死（不自锁）的条件计算

偏重力矩是指臂部全部零部件与工件的总重量对机身回转轴的静力矩。当手臂悬伸为最大行程时，其偏重力矩为最大。故偏重力矩应按悬伸最大行程且最大抓重时进行计算。各零部件的重量可根据其结构形状和材料密度进行粗略计算，由于大多数零件采用对称形状的结构，其中心位置就在几何截面的几何中心上，因此，根据静力学原理可求出手臂总重量的重心位置距机身立柱轴的距离 L，亦称偏重力臂，如图 5-21 所示。

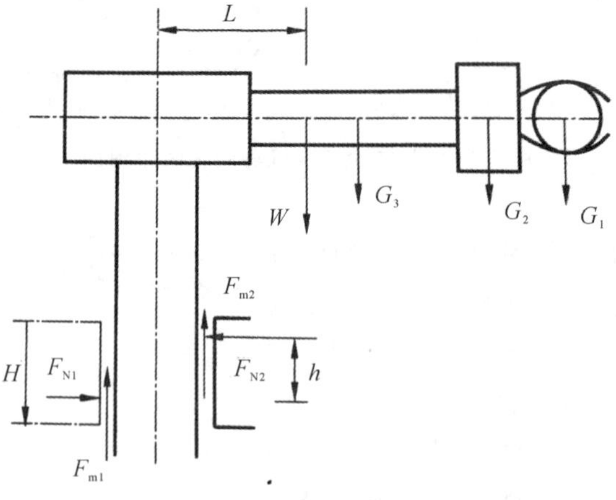

图 5-21　工业机器人手臂的偏重力矩

偏重力臂的大小为：

$$L = \frac{\sum G_i L_i}{\sum G_i} \tag{5-4}$$

式中：G_i——零部件及工件的重量，N；

L_i——零部件及工件的重心到机身回转轴的距离，m。

偏重力矩 M 为：

$$M = WL \tag{5-5}$$

式中：W——零部件及工件的总重量，N。

手臂在总重量 W 的作用下有一个偏重力矩，而立柱支撑导套中有阻止手臂倾斜的力矩，显然偏重力矩对升降运动的灵活性有很大影响。如果偏重力矩过大，使支撑导套与立柱之间的摩擦力过大，会出现卡滞现象，此时必须增大升降驱动力，相应的驱动及传动装置的结构庞大。如果依靠自重下降，立柱可能卡死在导套内而不能作下降运动，这就是自锁。故必须根据偏重力矩的大小决定立柱导套的长短，根据升降立柱的平衡条件可知：

$$F_{N1} h = WL \tag{5-6}$$

所以：

$$F_{N1} = F_{N2} = \frac{L}{h} W \tag{5-7}$$

要使升降立柱在导套内下降自由，臂部总重量 W 必须大于导套与立柱之间的摩擦力 F_{m1} 及 F_{m2}，因此升降立柱依靠自重下降而不引起卡死的条件为：

$$W > F_{m1} + F_{m2} = 2F_{N1} f = 2\,\frac{L}{h} W f \tag{5-8}$$

即：

$$h > 2fL$$

式中：h——导套的长度，m；

f——导套与立柱之间的摩擦因素，f=0.015～0.1，一般取较大值；

L——偏重力臂，m。

假如立柱升降都是依靠升降力进行的，则不存在立柱自锁（卡死）条件，升降驱动力计算中摩擦阻力按式(5-8)进行计算。

4）机身设计要注意的问题

机身设计中，应让机身有足够大的刚度和强度，以保证良好的稳定性；为了让机身运动灵活，导套不宜过短，避免卡死；机身结构应合理。

◆ 5.4.2 臂部结构的基本形式和特点

工业机器人的手臂由大臂、小臂（或多臂）所组成。手臂的驱动方式主要有液压驱动、气动驱动和电动驱动几种形式，其中电动驱动形式最为普遍。

臂部的典型机构有以下三种。

1. 臂部伸缩机构

行程小时，采用油（气）缸直接驱动。行程较大时，可采用油（气）缸驱动齿条传动的倍增机构或步进电动机及伺服电动机驱动，也可采用丝杠螺母或滚珠丝杠传动。为了增加手臂的刚性，防止手臂在伸缩运动时绕轴线转动或产生变形，臂部伸缩机构需设置导向装置，或设计方形、花键等形式的臂杆。常用的导向装置有单导向杆和双导向杆等，可根据手臂的结构、抓重等因素选取。

采用四根导向柱的臂部伸缩结构如图5-22所示。手臂的垂直伸缩运动由油缸驱动，其特点是行程长、抓重大。工件形状不规则时，为了防止产生较大的偏重力矩，可采用四根导向柱。这种结构多用于箱体加工线上。

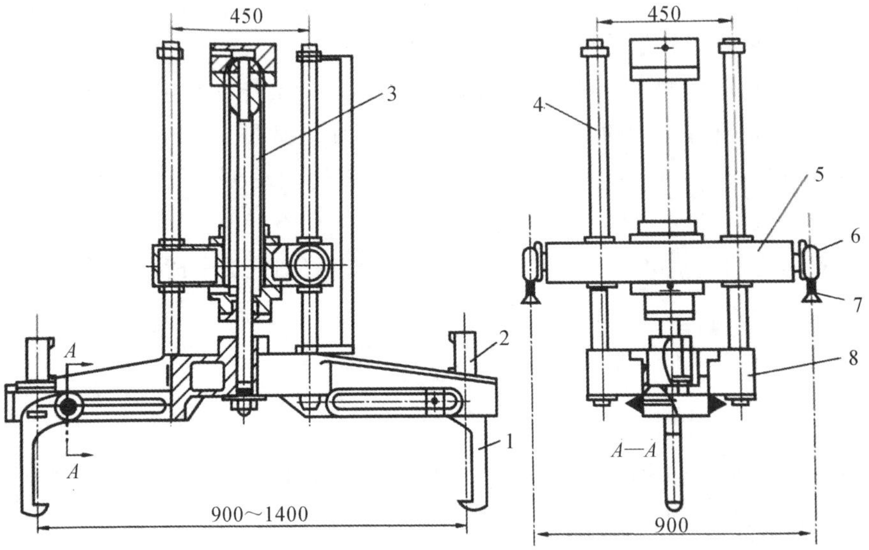

图5-22　四导向柱式臂部伸缩机构

1—手部；2—夹紧缸；3—油缸；4—导向柱；5—运行架；6—行走车轮；7—轨道；8—支座

2. 手臂俯仰运动机构

通常采用摆动油(气)缸驱动、铰链连杆机构传动实现手臂的俯仰，如图5-23所示。

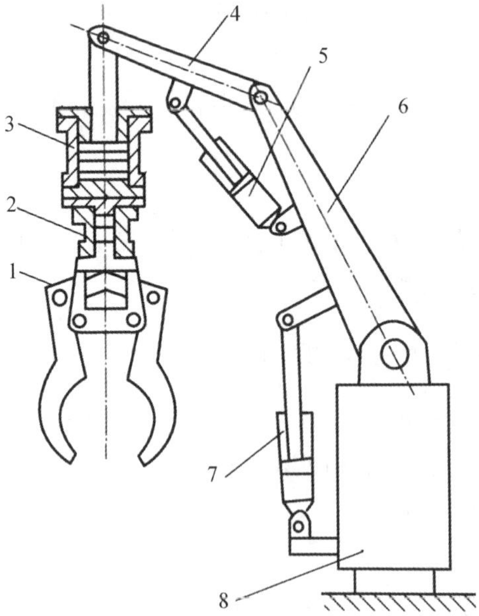

图5-23　摆动油缸驱动连杆俯仰臂机构

1—手部；2—夹紧缸；3—升降缸；4—小臂；5，7—摆动油缸；6—大臂；8—支柱

3. 手臂回转与升降机构

手臂回转与升降机构常采用回转缸与升降缸单独驱动，适用于升降行程短而回转角度

小于 360°的情况，也有采用升降缸与气马达-锥齿轮传动的结构。

5.4.3 机器人的平稳性和臂杆平衡方法

机身和臂部的运动较多，质量较大，当运动状态变化时，将产生冲击和振动。这不仅影响工业机器人的定位精度，甚至会使其不能正常运转。为了减小驱动力矩和增加运动的平稳性，需要手臂进行动力平衡。常见工业机器人臂杆的平衡方法有四种，即质量平衡法、弹簧平衡法、气压或液压平衡法和采用平衡电动机。

1. 质量平衡法

臂杆质量平衡的原理是合理地分布臂杆质量，使臂杆重心尽可能落在支点上，必要时甚至采用在适当位置配置平衡质量的方法，使臂杆的重心落在支点上。例如 PUMA 262 型机器人就是采用将关节驱动电动机布置到各手臂转轴另一端的方法，巧妙地解决了大部分悬臂质量的平衡问题。这种方法虽然会使臂杆的总质量有所增加，但由于重力悬臂力矩减小，使总的驱动扭矩、扭矩间的耦合和非线性程度有所降低。在关节型机器人的应用中，由于小臂杆质量对驱动扭矩的不利影响更大，因而在小臂杆上使用质量平衡法更为普遍。

一种在质量平衡技术中最经常使用的平行四边形平衡机构如图 5-24 所示，图中 L_2、L_3 和 G_2、G_3 分别代表下臂和上臂的长度和质心；m_2、m_3 和 θ_2、θ_3 分别代表它们的质量与转角，m 为可移动的平衡质量，用来平衡下臂和上臂的质量。杆 SA、AB 与上臂、下臂铰接，构成一个平行四边形平衡系统。

$$SV=\frac{m_3 O_3 G_3}{m} \tag{5-9}$$

$$O_2V=\frac{m_2 O_2 G_2+m_3 O_3 G_3}{m} \tag{5-10}$$

式中：O_3G_3——关节 O_3 与质心 G_3 的距离；

O_2G_2——关节 O_2 与质心 G_2 的距离；

SV——平衡质量 m 与关节 V 的距离；

O_2V——关节 O_2 与关节 V 的距离。

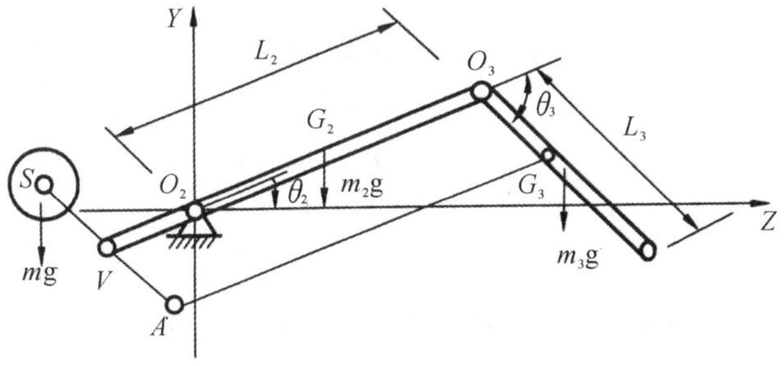

图 5-24 工业机器人平行四边形平衡机构

可以证明，只要满足式(5-9)和式(5-10)，就能使图 5-24 中的平行四边形结构处于平衡状态，即保证其力矩和为零。

2. 弹簧平衡法

弹簧平衡一般可以使用长弹簧。分析表明，在关节模型中，只要采用合适刚度和长度的弹簧平衡系统，可以平衡全部关节模型重力项。

弹簧平衡原理如图 5-25 所示，设杆 2 代表要平衡的臂杆，平衡时在杆 2 的尾端离转动中心 r_2 处安装一根长弹簧，长弹簧的另一端安装在长度为 r_1 的固定连杆 1 上，固定连杆 1 的另一端固定在转动中心 O 上。如果杆 2 的原始位置和固定连杆 1 垂直，工作时杆 2 顺时针转动了角度 θ，则在工作位置上弹簧力 F 产生的平衡力矩 M_0 为：

$$M_0 = Fr_1 \sin\gamma \tag{5-11}$$

式中：γ——固定连杆 1 和弹簧间的夹角。

则有：

$$\sin\gamma = \frac{r_2 \sin(90^\circ + \theta)}{l} = \frac{r_2 \cos\theta}{l} \tag{5-12}$$

$$F = k(l - l_0) \tag{5-13}$$

式中：l——弹簧拉伸后的长度；

l_0——弹簧的原始长度；

k——弹簧的刚度。

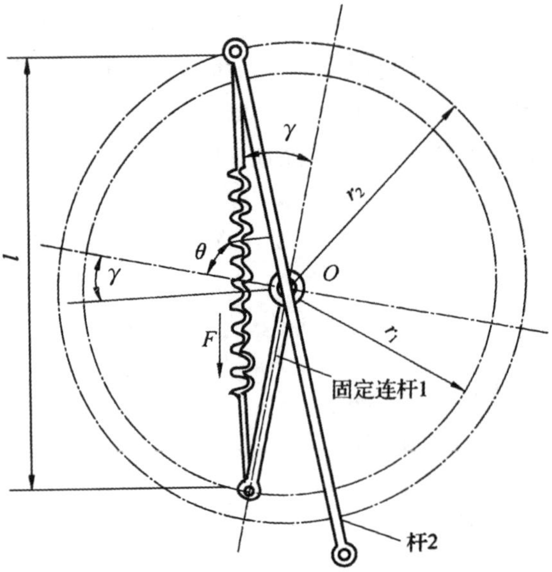

图 5-25 弹簧平衡原理

将式(5-12)和式(5-13)联合有：

$$M_0 = \frac{k(l - l_0) r_1 r_2}{l} \cos\theta \tag{5-14}$$

实际应用时由于许多因素的作用，所制造的弹簧很难完全满足要求，此时可适当改变弹簧的长度和刚度加以修正。

5.5 腕部设计

工业机器人的腕部是连接手部和臂部的部件，它的主要作用是确定手部的作业方向。因此它具有独立的自由度，以满足工业机器人手部完成复杂的姿态。为了使手部能处于空间任意方向，要求腕部能实现对空间三个坐标轴 X、Y、Z 的转动，即具有回转、俯仰和偏转三个自由度，如图 5-26 所示。通常把手腕的回转称为 Roll，用 R 表示；把手腕的俯仰称为 Pitch，用 P 表示；把手腕的偏转称为 Yaw，用 Y 表示。

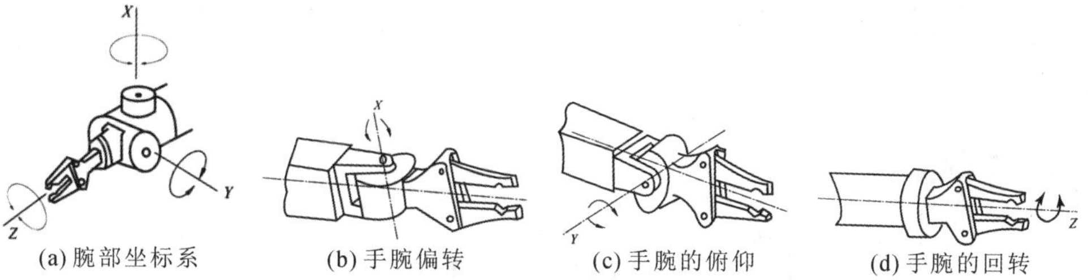

图 5-26　手腕的坐标系和自由度

5.5.1　腕部自由度

手腕按自由度数目可分为单自由度手腕、二自由度手腕和三自由度手腕等。

1. 单自由度手腕

手腕在空间可具有三个自由度，也可以具备以下单一功能。单自由度手腕如图 5-27 所示。其中，图 5-27(a)所示手腕的关节轴线与手臂的纵轴线共线，这是一种翻转(Roll)关节，其回转角度不受结构限制，可以回转 360°；图 5-27(b)和图 5-27(c)所示为手腕关节轴线与手臂及手的轴线相互垂直，这种关节为折曲关节(简称 B 关节)，其回转角度受结构限制，通常小于 360°；图 5-27(d)所示为移动关节，也称为 T 关节。

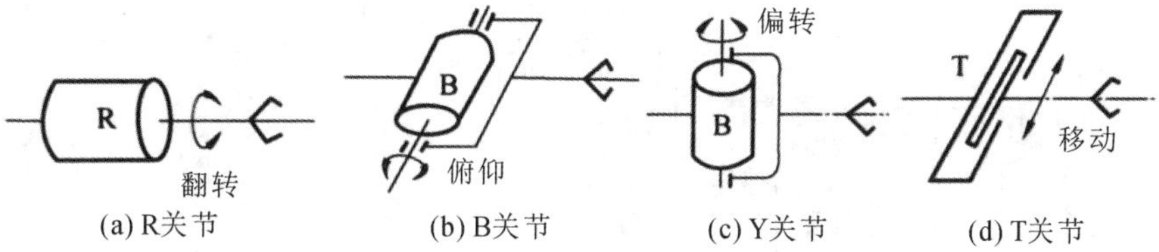

图 5-27　单自由度手腕

2. 二自由度手腕

二自由度手腕如图 5-28 所示，二自由度手腕可以由一个 R 关节和一个 B 关节联合构成 BR 手腕，如图 5-28(a)所示。或者由两个 B 关节组成 BB 手腕，如图 5-28(b)所示。但不能由两个 R 关节构成二自由度手腕，因为两个 R 关节的功能是重复的，实际上只能起到单自由度作用，如图 5-28(c)所示。

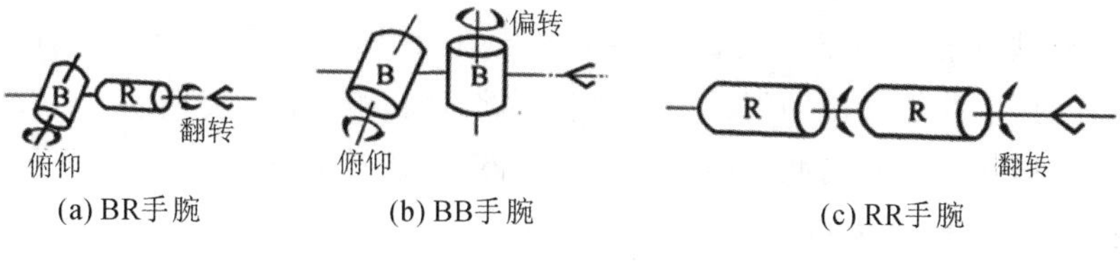

图 5-28　二自由度手腕

3. 三自由度手腕

三自由度手腕可以由 B 关节和 R 关节组成多种形式的手腕，实现翻转、俯仰和偏转功能，常用的有 BBR、RRR、BRR、RBR 和 RBB 等形式，如图 5-29 所示。

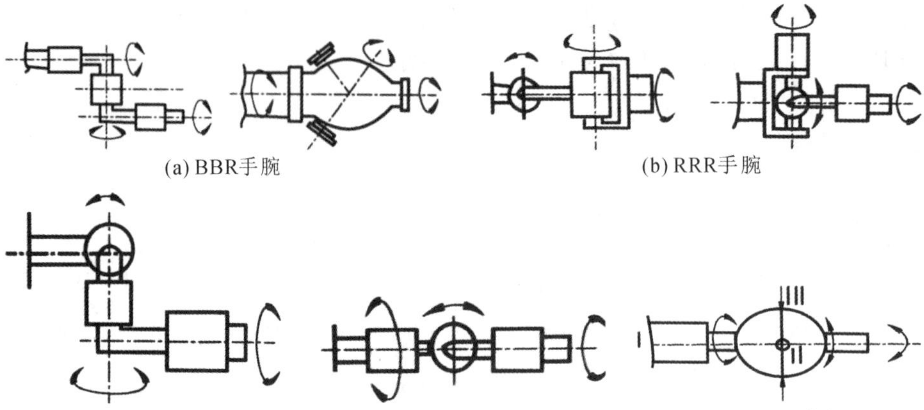

图 5-29　三自由度手腕

5.5.2　腕部典型结构

1. 单自由度回转运动手腕

单自由度回转运动手腕用回转油缸或气缸直接驱动实现腕部回转运动。采用回转油缸直接驱动的单自由度腕部结构如图 5-30 所示。这种手腕具有结构紧凑、体积小、运动灵活、响应快、精度高等优点，但回转角度受限制，一般小于 270°。

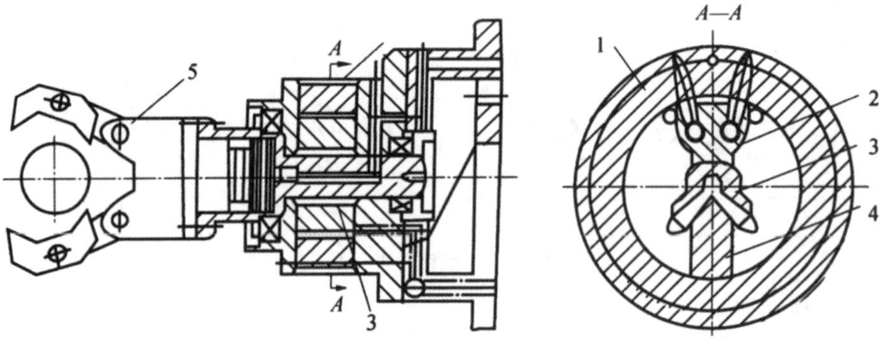

图 5-30　回转油缸直接驱动的单自由度腕部结构

1—回转油缸；2—定片；3—腕回转轴；4—动片；5—手腕

2. 二自由度手腕

1）双回转油缸驱动的腕部

采用两个轴线互相垂直的回转油缸的腕部结构如图 5-31 所示。*V-V* 剖面为腕部摆动回转油缸，工作时，动片带动摆动回转油缸使整个腕部绕固定中心轴摆动。*L-L* 剖面为腕部回转油缸，工作时，回转轴带动回转中心轴，实现腕部的回转运动。

2）齿轮传动二自由度手腕

采用齿轮传动机构实现手腕回转和俯仰的二自由度手腕如图 5-32 所示。手腕的回转运动由传动轴 *S* 传递，轴 *S* 驱动锥齿轮 1 回转，并带动锥齿轮 2、3、4 转动。因为手腕与锥齿轮 4 为一体，从而实现手部绕 *C* 轴的回转运动。手腕的俯仰由传动轴 *B* 传递，轴 *B* 驱动锥齿轮 5 回转，并带动锥齿轮 6 绕 *A* 轴回转，因手腕的壳体 7 与传动轴 *A* 用销子连接为一体，从而实现手腕的俯仰运动。

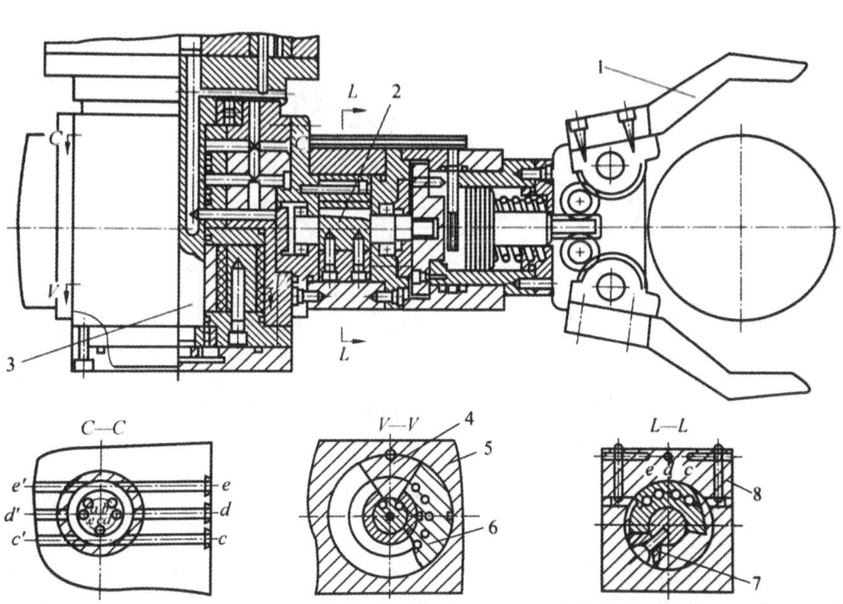

图 5-31　具有回转与摆动的二自由度腕部结构

1—手爪;2—回转中心轴;3—固定中心轴;4—定片;5—摆动回转油缸;
6—动片;7—回转轴;8—回转油缸

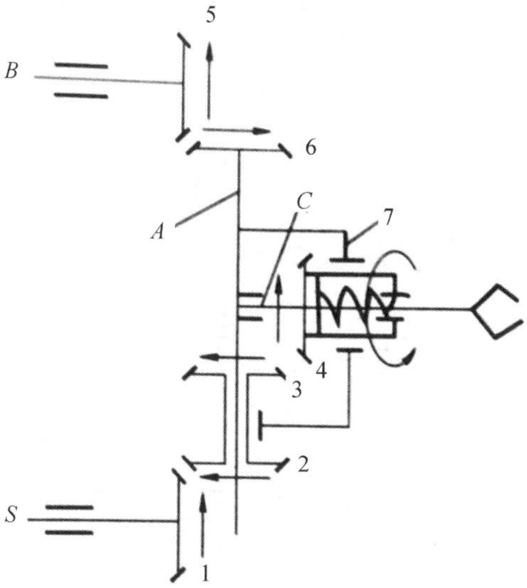

图 5-32　齿轮传动回转和俯仰腕部原理图

1,2,3,4,5,6—锥齿轮;7—壳体

3. 三自由度手腕

1）液压马达直接驱动三自由度手腕

液压马达直接驱动的三自由度手腕如图 5-33 所示,该手腕具有偏转、俯仰和回转三个自由度。这种直接驱动手腕的关键是能否设计和加工出尺寸小、重量轻,而驱动力矩大、驱动性能好的驱动电动机或液压驱动马达。

2）齿轮链轮传动三自由度腕部

齿轮链轮传动三自由度运动的手腕原理图如图 5-34 所示,其腕部实现偏转、俯仰和回

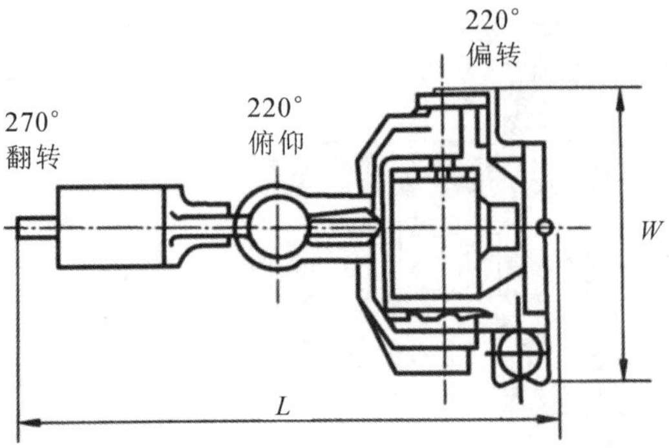

图 5-33 液压马达直接驱动的三自由度手腕

转运动。齿轮链轮传动三自由度手腕在图 5-32 所示手腕的基础上增加了一个 360°偏转运动。其工作原理如下：当油缸 1 中的活塞作左右移动时，通过链条、链轮 2、锥齿轮 3 和 4 带动花键轴 5 和 6 转动，而花键轴 6 与行星架 9 连成一体。因而也就带动行星架作偏转运动，即为手腕所增加的 360°偏转运动。由于增加了 T 轴（即花键轴 6）的偏转运动，将诱使手腕产生附加俯仰和附加回转运动。这两个诱导运动产生的原因是当传动轴 B 和花键轴 5 不动时，齿轮 21 和 23 是相对不动的，由于行星架 9 的回转运动，势必造成齿轮 22 绕齿轮 21 和齿轮 11 绕齿轮 23 的转动，齿轮 22 的自转通过锥齿轮 20、16、17、18 传递到摆动轴 19，引起手腕的诱导俯仰运动。而齿轮 11 的自转通过锥齿轮 12、13、14、15 传递到手部夹紧缸的壳体，使手腕作诱导回转运动。设计时要采取补偿措施消除诱导运动的影响。

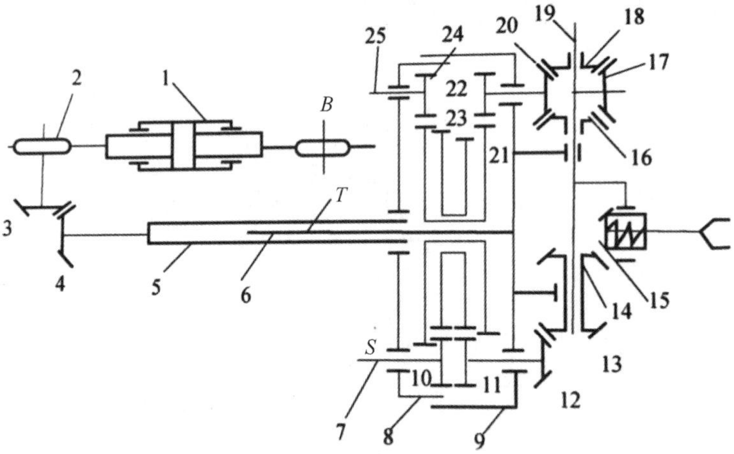

图 5-34 齿轮链轮传动三自由度手腕原理图

1—油缸；2—链轮；3，4—锥齿轮；5，6—花键轴 T；7—传动轴 S；8—腕架；9—行星架；10，11，22，24—圆柱齿轮；12，13，14，15，16，17，18，20—锥齿轮；19—摆动轴；21，23—双联圆柱齿轮；25—传动轴 B

5.5.3 柔性手腕

在精密装配作业中，被装配零件之间的配合精度相当高，由于被装配零件的不一致性，当工件的定位夹具、机器人手爪的定位精度无法满足装配要求时，会导致装配困难，因而就提出了柔顺性要求。柔顺性装配技术有两种，一种是从检测、控制的角度出发，采取各种不同的搜索方法，实现边校边正装配；有的手爪上还配有检测元件，如视觉传感器（如图 5-35 所示）、力传感器等，这就是所谓的主动柔顺装配。另一种是从结构的角度出发，在手腕部配置一个柔性环节，以满足柔性装配的需要，这种柔性装配技术称为被动柔顺装配。

具有移动和摆动浮动机构的柔顺手腕如图 5-36 所示。水平浮动机构由平面、钢球和弹簧构成，可在两个方向上进行浮动；摆动浮动机构由上、下球面和弹簧构成，实现两个方向的摆动。在装配作业中，如遇夹具定位不准或机器人手爪定位不准时，可自行校正。其动作过程如图 5-37 所示，在插入装配中工件局部被卡住时，将会受到阻力，促使柔性手腕起作用，使手爪有一个微小的修正量，工件便能顺利插入。

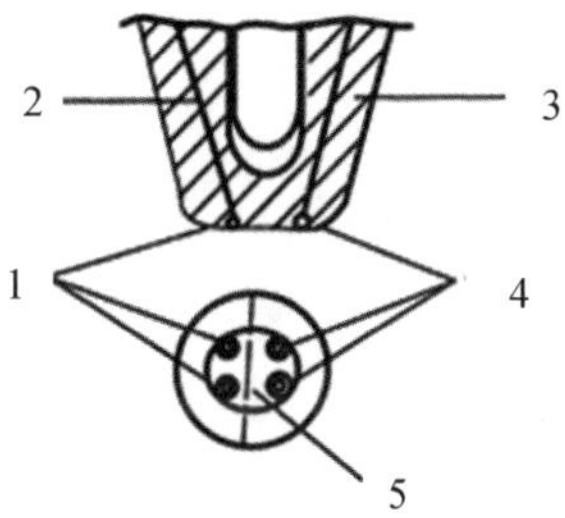

图 5-35　视觉传感器

1，4—受光部；2—光纤维；3，5—爪夹

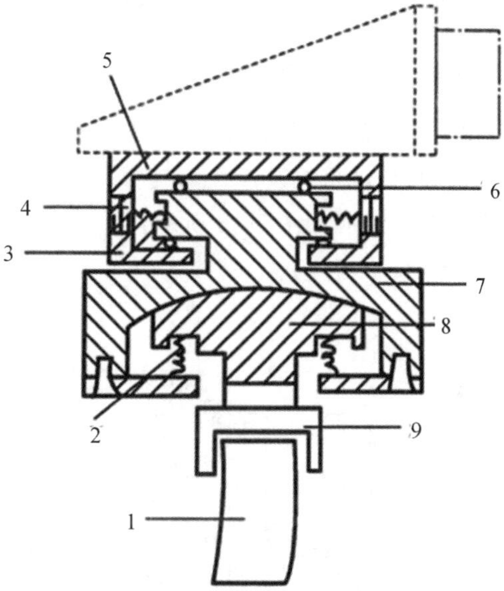

图 5-36　移动摆动柔顺手腕

1—工件；2，3—弹簧；4—螺丝；5—中空固定件；6—钢球；7—上部浮动件；8—下部浮动件；9—机械手

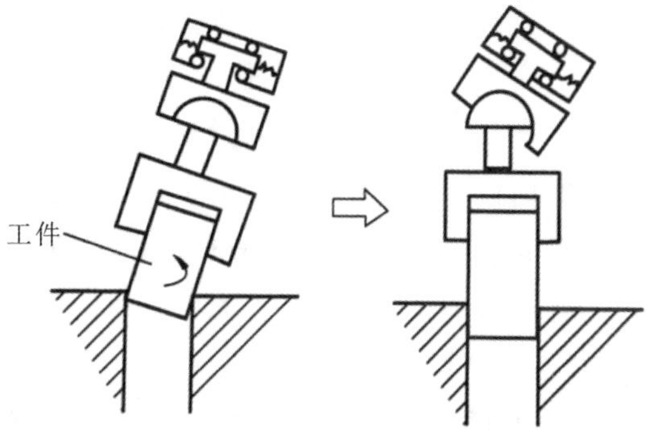

图 5-37　柔顺手腕动作过程

◆ 5.5.4　设计手腕时应注意的问题

手腕结构是机器人中最复杂的结构，而且因传动系统互相干扰，更增加了手腕结构的设计难度。对腕部的设计要求是质量轻，满足作业对手部姿态的要求，并留有一定的裕量（5%～10%），传动系统结构简单并有利于小臂对整机的静力平衡。一般来说，由于手腕处在开式连杆系末端的特殊位置，它的尺寸和质量对操作机的动态性能和使用性能影响很大。因此，除了要求其动作灵活、可靠外，还应使其结构尽可能紧凑，质量尽可能小。

5.6 手部设计

工业机器人的手部(亦称抓取机构或末端执行器)是用来握持工件或工具的部件。由于被握持工件的形状、尺寸、重量、材质及表面状态的不同,手部机构是多种多样的。大部分的手部机构都是根据特定的工件要求而专门设计的。各种手部的工作原理不同,故其结构形态各异。目前,常用的工业机器人末端执行器有夹钳式取料手、吸附式取料手等。

5.6.1 夹钳式取料手

夹钳式手部与人手相似,是工业机器人广为应用的一种手部形式。它一般由手指(手爪)和驱动机构、传动机构及连接与支撑元件组成,能通过手爪的开闭动作实现对物体的夹持,夹钳式手部的组成如图 5-38 所示。

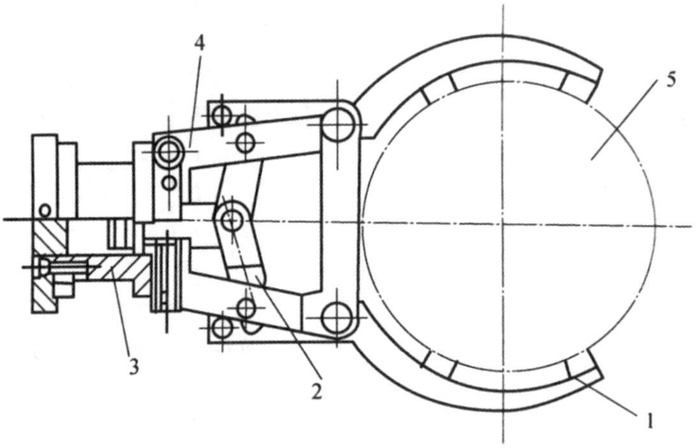

图 5-38 夹钳式手部的组成

1—手指;2—传动机构;3—驱动装置;4—支架;5—工件

1. 手指

手指是直接与工件接触的部件。手部松开和夹紧工件,就是通过手指的张开与闭合来实现的。机器人的手部一般有两个手指,也有三个或多个手指,其结构形式常取决于被夹持工件的形状和特性。

1) 指端形状

指端的形状通常有两类:V 形指和平面指。三种 V 形指的形状如图 5-39 所示,用于夹持圆柱形工件。夹钳式手的平面指端如图 5-40 所示,一般用于夹持方形工件(具有两个平行平面)、板形或细小棒料。另外,尖指和薄、长指一般用于夹持小型或柔性工件。其中,薄指一般用于夹持位于狭窄工作场地的细小工件,以避免和周围障碍物相碰。长指一般用于夹持炽热的工件,以免热辐射对手部传动机构造成影响。

2) 指面

手指的指面常有光滑指面、齿形指面和柔性指面等。光滑指面表面平整光滑,用于夹持已加工好的工件,以避免已加工表面受损。齿形指面刻有齿纹,可增加夹持工件的摩擦力,以确保牢靠夹紧,多用来夹持表面粗糙的毛坯或半成品。柔性指面上有橡胶、泡沫、石棉等附加物，起到增大摩擦力、保护工件表面、隔热等作用，一般用于夹持已加工表面、炽热件，也适于夹持薄壁件或脆性工件。

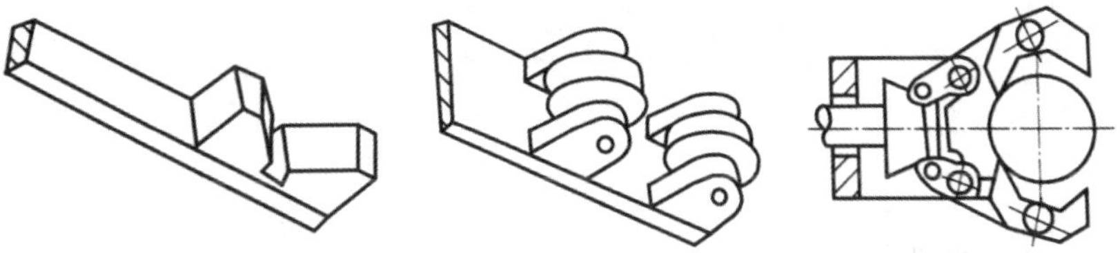

(a) 固定V形　(b) 滚柱V形　(c) 自定位式V形

图 5-39　V 型手指指端形状

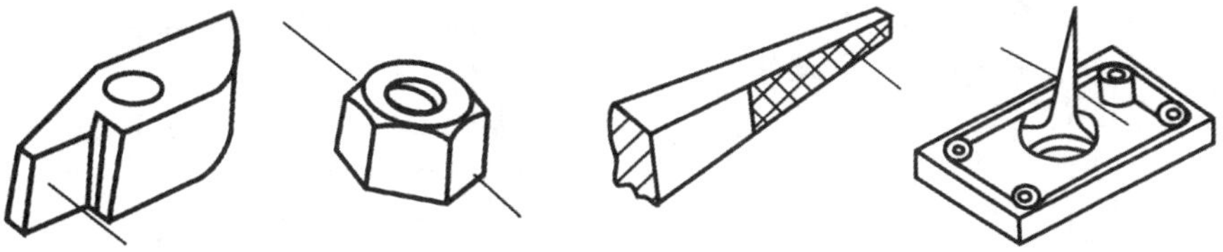

(a) 平面指　(b) 平面指尖

图 5-40　夹钳式手的平面指端

2. 传动机构

传动机构是向手指传递运动和动力，以实现夹紧和松开动作的机构。该机构根据手指开合的动作分为回转型和平移型。

1）回转型传动机构

夹钳式手部中较多采用的是回转型手部，其手指就是一对杠杆，在手指上附加斜楔、滑槽、连杆、齿轮、蜗轮蜗杆或螺杆等机构组成复合式杠杆传动机构，用以改变传动比和运动方向等。图 5-41(a)所示为单作用斜楔式回转型手部结构简图。斜楔向下运动，克服弹簧拉力，使杠杆手指装有滚子的一端向外撑开，从而夹紧工件；斜楔向上移动，则在弹簧拉力作用下使手指松开。手指与斜楔通过滚子接触可以减少摩擦力，提高机械效率。有时为了简化，也可让手指与斜楔直接接触，如图 5-41(b)所示的结构。

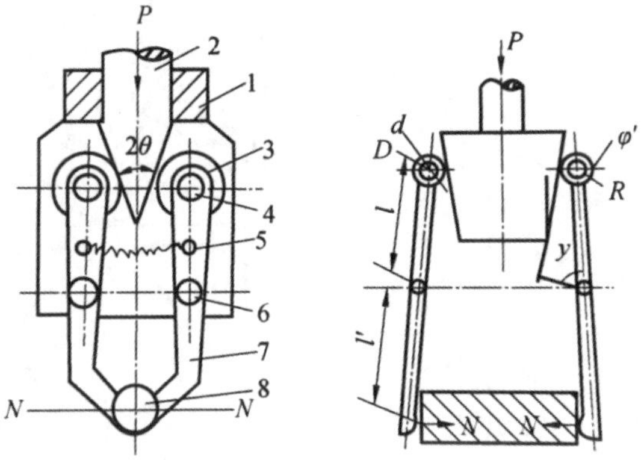

(a)　(b)

图 5-41　斜楔杠杆式手部

1—壳体；2—斜楔驱动杆；3—滚子；4—圆柱销；5—拉簧；6—绞销；7—手指；8—工件

图 5-42 所示为滑槽式杠杆回转型手部简图，杠杆型手指 4 的一端装有 V 形手指 5，另一端则开有长滑槽。驱动杆 1 上的圆柱销 2 套在滑槽内，当驱动杆 1 同圆柱销 2 一起作往复

运动时，即可拨动两个手指各绕其支点(圆柱销 3)作相对回转运动，从而实现手指的夹紧与松开工件 6 的动作。图 5-43 所示为双支点连杆杠杆式手部简图。手部安装在壳体 1 上，驱动杆 2 末端与连杆 4 由圆柱销 3 铰接，当驱动杆 2 作直线往复运动时，则通过连杆推动两杆手指 6 各绕其支点(圆柱销 5 和圆柱销 7)作回转运动，使 V 形手指 8 松开或闭合，从而实现手指的夹紧与松开工件 9 的动作。

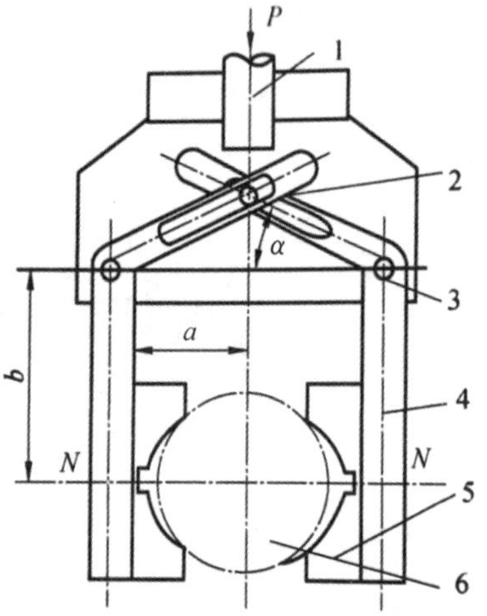

图 5-42　滑槽式杠杆回转型手部

1—驱动杆；2，3—圆柱销；4—杠杆型手指；5—V 形手指；6—工件

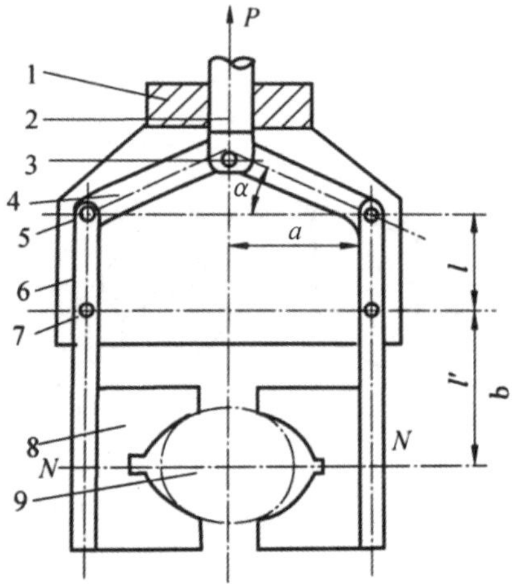

图 5-43　双支点连杆杠杆式手部

1—壳体；2—驱动杆；3，5，7—圆柱销；4—连杆；6—两杆手指；8—V 形手指；9—工件

图 5-44 所示为齿轮齿条直接传动的齿轮杠杆式手部。驱动杆 2 末端制成双面齿条，与扇形齿轮 4 相啮合，而扇形齿轮 4 与手指 5 固接在一起，可绕支点回转。驱动力推动齿条作直线往复运动，即可带动扇形齿轮回转，从而使手指松开或闭合。

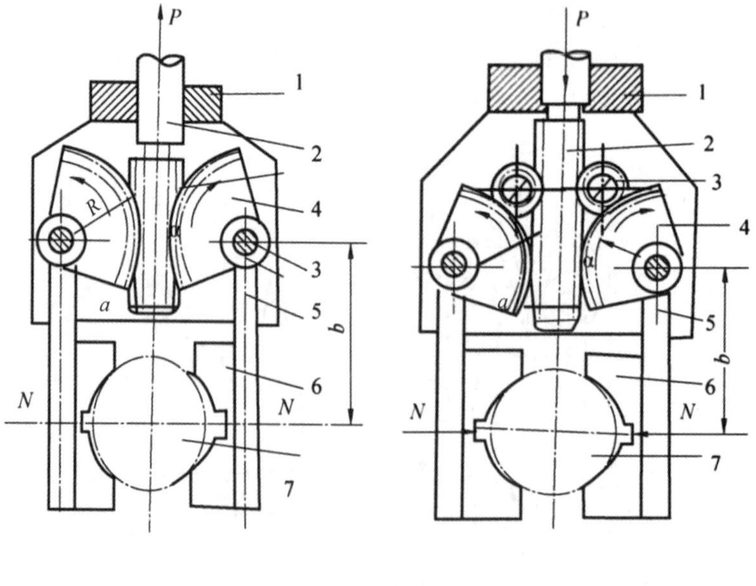

图 5-44　齿轮齿条直接传动的齿轮杠杆式手部

1—壳体；2—驱动杆；3—中间齿轮；4—扇形齿轮；5—手指；6—V 形手指；7—工件

2）平移型传动机构

平移型夹钳式手部是通过手指的指面作直线往复运动或平面移动来实现张开或闭合动

作的，常用于夹持具有平行平面的工件。由于平移型传动机构结构较复杂，不如回转型手部应用广泛。

(1) 直线往复型移动机构。实现直线往复移动的机构很多，常用的有斜楔传动、齿条传动、螺旋传动等。如图 5-45 所示，图 5-45(a)为斜楔平移型手部；图 5-45(b)为连杆杠杆型手部；图 5-45(c)为螺旋斜楔型手部。

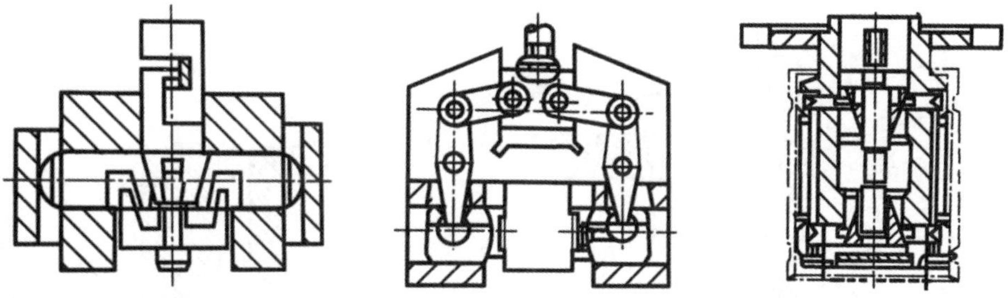

(a) 斜楔平移型手部　(b) 连杆杠杆型手部　(c) 螺旋斜楔型手部

图 5-45　直线平移型手部

(2) 平面平行移动机构。图 5-46 所示为几种平面平行平移型夹钳式手部的简图。它们的共同点是：都采用平行四边形的铰链机构——双曲柄铰链四连杆机构，以实现手指平移。其差别在于分别采用齿条齿轮、蜗轮蜗杆、连杆斜滑槽传动。

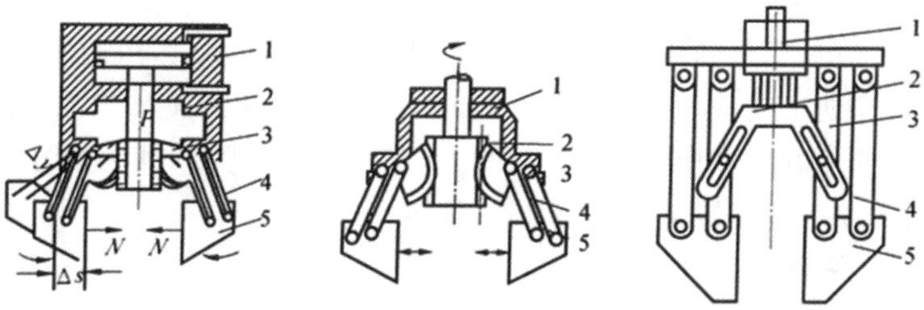

(a)齿条齿轮型　(b)蜗轮蜗杆型　(c)连杆斜滑槽传动型

图 5-46　四连杆机构平移型手部

1—驱动器；2—驱动元件；3—驱动摇杆；4—从动遥杆；5—手指

5.6.2　吸附式取料手

吸附式取料手依靠吸附力取料，适用于大平面(单面接触无法抓取)、易碎(玻璃、瓷盘)、微小(不易抓取)的物体，广泛应用于各个领域。吸附式手部即为吸盘，主要有气吸附式和磁力吸附式两种。

1. 气吸附式取料手

气吸附式取料手是利用吸盘内的压力和大气压之间的压力差而工作的。与夹钳式取料手相比，它具有结构简单、重量轻、吸附力分布均匀等优点，对于薄片状物体的搬运更有其优越性(如板材、纸张、玻璃等物体)，广泛应用于非金属材料或不可有剩磁的材料的吸附。但其要求物体表面较平整光滑，无孔无凹槽。按形成压力差的方法，可分为真空吸附式取料手、气流负压吸附取料手、挤压排气式取料手三种。

1) 真空吸附式取料手

图 5-47 所示为真空吸附式取料手的结构原理。其真空状态是利用真空泵产生的，真空度较高。主要零件为碟形橡胶吸盘 1，通过固定盘 2 安装在支撑杆 4 上，支撑杆由螺母 5 固

定在基板 6 上。取料时,碟形橡胶吸盘与物体表面接触,橡胶吸盘在边缘处既起到密封作用,又起到缓冲作用,然后真空抽气,吸盘内腔形成真空,吸取物料。放料时,管路接通大气,失去真空,物体放下。为避免在取、放料时产生撞击,有的还在支撑杆上配有弹簧缓冲。为了更好地适应物体吸附面的倾斜状况,有的在橡胶吸盘背面设计有球铰链。真空吸附式取料手有时还用于微小无法抓取的零件,如图 5-48 所示。

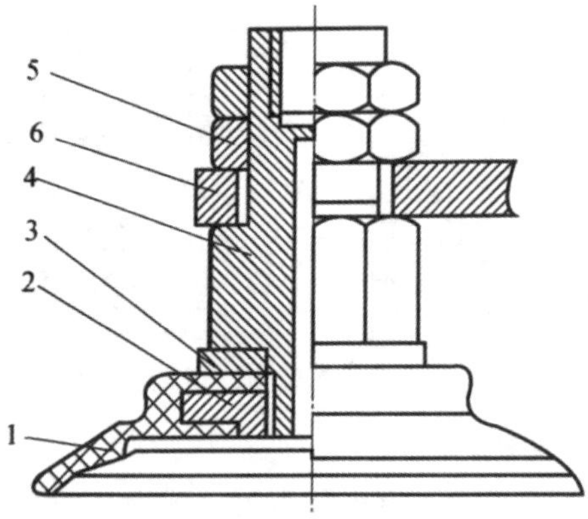

图 5-47 真空吸附式取料手

1—橡胶吸盘;2—固定盘;3—垫片;4—支撑杆;5—螺母;6—基板

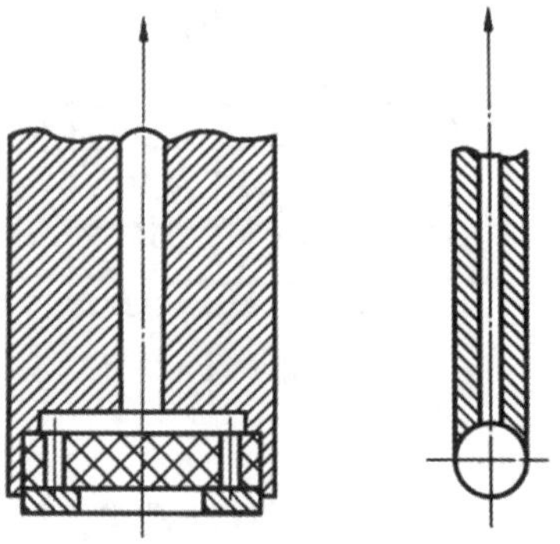

图 5-48 微小零件取料手

2)气流负压吸附取料手

气流负压吸附取料手是利用流体力学的原理,当需要取物时,压缩空气高速流经喷嘴时,其出口处的气压低于吸盘腔内的气压,于是腔内的气体被高速气流带走而形成负压,完成取物动作;当需要释放时,切断压缩空气即可。气流负压吸附取料手如图 5-49 所示,这种取料手所需要的压缩空气较易在工厂里取得,故生产成本较低。

3)挤压排气式取料手

挤压排气式取料手如图 5-50 所示。其工作原理为:取料时吸盘压紧物体,橡胶吸盘变形,挤出腔内多余的空气,取料手上升,靠橡胶吸盘的恢复力形成负压,将物体吸住;释放时,压力拉杆 3 将吸盘腔与大气相连通而失去负压。这种取料手结构简单,但吸附力小,吸附状态不易长期保持。

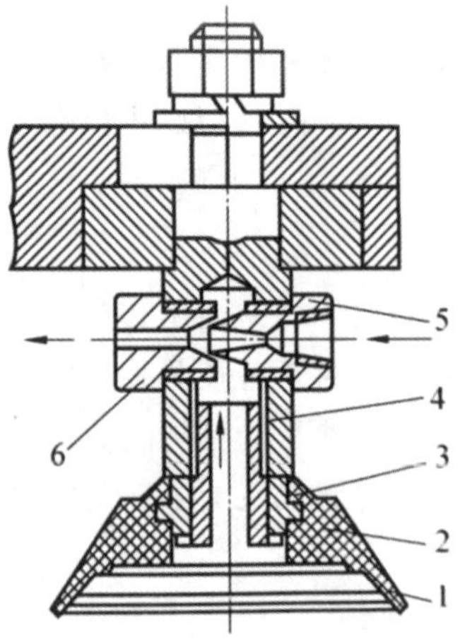

图 5-49 气流负压吸附取料手

1—橡胶吸盘;2—芯套;3—透气螺钉;4—支撑杆;5—喷嘴;6—喷嘴套

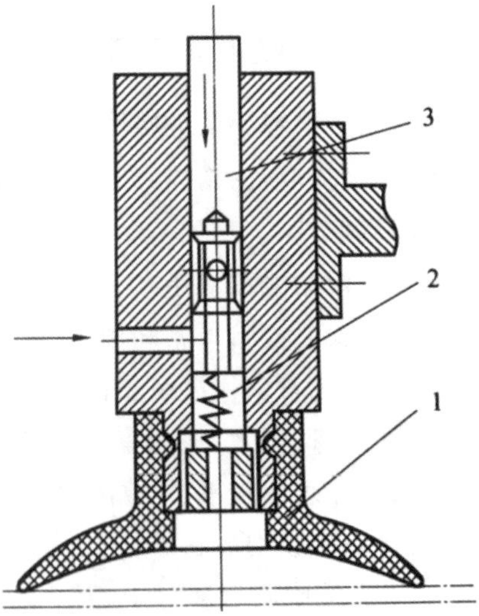

图 5-50 挤压排气式取料手

1—橡胶吸盘;2—弹簧;3—拉杆

2. 磁力吸附式取料手

磁力吸附式取料手是利用电磁铁通电后产生的电磁吸力取料的，因此只能对铁磁物体起作用；另外，对某些不允许有剩磁的零件要禁止使用。因此，磁力吸附式取料手的使用有一定的局限性。磁力吸附式取料手有电磁吸盘和永磁吸盘两种。磁力吸附式取料手主要用于搬运块状、圆柱形导磁性钢铁材料工件，可大大提高工件装卸、搬运的效率，是工厂、码头、仓库、交通运输等行业最理想的吊装工具。

图 5-51 所示为电磁吸盘的工作原理：在线圈 1 通电后，在铁芯 2 内外产生磁场，磁力线经过铁芯，空气隙和衔铁 3 被磁化并形成回路，衔铁受到电磁吸力 F 的作用被牢牢吸住。实际使用时，往往采用如图 5-51(b)所示的盘式电磁铁。衔铁是固定的，在衔铁内用隔磁的材料将磁力线切断，当衔铁接触由铁磁材料制成的工件时，工件将被磁化，形成磁力线回路并受到电磁吸力而被吸住。一旦断电，电磁吸力即消失，工件因此被松开。若采用永久磁铁作为吸盘，则必须强制性取下工件。

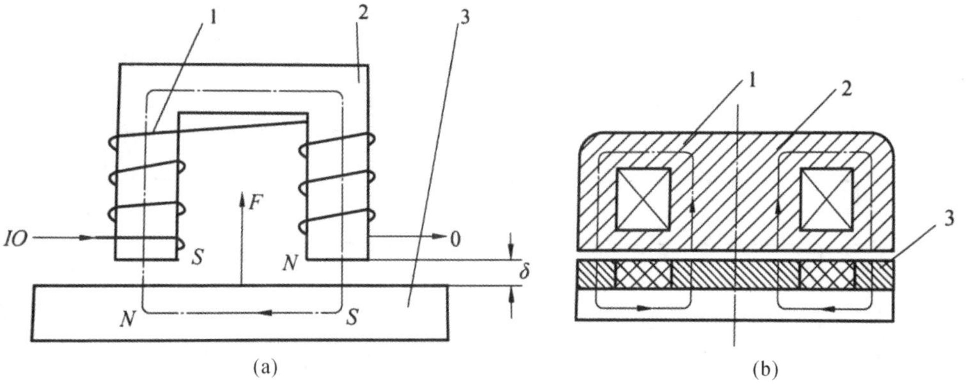

图 5-51　电磁吸盘的工作原理

1—线圈；2—铁芯；3—衔铁

5.7 SCARA 机器人机械系统设计实例

SCARA 是 selective compliance assembly robot arm 的缩写，意思是一种应用于装配作业的机器人手臂。SCARA 机器人如图 5-52 所示，其有三个旋转关节，它的轴线相互平行，在平面内进行定位和定向。还有一个关节是移动关节，用于完成末端件在垂直于平面的运动。SCARA 机器人还广泛应用于塑料工业、汽车工业、电子产品工业、药品工业和食品工业等领域。它的主要职能是搬取零件和装配工作。

SCARA 机器人机械系统结构示意图如图 5-53 所示，其设计主要包括传动部分、执行部分、驱动部分和 Solidworks 三维实体建模装配。主要有以下步骤：

第一步：确定 SCARA 机器人的整体机械结构方案，进行零部件的结构强度计算和校核，SCARA 机器人外形尺寸如图 5-54 所示。

第二步：设计机器人的执行机构，包括手臂和手部、腕部的机械结构设计，谐波驱动装置、同步带和丝杠。

第三步：利用三维软件 Solidworks 完成 SCARA 机器人内部结构的三维实体装配图和

机器人各零部件图的绘制，SCARA 机器人内部结构三维实体图如图 5-55 所示。

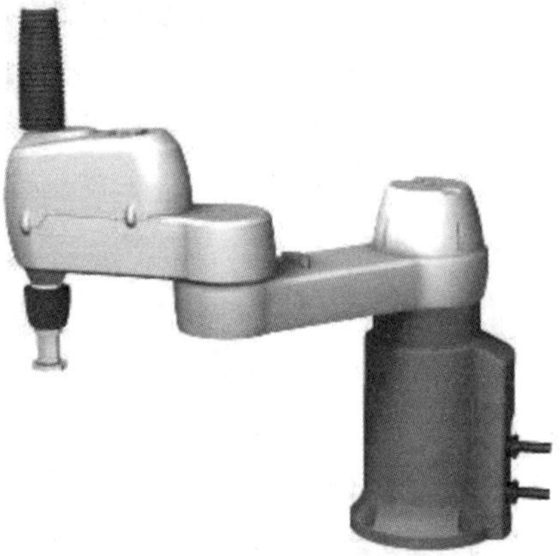

图 5-52　SCARA 机器人

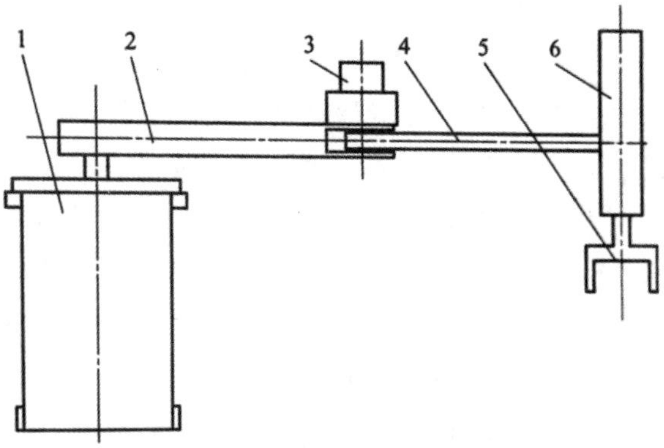

图 5-53　SCARA 机器人机械系统结构示意图

1—底座；2—大臂；3—电机；4—小臂；5—腕部（回转）；6—腕部（升降）

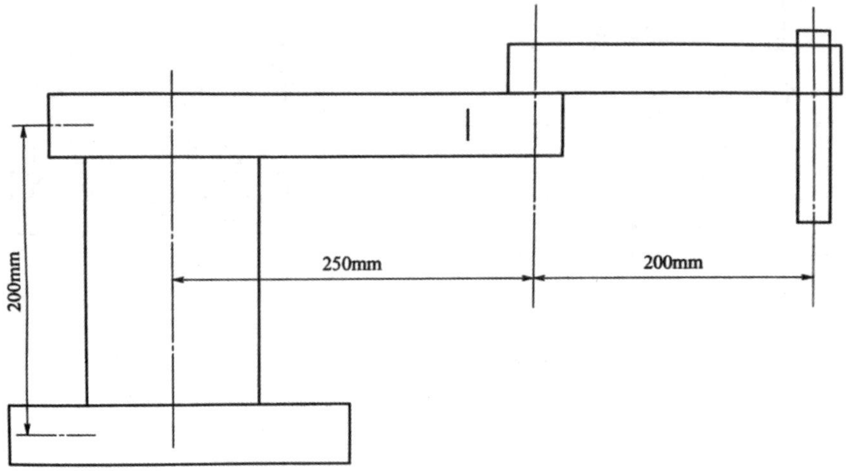

图 5-54　SCARA 机器人外形尺寸图

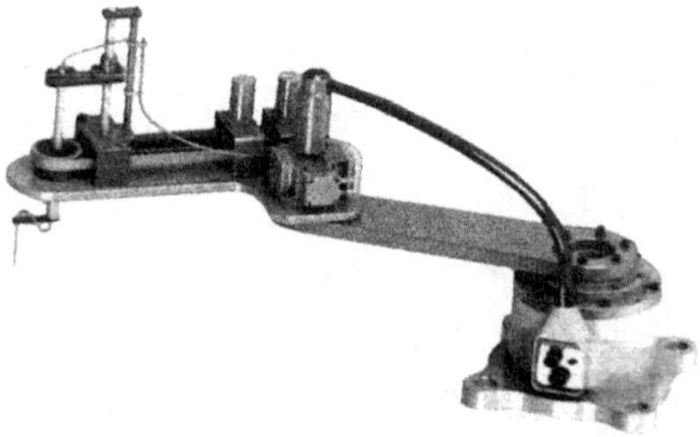

图 5-55　SCARA 机器人内部结构三维实体图

5.7.1　SCARA 机器人传动方案的比较及确定

初步确定以下两种可行方案：

方案一：大臂转动采用谐波减速器减速，小臂转动采用二级同步齿形带减速，升降轴采用丝杠螺母传动，手腕转动采用步进电机直接驱动。这种方案主要考虑了传动链的简化，结构比较简单易行。

方案二：大臂转动采用齿轮减速，小臂转动采用二级同步传动，升降轴采用一级齿带加齿轮齿条实现升降运动。

对比两种方案，方案一有以下特点：

(1) 第一个自由度采用谐波减速器，适合结构特点，减速比大、体积小、重量轻、精度高、回差小、承载能力大、噪声小、效率高、定位安装方便，由于使用标准件，价格也不高。

(2) 第二个自由度采用二级同步齿形带减速，充分利用了大臂的空间，结构紧凑、传动比恒定、传动功率大、效率较高，但对安装有一定要求，需要调整装置。

(3) 第三个自由度采用丝杠螺母传动。电机在直接驱动丝杠螺母传动的同时兼有减速作用，把旋转运动转变为直线运动，传动精度较高，丝杠有自锁功能，速度不宜过高。

方案二有以下特点：

(1) 第一个自由度采用齿轮减速，这是最常用的减速方法，传动比恒定，传动效率高，工作可靠，使用寿命长，结构紧凑，传递功率大，但传动精度低，噪声大，传动比小。齿轮的加工成本比较高，体积和重量都比较大。

(2) 第三个自由度采用了齿带加齿轮齿条传动，基本具备齿轮传动的特点，传递功率大，传动效率高，精度低，有噪声，传动比小，工作可靠，但需要平衡装置，不能自锁。

两方案相比较，在传动的实现上，两者都是可行的。方案一结构比较简单，各传动元件的定位比较容易实现；方案二结构较为复杂，各部分定位都需仔细考虑。外观上，方案二显得更好一些。传动精度方面，显然方案一比较高。从成本上考虑，方案一采用标准件较多，零部件较少，且比较规则，易于加工，丝杠螺母在精度要求不高的情况下，加工成本也不是很高；方案二用了很多齿轮，需专门设备加工，且各定位部件形状不规则，加工困难，这都会使成本增加。故综合考虑，选择方案一。

◆ 5.7.2 机器人驱动方案的对比分析及选择

对机器人驱动装置一般有几个要求：驱动装置的重量尽可能要轻，单位重量的输出功率（即功率/重量）要高，效率也要高；反应速度要快，即要求力与重量比和力矩与惯性比要大；动作平滑，不产生冲击；控制尽可能灵活，位移偏差和速度偏差要小；安全可靠；操作和维护方便；对环境无污染，噪声要小；经济上合理，尤其是要尽量减小占地面积。

◆ 5.7.3 机器人驱动方式的选择

通常的机器人驱动方式有以下四种：

1. 步进电动机

步进电动机可直接实现数字控制，控制结构简单，控制性能好，而且成本低廉。通常不需要反馈就能对位置和速度进行控制，位置误差不会积累。另外，步进电动机还具有自锁能力和保持转矩的能力，这对于控制系统的定位是有利的，适于传动功率不大的关节或小型机器人。

2. 直流伺服电动机

直流伺服电动机具有良好的调速性能，较大的启动力矩，相对功率大及响应快速等特点，并且控制技术成熟。但其结构复杂，成本较高，而且需要外围转换电路与微机配合才能实现数字控制。若使用直流伺服电动机，还要考虑电刷放电对实际工作的影响。

3. 交流伺服电动机

交流伺服电动机结构简单，运行可靠，使用维修方便，与步进电动机相比价格要贵一些。随着可关断晶闸管 GTO、大功率晶闸管 GTR 和场效应管 MOSFET 等电力电子器件的发展，以及脉冲调宽技术 PWM 和计算机控制技术的发展，使交流伺服电动机在调速性能方面可以与直流电动机相媲美。它采用 16 位 CPU＋32 位 DSP 三环（位置、速度、电流）全数字控制，增量式码盘的反馈可以得到很高的精度。三倍过载输出扭矩可以实现很大的启动功率，提供很高的响应速度。

4. 液压伺服马达

液压伺服马达具有较大的功率体积比，运动比较平稳，定位精度较高，负载能力也比较大，能够抓住重负载而不产生滑动，从体积、重量及要求的驱动功率这几项关键技术考虑，不失为一个适合的选择方案。但是，其费用较高，而且其液压系统经常出现漏油现象。为避免本系统也出现同类问题，在可能的前提下，本系统将尽量避免使用该种驱动方式。

SCARA 机器人的负载并不大，决定了机器人的质量必须小（10～20 kg），另外，其作业范围也不大，所以机器人体积必须小。这些特点决定了它的驱动方式。又通过以上比较，由于步进电动机的诸多优点，初选上述方案中的步进电动机方案进行详细的计算和选择，并在此基础上参考同类机器人的驱动方案。

SCARA 机器人两个关节均选用步进电动机驱动。机器人大臂、小臂均采用了二级齿带传动，升降轴采用一级齿带加齿轮齿条实现升降运动。

本章小结

本章首先明确指出工业机器人的总体设计方案与设计流程，系统地分析了工业机器人的结构组成，包括机座、臂部、腕部和末端执行器四个部分，在每一部分都给出了其结构设计要点和常用的结构形式，并分析了典型的结构原理和特点；然后，分析了工业机器人常用的传动机构，包括关节、齿轮、谐波减速器和 RV 减速器、滚珠丝杠、带传动和链传动等；最后，以 SCARA 为例，对其进行了一步步系统设计，指出设计过程中的要点及注意事项。

本章习题

5-1　机器人的本体主要包括哪几部分？以串联机器人为例，说明机器人本体的基本结构和主要特点。

5-2　什么是工业机器人的自由度，在设计工业机器人时如何选择自由度？

5-3　设计一款用于车站搬运的工业机器人，主要技术参数如下：

(1) 物体重量 1 kg；

(2) 4 个自由度（手爪张合、臂部伸缩、臂部回转、臂部升降）；

(3) 采用圆柱坐标系；

（4）最大工作半径 300 mm；

（5）手臂最大中心高 591 mm；

（6）手臂运动参数：伸缩行程 100 mm；伸缩速度 200 mm/s；升降行程 200 mm；升降速度 250 mm/s；回转范围 0～180°；回转速度 45°/s。

5-4　工业机器人的行走方式有哪些？各有什么特点？

5-5　工业机器人的驱动方式有哪些？各有什么特点？

5-6　在进行工业机器人手臂设计时应注意哪些问题？

5-7　什么是 BBR 手腕？什么是 RRR 手腕？

5-8　传动机构的定位方法有哪些？

5-9　传动件消隙常用的方法有哪些？各有什么特点？

第 6 章　工业机器人典型零件建模

工业机器人与机械有必然的内在联系，计算机技术开创了机械科技的新时代。例如，计算机辅助设计 CAD（computer aided design）、计算机辅助制造 CAM（computer aided manufacturing）、计算机辅助工程 CAE（computer aided engineering）、计算机辅助工艺规划 CAPP（computer aided process planning）等。CAD 是 CAE、CAM 和 PDM（product data management，产品数据管理）的基础。

在 CAD 中，对零件或部件所做的任何改变，都会在 CAE、CAM 和 PDM 中有所反映。目前市场上常用的三维 CAD 软件有 Pro/E、SolidWorks、UG 等，不同软件各有侧重的应用领域。机电一体化、工业机器人等专业多选择 SolidWorks 软件。目前，工业机器人一般机械结构主要由基座、大臂、小臂、手腕几部分组成，如图 6-1 所示，通常它有六个自由度，也可根据需要增减自由度数目。本章将以 SolidWorks 2016 软件为工具，对工业机器人典型零件进行设计、绘制与装配，并创建工程图。

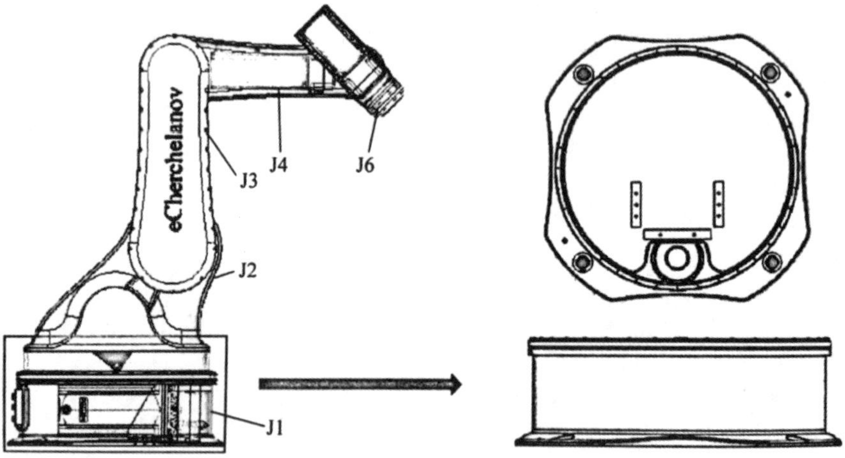

图 6-1　工业机器人一般机械结构

J1、J2—基座；J3—大臂；J4—小臂；J6—手腕

6.1　基座 J1 零件建模过程

基座 J1 位于工业机器人底部，通过在基座固定板处安装地脚螺钉实现工业机器人本体定位，并通过 J1 轴的旋转带动工业机器人本体转动。建模过程通过在不同绘制平面上新建草图，多次使用了旋转凸台、拉伸切除、异形孔向导、圆周阵列、圆角、镜向等特征，每个特征

根据设计的不同要求，选择不同的参数与配置。其具体建模过程如下。

1. 新建零件

步骤 1 单击工具栏中的“新建”，单击“零件”图标，再单击“确定”按钮，进入零件建模，将该零件命名为“基座零件. sldprt”，保存文件到指定文件夹。

2. 绘制外轮廓

步骤 2 选择前视基准面为草图平面，单击“草图绘制”，绘制如图 6-2 所示的草图。

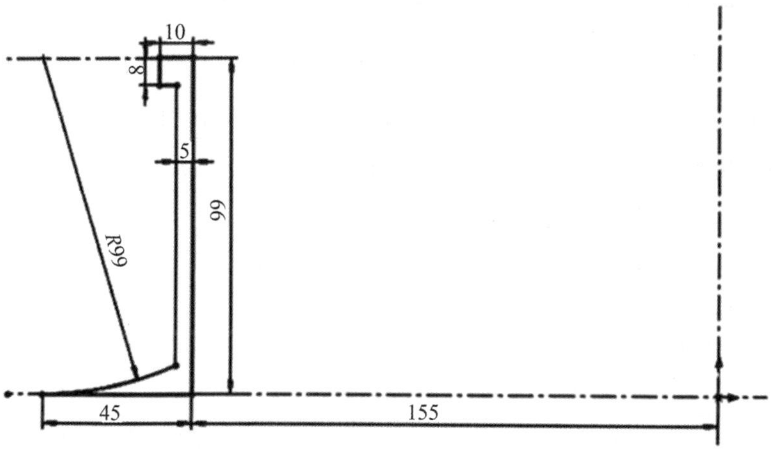

图 6-2 外轮廓草图

步骤 3 单击特征“旋转凸台”，选择竖直的中心线作为旋转轴，方向 1“给定深度”，角度为“360.00 度”，如图 6-3 所示。然后单击左上角“√”确定。

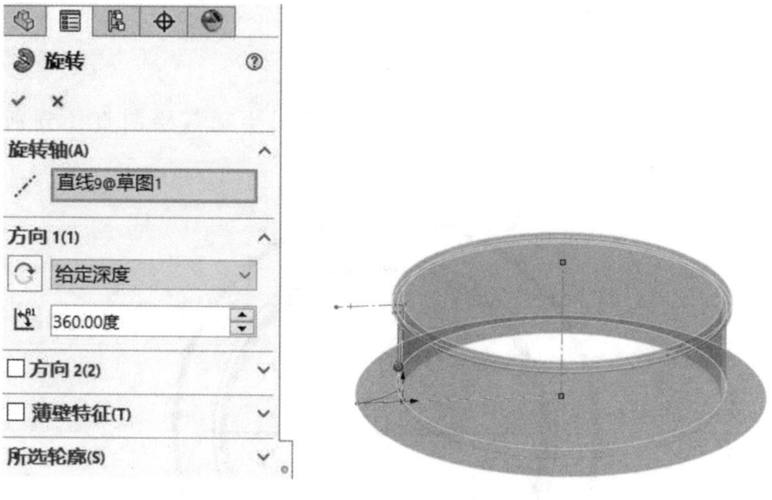

图 6-3 旋转基座凸台

步骤 4 选择右视基准面为草图平面，单击“草图绘制”，画一矩形草图，草图尺寸如图 6-4 所示。

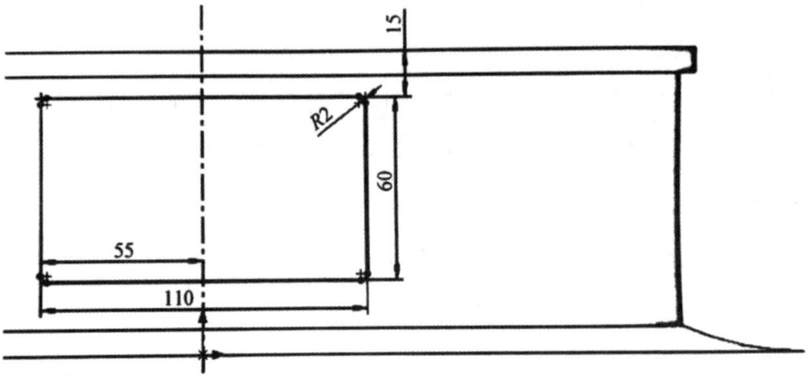

图 6-4　绘制矩形草图

步骤 5　单击特征“拉伸切除”，从“草图基准面”，方向 1“给定深度”，此处深度为 180.00 mm，如图 6-5 所示。然后单击“√”确定。

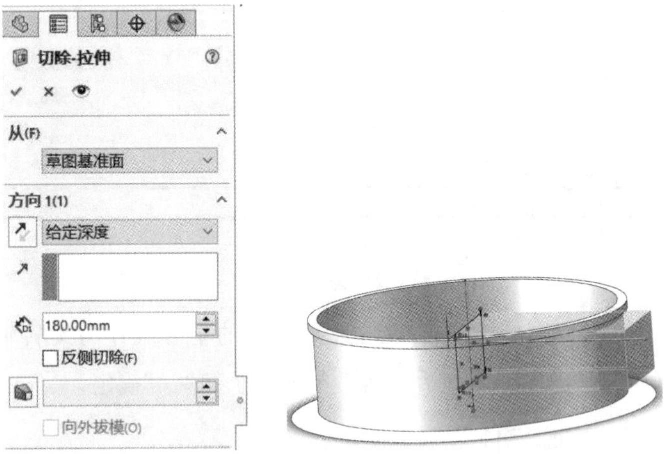

图 6-5　拉伸切除

步骤 6　选择上表面为草图平面，单击“草图绘制”，绘制直径分别为 316 mm、310 mm的两个圆，如图 6-6 所示。

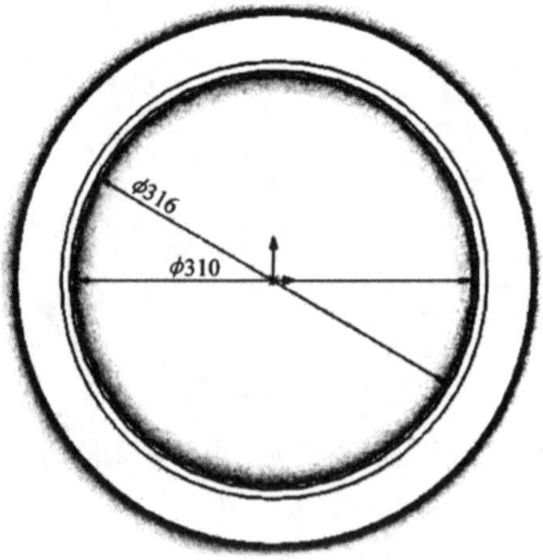

图 6-6　在上表面绘制圆

步骤 7 单击特征“拉伸切除”，从“草图基准面”，方向 1“给定深度”，此处深度为 3.00 mm，如图 6-7 所示。然后单击“√”确定。

图 6-7 拉伸切除

步骤 8 单击特征“异形孔向导”，在“类型”选项中，孔类型选“旧制孔”，设该圆孔直径 1.57 mm，深度 6 mm，锥角 120°；在“位置”选项中，在圆环形上表面单击鼠标，设该圆孔在水平中心线上，距离圆心 161.50 mm，如图 6-8 所示。然后单击“√”确定。

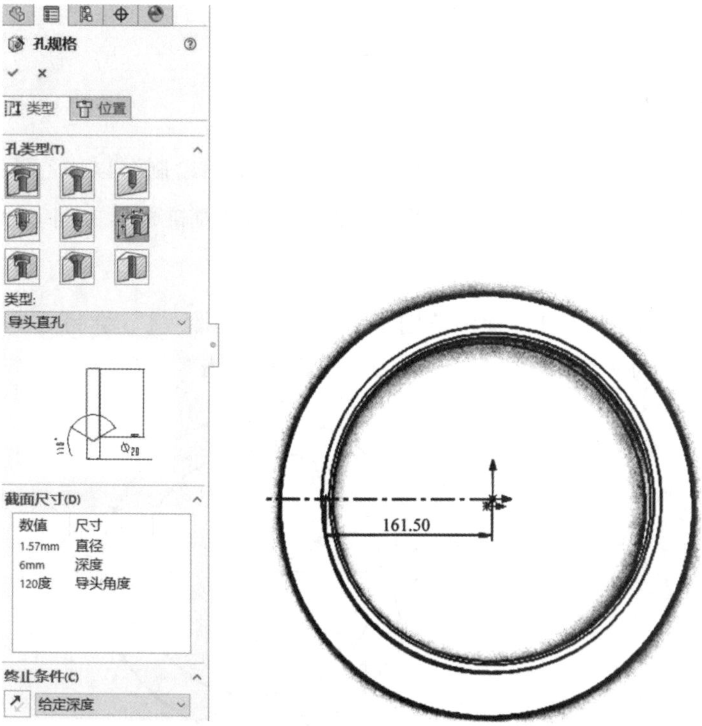

图 6-8 孔类型与位置设置

步骤 9 单击特征“圆周阵列”，参数中总角度为“360.00 度”，数量为“36”，勾选

“等间距”，如图 6-9 所示。然后单击“√”确定。

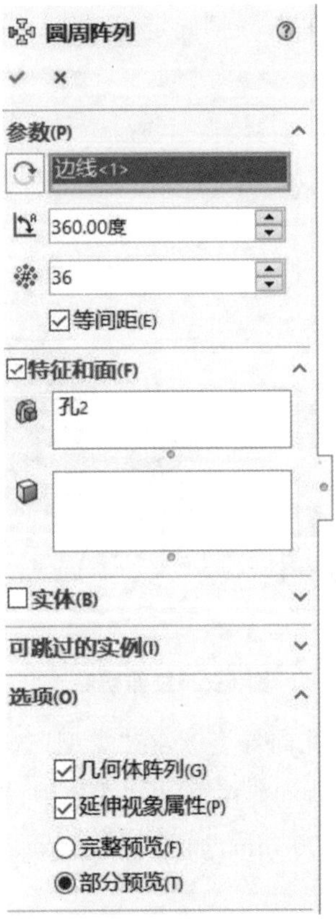

图 6-9 圆周阵列设置

3. 绘制底平面

步骤 10 选择上视基准面为草图平面，单击“草图绘制”，以中心为圆心，绘制一个半径为 200 mm 的圆，并单击特征“拉伸凸台”，从“草图基准面”，方向 1“给定深度”，此处深度为 6.00 mm。

步骤 11 选择上视基准面为草图平面，单击“草图绘制”，绘制一个半径为 250 mm 的圆弧，圆周阵列设为 4 个，尺寸如图 6-10 所示。然后单击“√”确定。

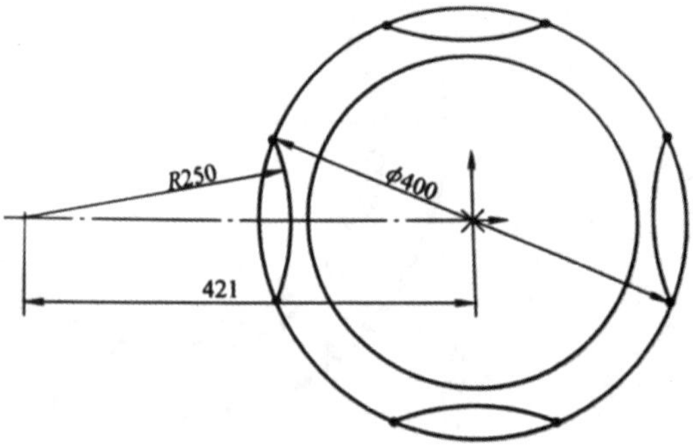

图 6-10 在上视基准面上绘制圆弧并设置圆周阵列

步骤 12 单击特征“拉伸切除”，从“草图基准面”，方向 1“给定深度”，此处深度为 6.00 mm，如图 6-11 所示。然后单击“√”确定。

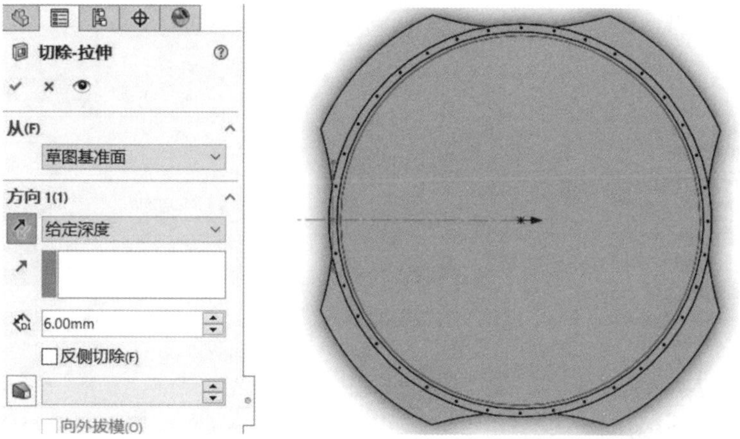

图 6-11　拉伸切除底平面

步骤 13　选择底平面为草图基准面，单击“草图绘制”，以中心为圆心，绘制一个直径为 310 mm 的圆，如图 6-12 所示。

步骤 14　单击特征“拉伸切除”，从“草图基准面”，方向 1“给定深度”，此处深度为 2.00 mm，然后单击“√”确定。

步骤 15　单击特征“圆角”，圆角项目为高亮显示曲线，圆角参数为半径“2.00 mm”，如图 6-13 所示，然后单击“√”确定。

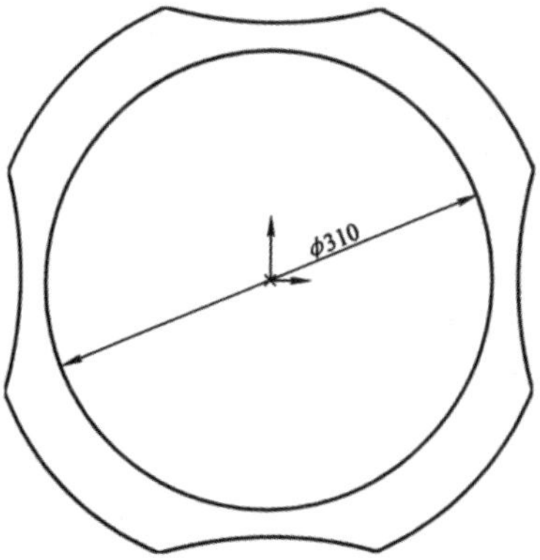

图 6-12　在底平面上绘制圆

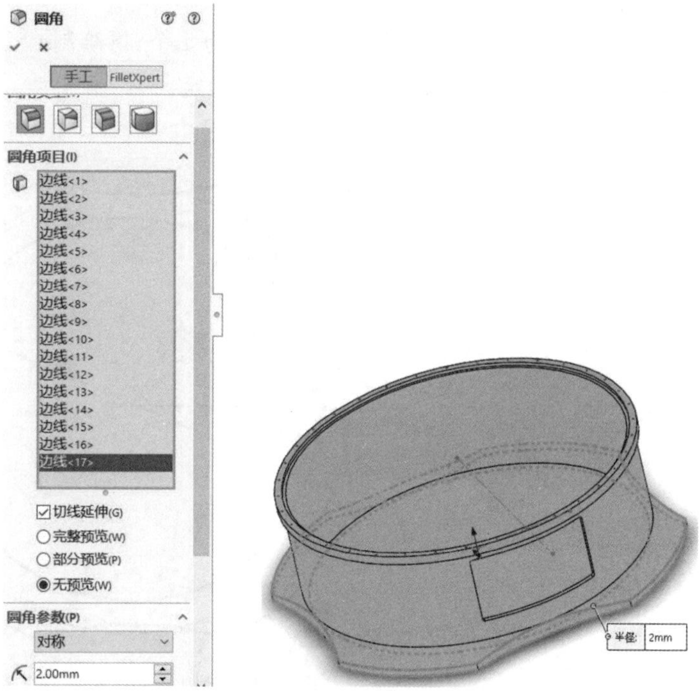

图 6-13　圆角特征

步骤 16　单击特征“圆角”，圆角项目为高亮显示曲线，圆角参数为半径

“20.00 mm”，如图 6-14 所示。然后单击“√”确定。

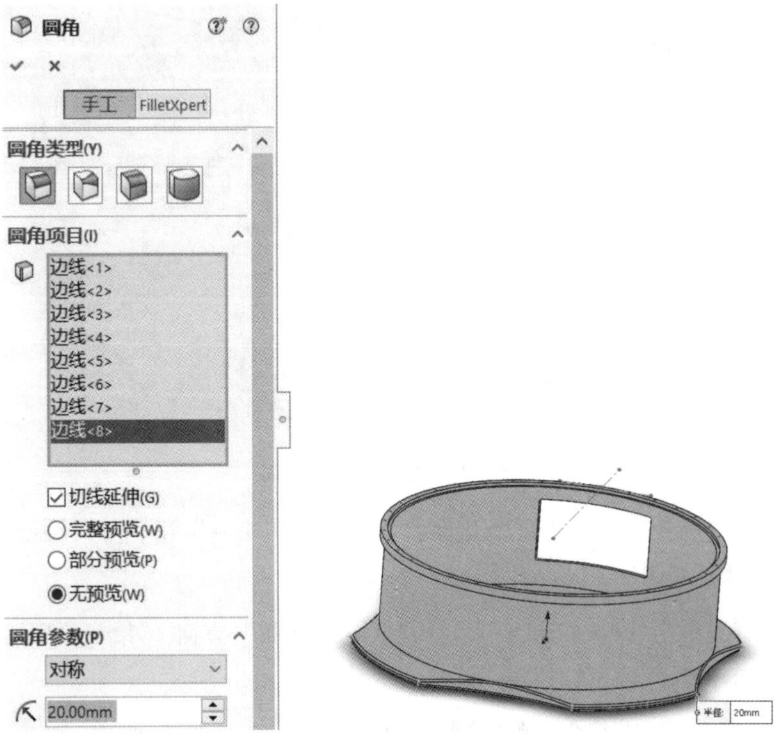

图 6-14　圆角特征

步骤 17　选择底平面为草图基准面，单击“草图绘制”，绘制一个直径为 17.50 mm 的圆，单击“圆周草图阵列”，圆周阵列设为 4 个；再绘制一个直径为 8 mm 的圆，圆周阵列设为 2 个，如图 6-15 所示。然后单击“√”确定。

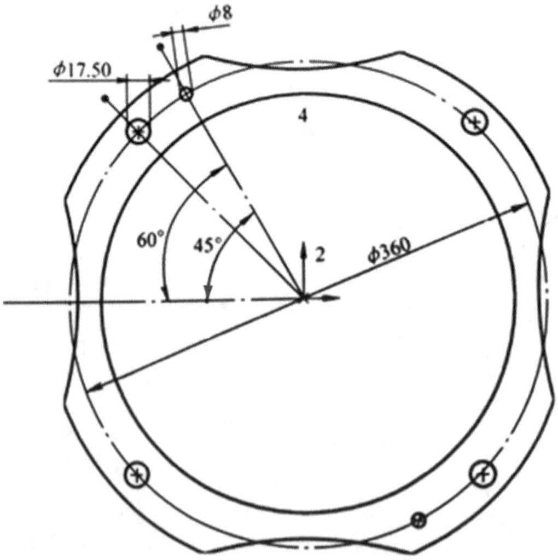

图 6-15　绘制圆并设置圆周阵列

步骤 18　单击特征“拉伸切除”，从“草图基准面”，方向 1“给定深度”，此处深度为 12.00 mm，如图 6-16 所示。然后单击“√”确定。

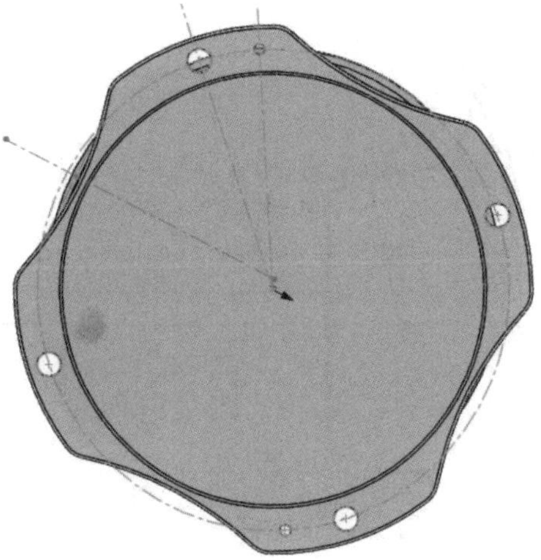

图 6-16　拉伸切除

步骤 19　选择底平面为草图基准面，单击“草图绘制”，绘制一个直径为 26 mm 的圆，与步骤 17 中直径为 17.50 mm 的圆同心，圆周阵列设为 4 个。然后单击“√”确定。

步骤 20　单击特征“拉伸切除”，从等距 6.00 mm，方向 1“给定深度”，此处深度为“10.00 mm”高，如图 6-17 所示。然后单击“√”确定。

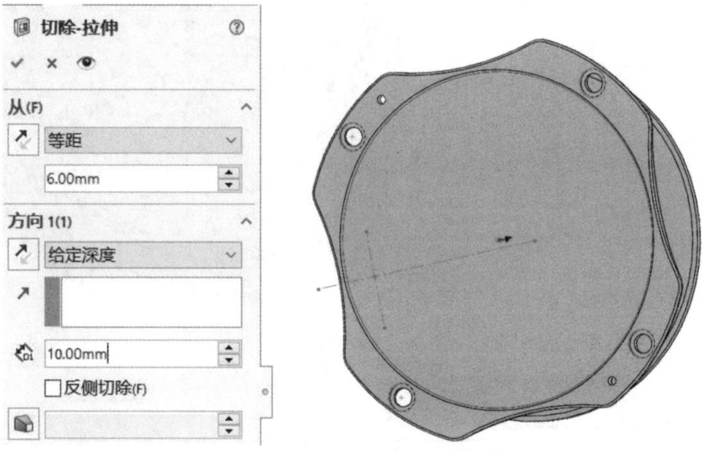

图 6-17　拉伸切除

4. 绘制内腔曲体

步骤 21　选择上视基准面为草图平面，单击“草图绘制”，绘制半径为 20 mm 与半径为 41 mm 的两圆弧，该两圆弧相切且同心共线（在同一直线上），再单击草图中的“镜向”特征（软件中写为“镜向”，实为镜像，为与软件中统一，后面皆用镜向），镜向出另一半草图，如图 6-18 所示。然后单击“√”确定。

步骤 22　单击特征“拉伸凸台”，从“草图基准面”，方向 1“给定深度”，此处深度为“92.00 mm”，如图 6-19 所示。然后单击“√”确定。

步骤 23　选择前视基准面为草图平面，单击“草图绘制”，草图轮廓及尺寸如图 6-20 所示。然后单击“√”确定。

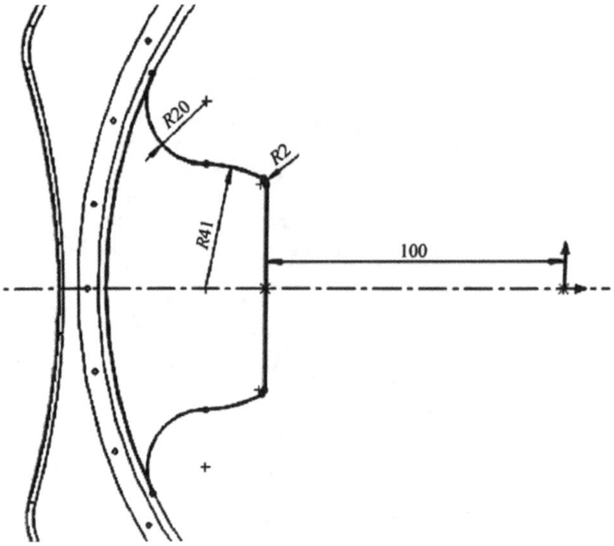

图 6-18 绘制草图

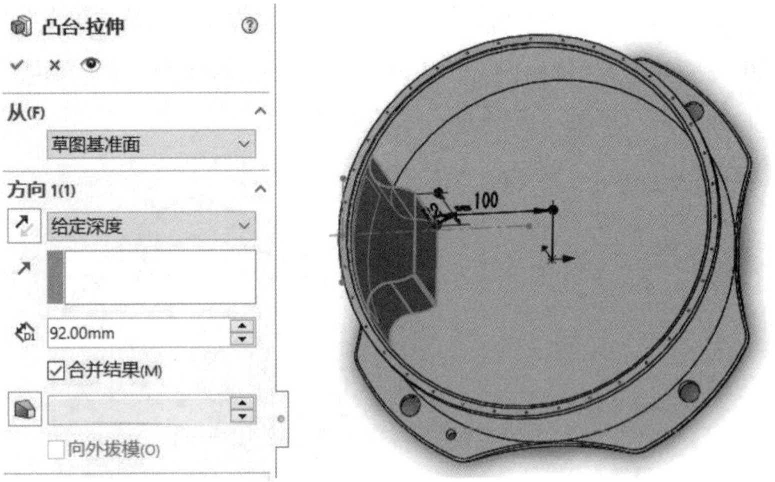

图 6-19 拉伸凸台

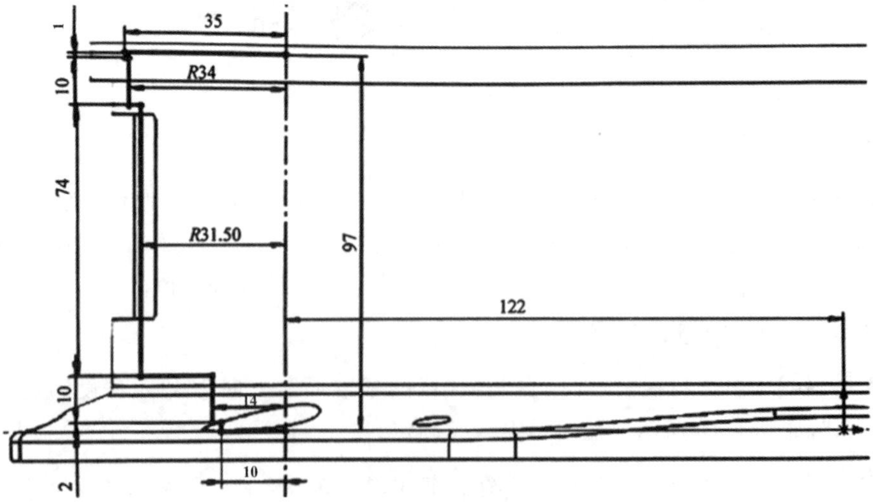

图 6-20 草图轮廓及尺寸

步骤 24 单击特征“旋转切除”，方向 1“给定深度”，此处角度为“360.00 度”，如图 6-21 所示。然后单击“√”确定。

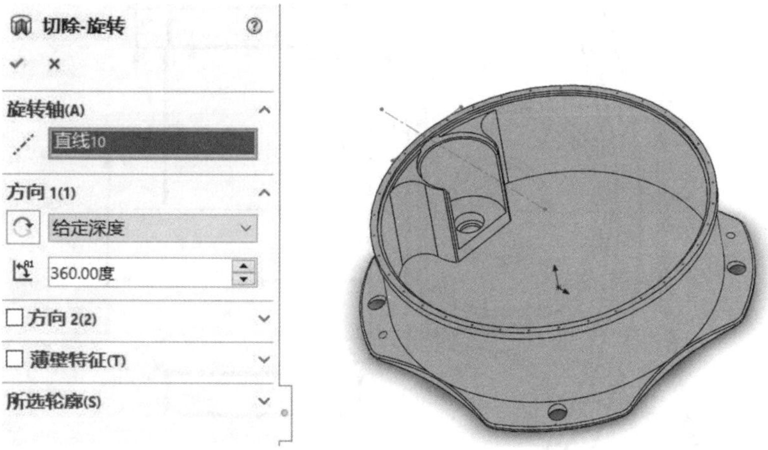

图 6-21 旋转切除

步骤 25 单击特征“圆角”，圆角项目为高亮显示曲线，圆角参数为半径“2.00 mm”，如图 6-22 所示。然后单击“√”确定。

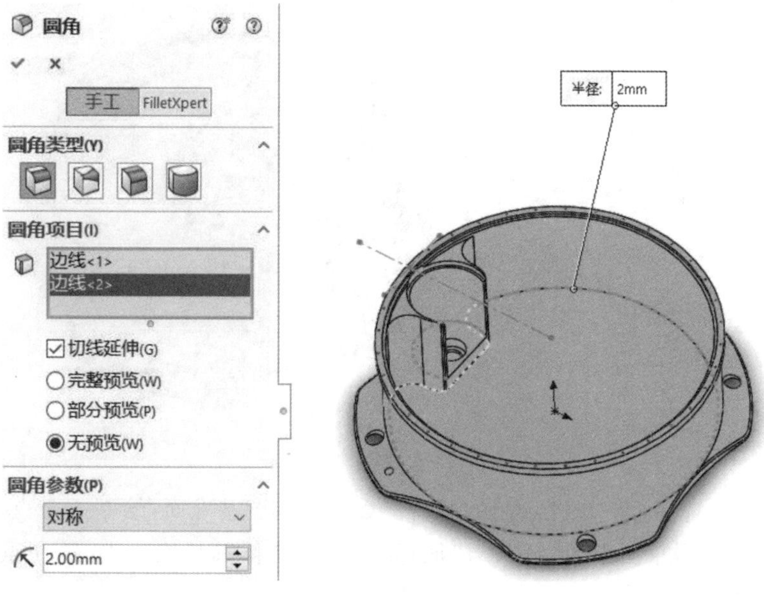

图 6-22 圆角特征

5. 绘制内腔固定板

步骤 26 选择上视基准面为草图平面，单击“草图绘制”，先绘制一个 12 mm×90 mm的矩形，再绘制一个 12 mm×60 mm 的矩形，另两个同尺寸矩形用镜向完成，如图 6-23 所示。然后单击“√”确定。

步骤 27 单击特征“拉伸凸台”，从“草图基准面”，方向 1“给定深度”，此处深度为“4.00 mm”，如图 6-24 所示。然后单击“√”确定。

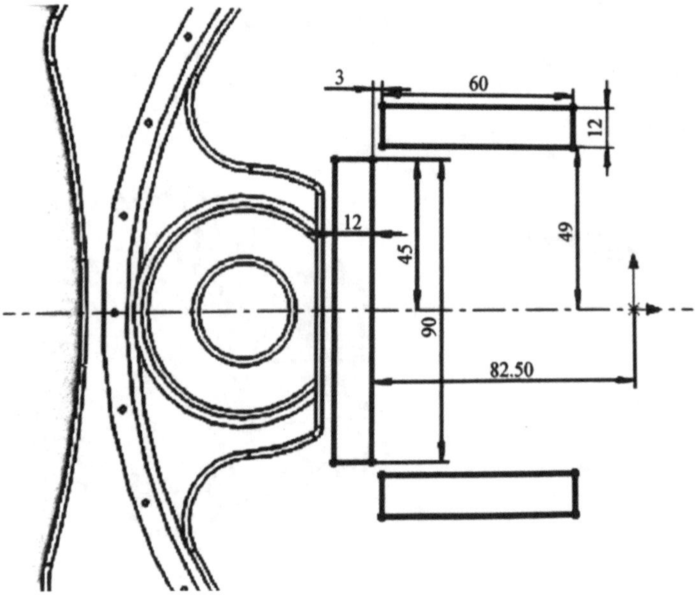

图 6-23 绘制草图

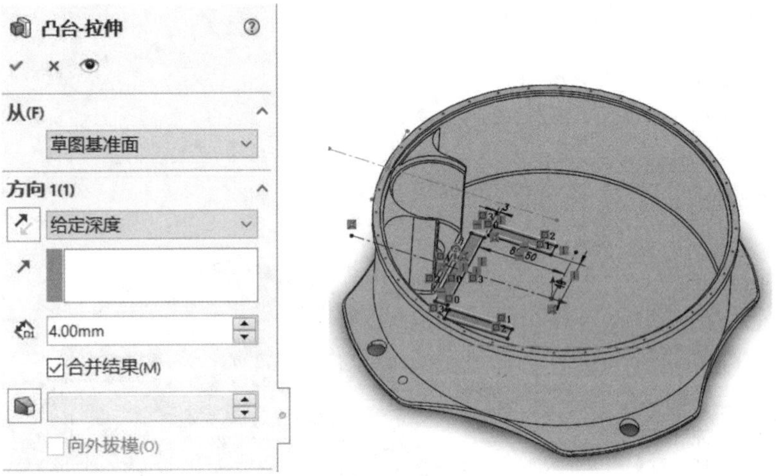

图 6-24 拉伸凸台

步骤 28 选择上一步骤绘制的凸台上表面为草图基准面，绘制 4 个点，点的位置如图 6-25 所示。再单击草图中的“镜向”特征，要镜向的实体选择四个点，镜向点选择水平中心轴线上的任意两点。

步骤 29 单击特征“异形孔向导”，在“类型”中选择“孔”，标准为“ANSI Metric”，类型为“螺钉间隙”；在矩形特征上表面单击鼠标左键，选中上一步骤绘制的点来确定几个孔的位置，如图 6-26 所示。然后单击“√”确定。

步骤 30 右击基座零件，选择外观进行编辑，如图 6-27 所示，完成基座 J1 的建模。

步骤 31 单击“保存”，将该零件保存在指定文件夹中。

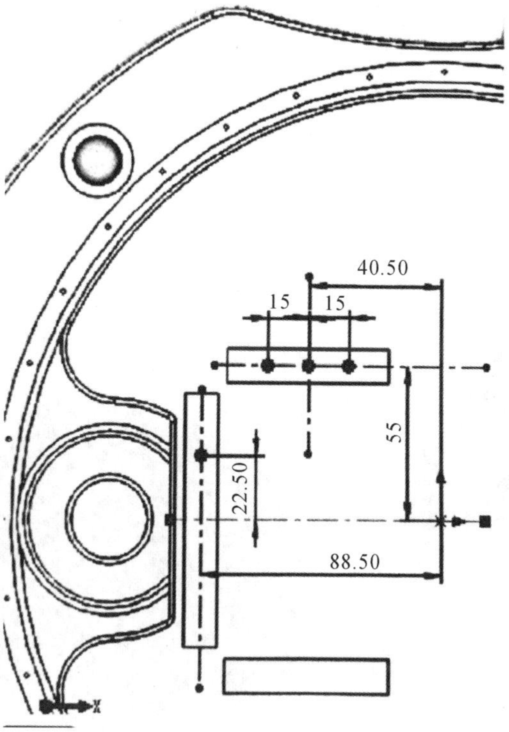

图 6-25　镜向四个点

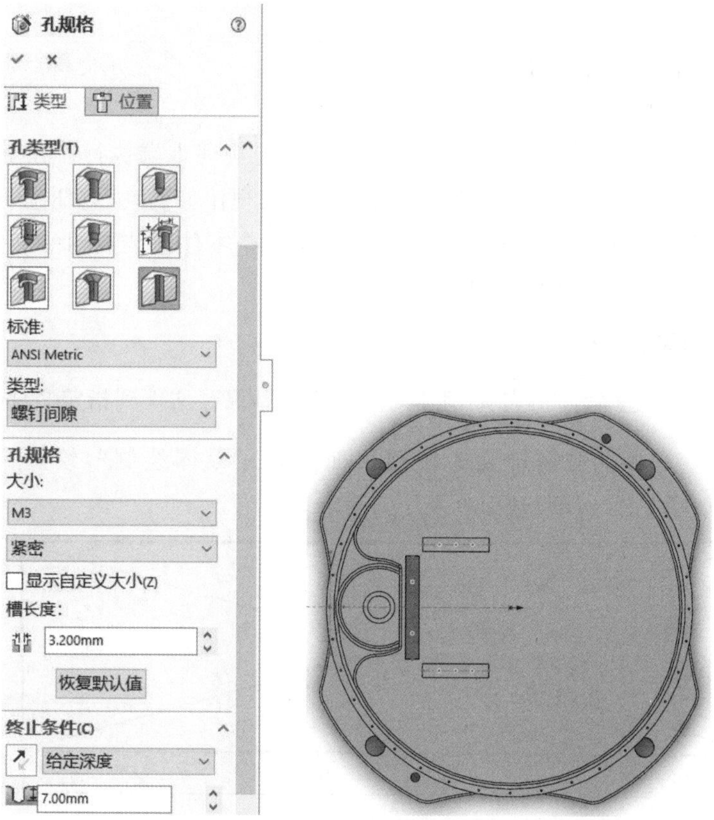

图 6-26　异形孔设置

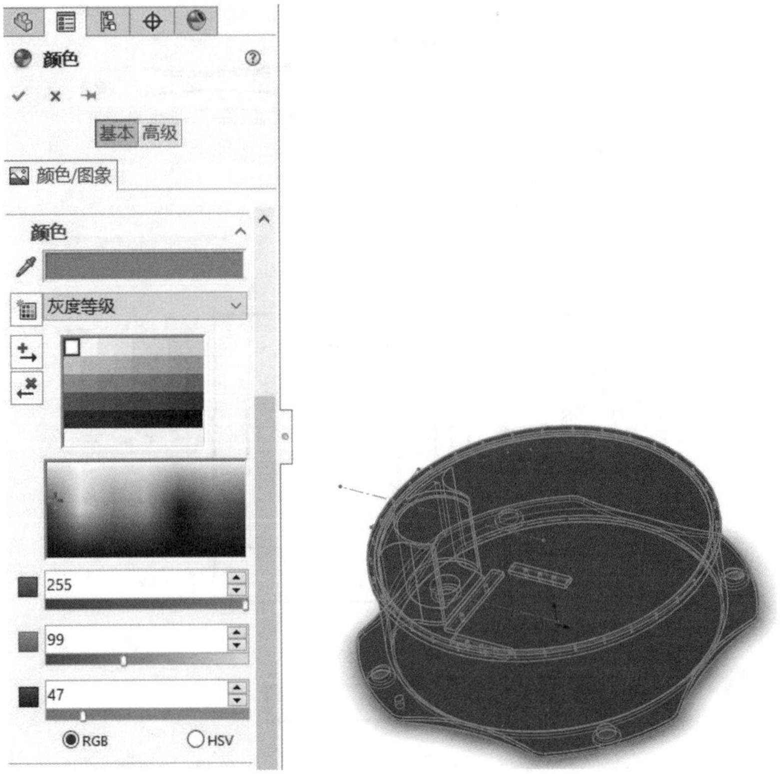

图 6-27 编辑外观

6.2 手腕零件 J6 建模过程

手腕(J6)是连接手臂和末端执行器的部件,本手腕实现末端执行器在空间上两个自由度的运动,手腕整体通过轴承与小臂 J4 相连接,可以实现俯仰运动;与驱动机构相连接可实现自转运动。手腕零件是由上半部分和下半部分这两个零件组装成的一个装配体,下半部分零件称为 Js1,上半部分零件称为 Js2。

1. 零件 Js1 的建模过程

步骤 1 新建零件,命名为"手腕 Js1. sldprt",保存文件到指定文件夹。

步骤 2 选择前视基准面为草图平面,单击"草图绘制",绘制一个 154 mm×36 mm的矩形,如图 6-28 所示,然后单击"√"确定。

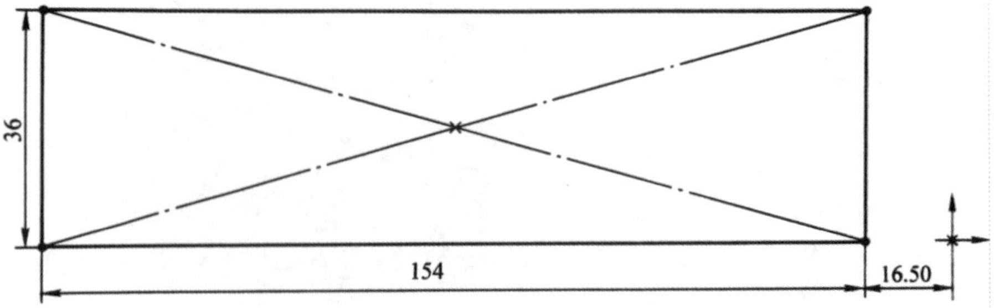

图 6-28 绘制矩形草图

步骤 3 单击特征“拉伸凸台”，从“草图基准面”，方向 1“两侧对称”，此处深度为“72.00 mm”，如图 6-29 所示，然后单击“√”确定。

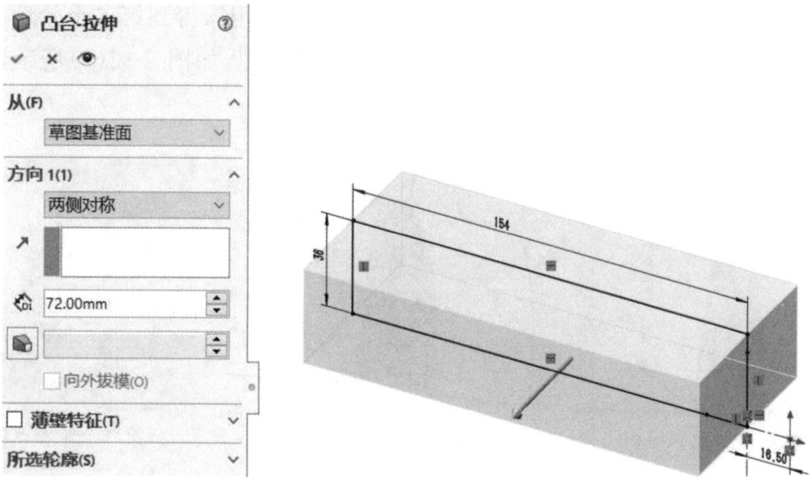

图 6-29 拉伸凸台

步骤 4 选择右视基准面为草图平面，单击“草图绘制”，绘制一个半径为 33 mm 的半圆，如图 6-30 所示，然后单击“√”确定。

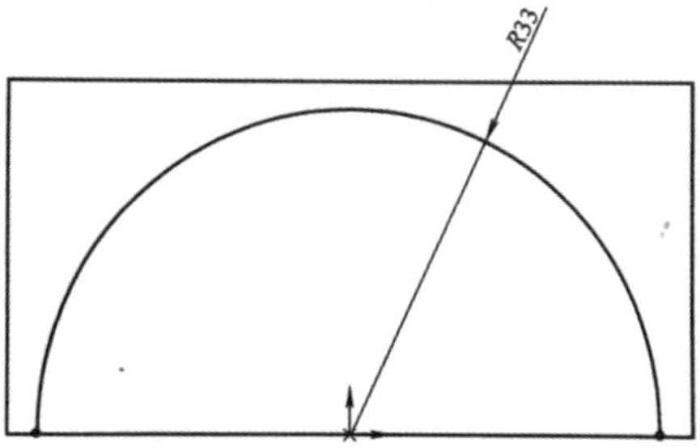

图 6-30 在右视基准面上绘制半圆

步骤 5 单击特征“拉伸凸台”，从“草图基准面”，方向 1“给定深度”，此处深度为“19.95 mm”，如图 6-31 所示，然后单击“√”确定。

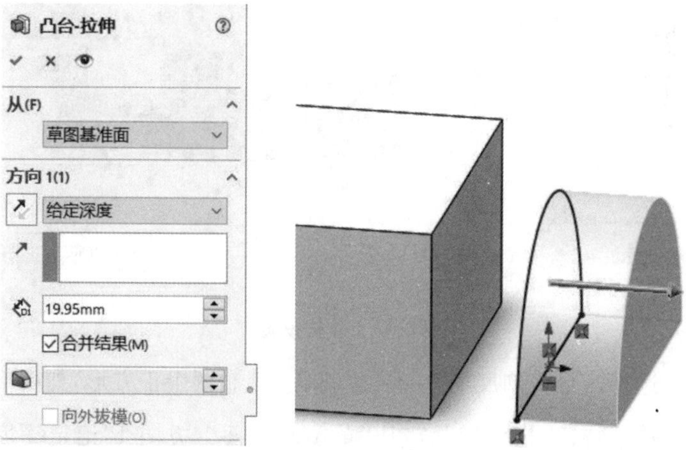

图 6-31 拉伸凸台

步骤 6 绘制放样轮廓草图及参考草图。选择凸台 1 的面(高亮显示)为草图平面,单击“草图绘制”,单击“转换实体引用”,得到第一个轮廓草图,如图 6-32(a)所示。选中凸台 2 的面为草图平面,单击“绘制草图”,单击“转换实体引用”,得到第二个轮廓草图,如图 6-32(b)所示。选择上视基准面为草图平面,绘制第三个草图,如图 6-32(c)所示,然后单击“√”确定。

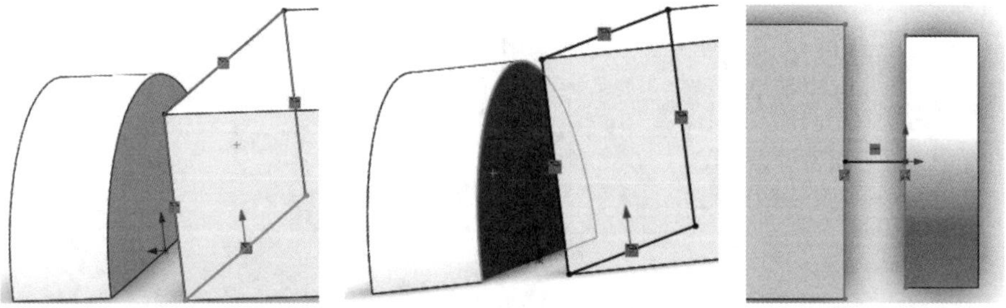

(a) 第一个轮廓草图　(b) 第二个轮廓草图　(c) 第三个轮廓草图

图 6-32　绘制放样轮廓草图

步骤 7 单击菜单栏“插入”→“凸台/基体”→“放样”,轮廓选择“草图 3”(即图 6-32(a))、“草图 4”(即图 6-32(b)),引导线为“到下一引线”,“草图 5”(即图 6-32(c)),如图 6-33 所示,然后单击“√”确定。

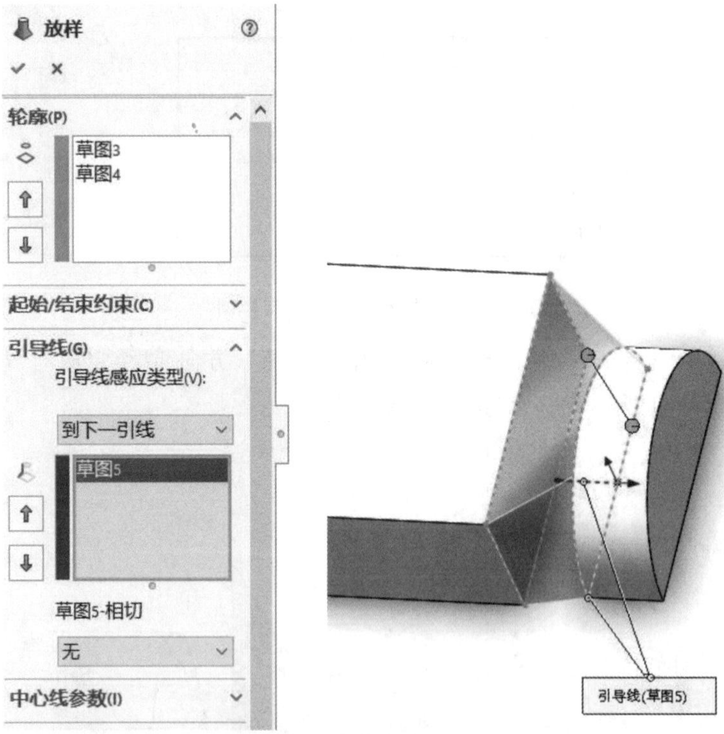

图 6-33　放样设置

步骤 8 选择凸台 1 的底面为草图基准面,绘制两个正方形,如图 6-34 所示。

步骤 9 单击特征“拉伸切除”,从“草图基准面”,方向 1“给定深度”,此处深度为“89.00 mm”,如图 6-35 所示,然后单击“√”确定。

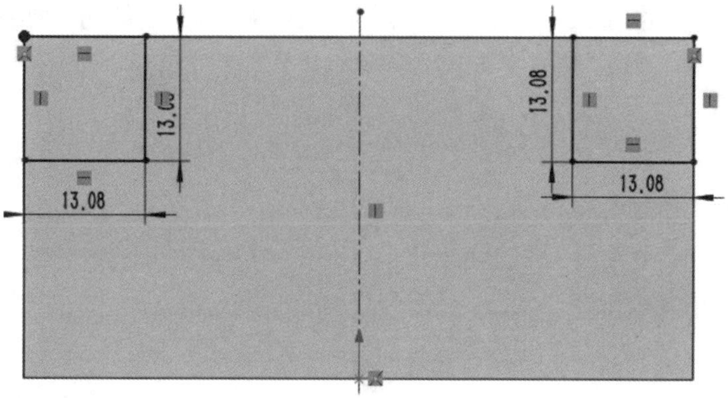

图 6-34 绘制正方形草图

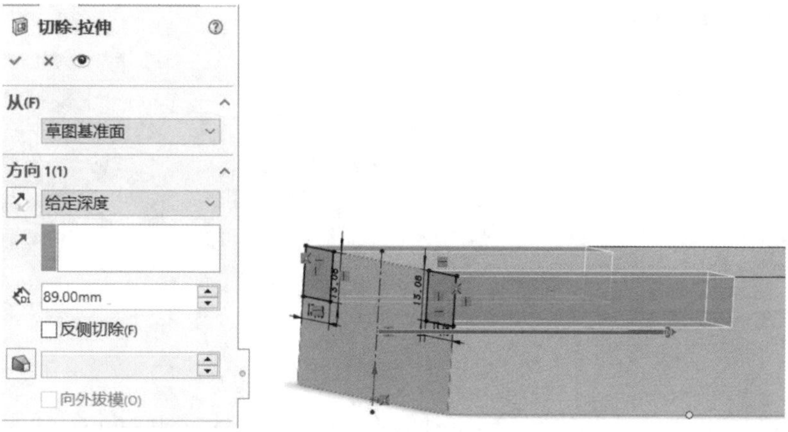

图 6-35 拉伸切除

步骤 10 单击特征“圆角”，圆角项目为高亮显示部分，圆角参数半径为“5.00 mm”，如图 6-36 所示，然后单击“√”确定。

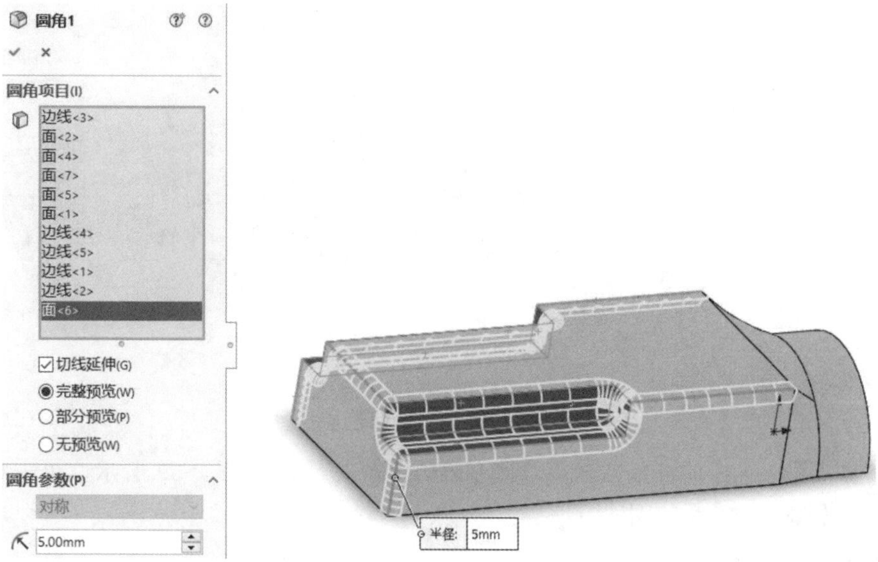

图 6-36 圆角特征

步骤 11 单击特征“圆角”，圆角项目为高亮显示部分，圆角参数半径为“3.00 mm”，如图 6-37 所示，然后单击“√”确定。

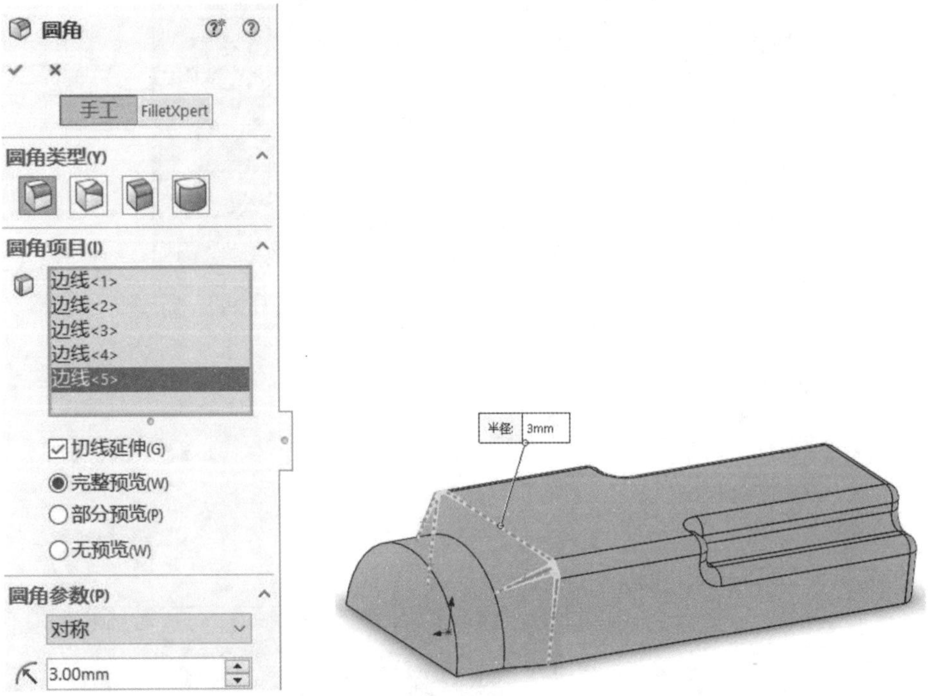

图 6-37 圆角特征

步骤 12 单击特征“抽壳”，选择底面，参数为厚度“2.00 mm”，如图 6-38 所示，然后单击“√”确定。

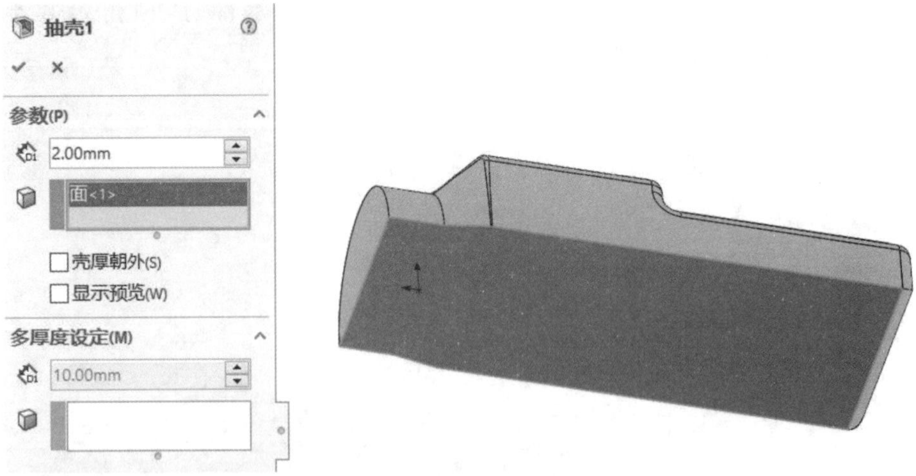

图 6-38 抽壳设置

步骤 13 选择前视基准面为草图平面，绘制一草图，如图 6-39 所示。单击特征“旋转凸台”，旋转 180.00 度，如图 6-40 所示。

步骤 14 选择半圆形的面为草图平面，单击“转换实体引用”，得到一个半圆形。再单击特征“拉伸切除”，从“草图基准面”，方向 1“成形到下一面”，如图 6-41 所示，然后单击“√”确定。

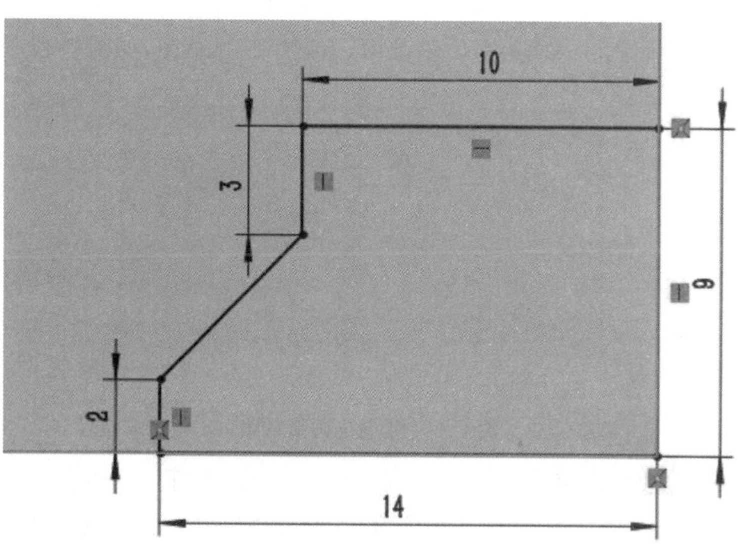

图 6-39　在前视基准面上绘制草图

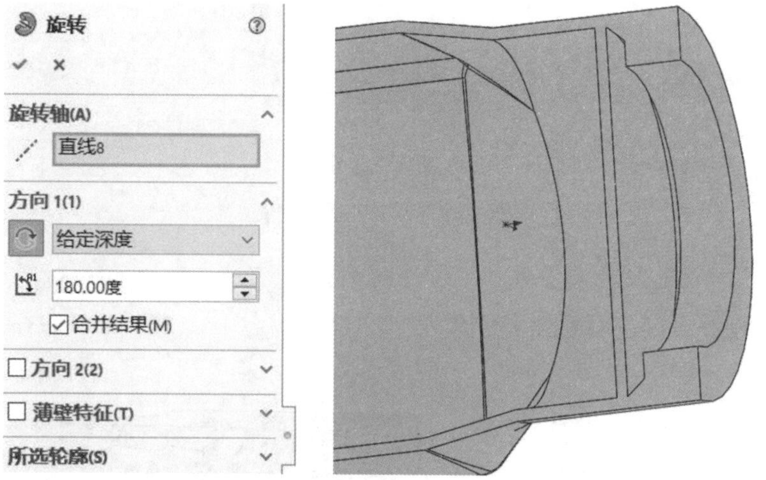

图 6-40　旋转凸台

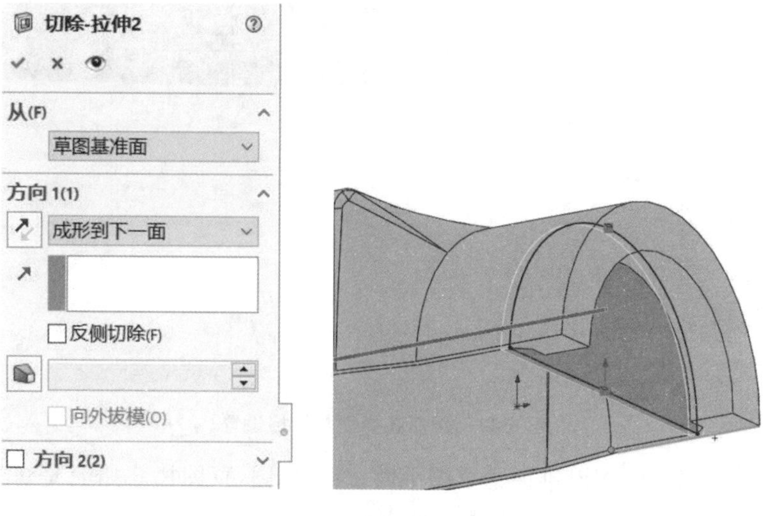

图 6-41　拉伸切除

步骤 15 选择环形表面为草图基准面，绘制半圆弧草图，如图 6-42 所示。

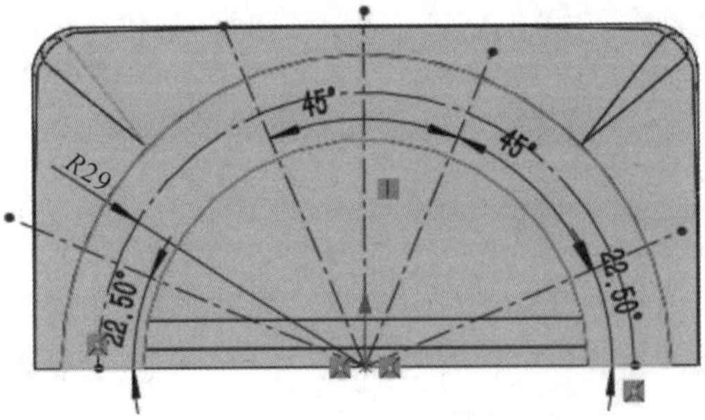

图 6-42　绘制半圆弧草图

步骤 16 单击“异形孔向导”，设定孔规格。孔类型为“孔”；孔规格为 M42，自定大小，其中孔直径为 3.24 mm，锥度为 120°，孔深度为 9 mm，如图 6-43 所示，然后单击“√”确定。

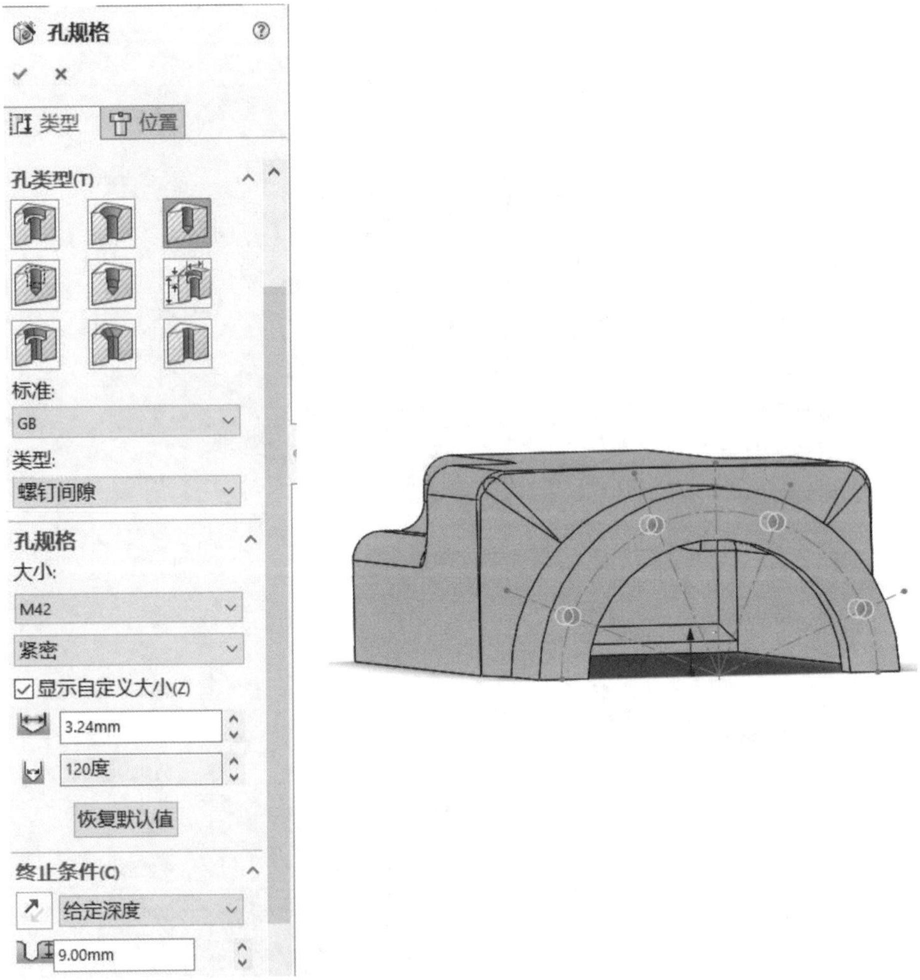

图 6-43　异形孔类型与规格设置

步骤 17 选择上视基准面为草图平面，绘制草图，草图尺寸如图 6-44 所示，其中尺寸 13 mm、26 mm、16.81 mm 为镜向中心轴位置尺寸。

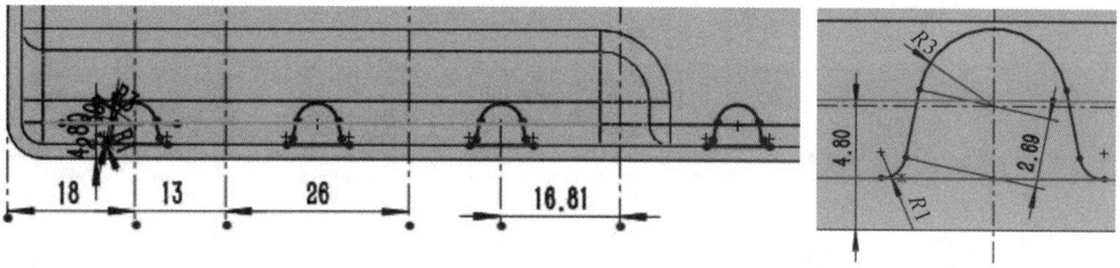

图 6-44 绘制草图

步骤 18 单击特征“拉伸凸台”，从“草图基准面”，方向 1“成形到下一面”，如图6-45 所示，然后单击“√”确定。

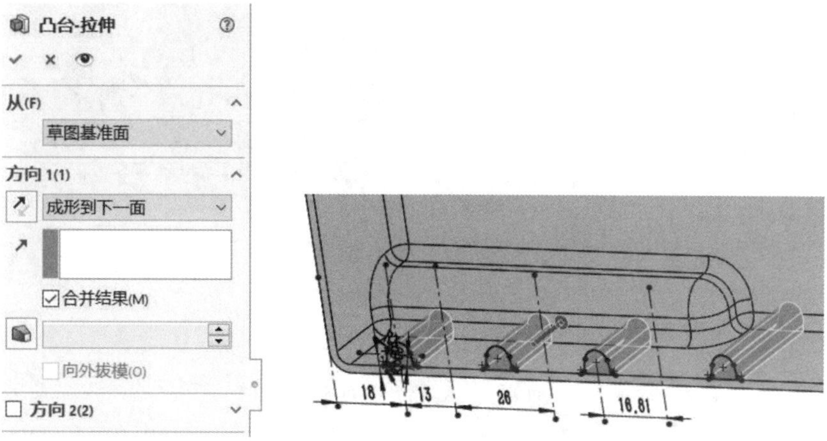

图 6-45 拉伸凸台

步骤 19 单击特征“异形孔向导”。孔类型为柱形沉头孔，规格为 M1.6，其中通孔直径为 2.00 mm，柱形沉头孔直径为 4.000 mm，柱形沉头孔深度为 2.2100 mm，终止条件为“成形到下一面”，如图 6-46 所示。

步骤 20 单击特征“异形孔向导”。孔类型为柱形沉头孔，规格为 M1.6，其中通孔直径为 2.000 mm，柱形沉头孔直径为 4.000 mm，柱形沉头孔深度为 2.80 mm，终止条件为“成形到下一面”，如图 6-47 所示。

步骤 21 单击“镜向实体”，选择“前视基准面”为镜向面，要镜向的特征为：拉伸凸台、两个 M1.6 六角头螺栓的柱形沉头孔，如图 6-48 所示，然后单击“√”确定，完成手腕下半部分 Js1 零件的建模。

2. 零件 Js2 的建模过程

手腕的上半部分 Js2 与手腕的下半部分 Js1 非常相似，但比手腕 Js1 复杂，可以在已经建模的简单零件上修改得到较为复杂的 Js2 零件。单击打开“手腕 Js1. sldprt”，将该零件另存为“手腕 Js2. sldprt”，再对该零件进行编辑与修改。

步骤 22 选择凸台 1 的上表面为草图平面，绘制矩形草图，如图 6-49 所示。

步骤 23 单击特征“拉伸凸台”，从“草图基准面”，方向 1“给定深度”，此处深度为“20.00 mm”，如图 6-50 所示。

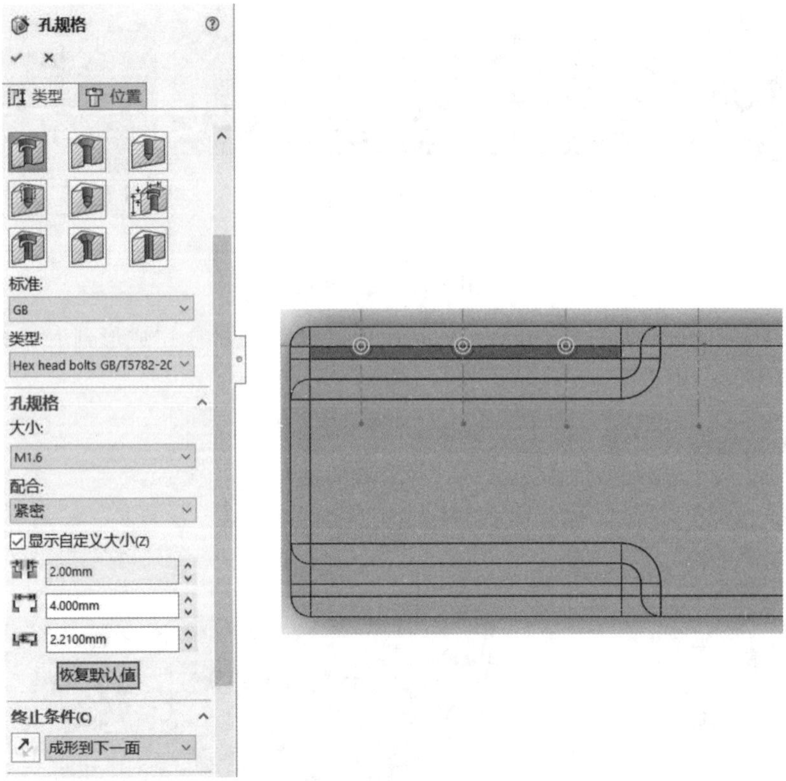

图 6-46　异形孔类型设置 1

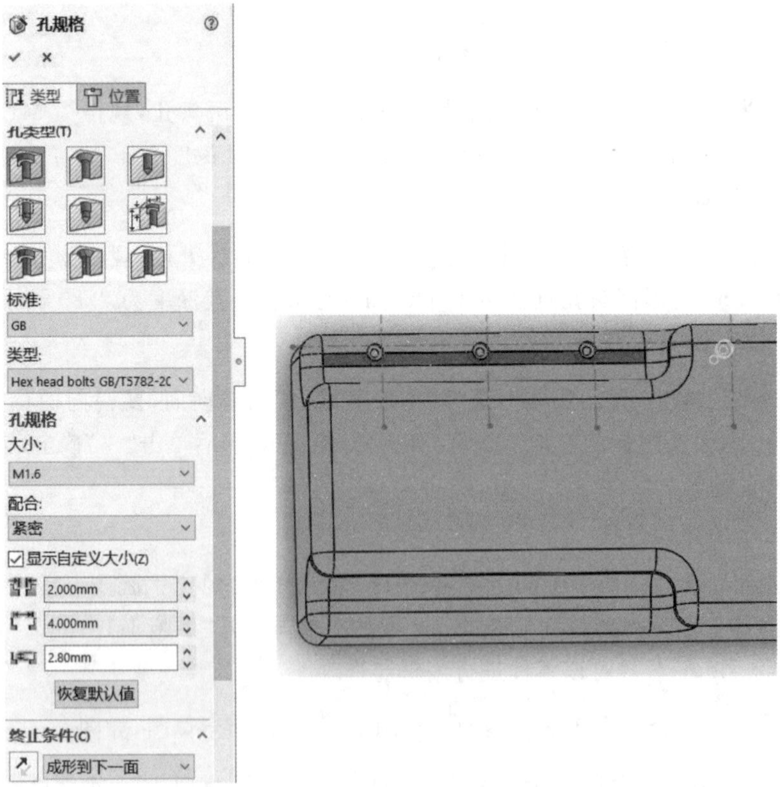

图 6-47　异形孔类型设置 2

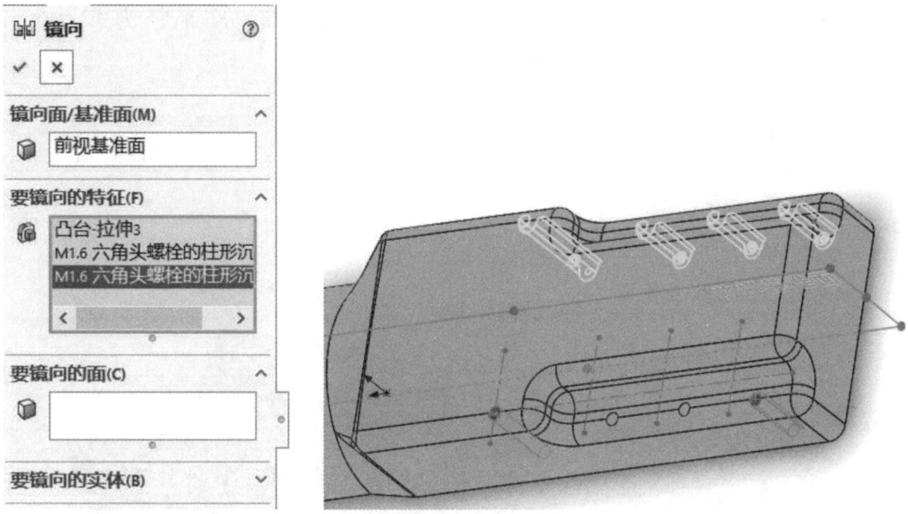

图 6-48 镜向特征

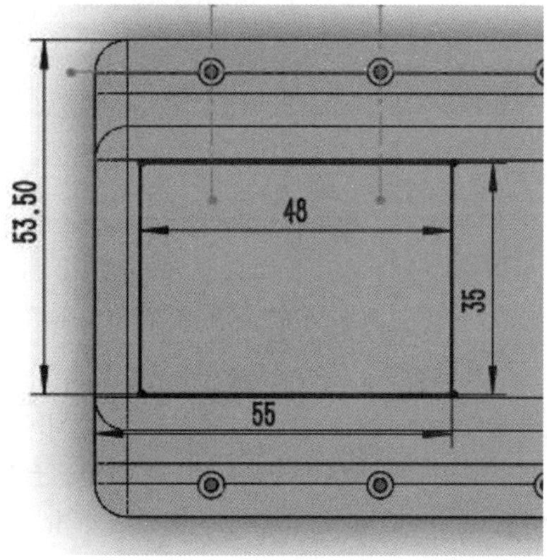

图 6-49 绘制矩形草图

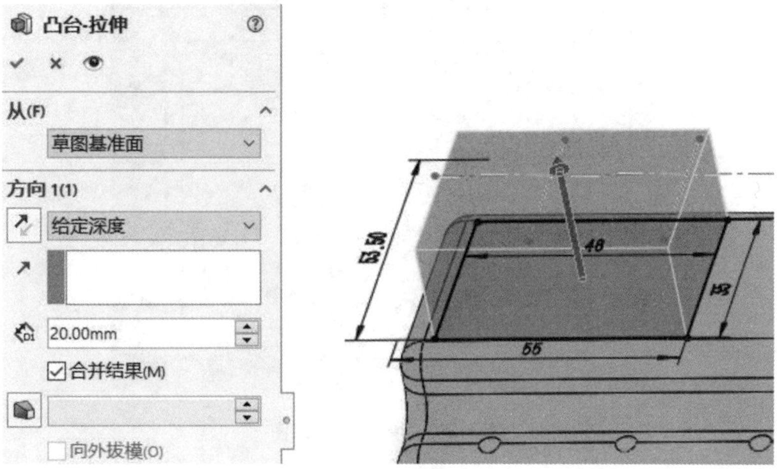

图 6-50 拉伸凸台

步骤 24 单击特征“圆角”，圆角项目为高亮显示部分，半径为“2.00 mm”，如图 6-51 所示，然后单击“√”确定。

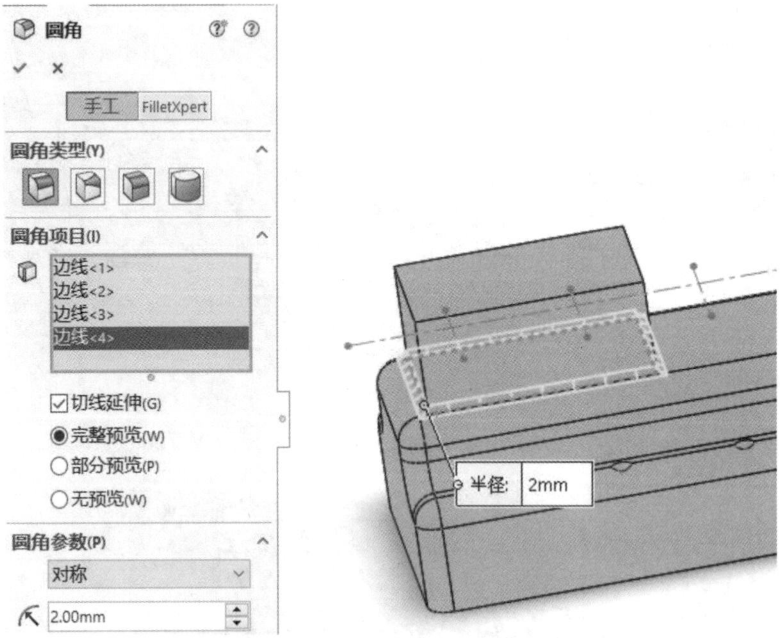

图 6-51 圆角特征

步骤 25 选择步骤 23 中凸台上表面为草图平面，绘制矩形草图，如图 6-52 所示。单击特征“拉伸切除”，从“草图基准面”，方向 1“成形到下一面”，如图 6-53 所示，然后单击“√”确定。

步骤 26 选择步骤 23 中凸台上表面为草图平面，单击绘制草图，单击“转换实体引用”，得到一矩形轮廓草图，如图 6-54 所示。单击特征“拉伸凸台”，从“草图基准面”，方向 1“给定深度”，此处深度为“2.00 mm”，如图 6-55 所示，然后单击“√”确定。

步骤 27 选择步骤 23 中凸台的面为草图平面，绘制草图，如图 6-56 所示。

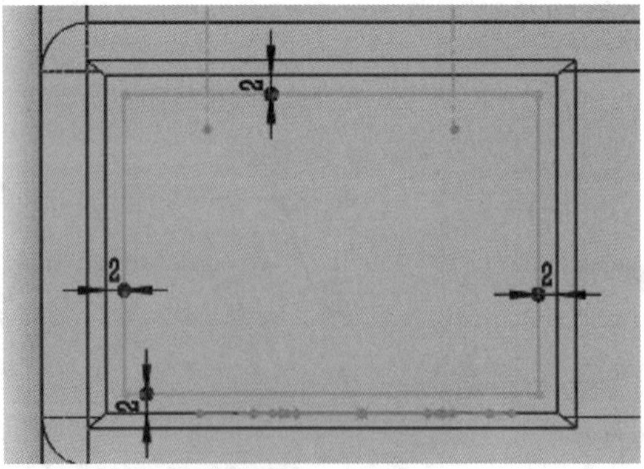

图 6-52 绘制矩形草图

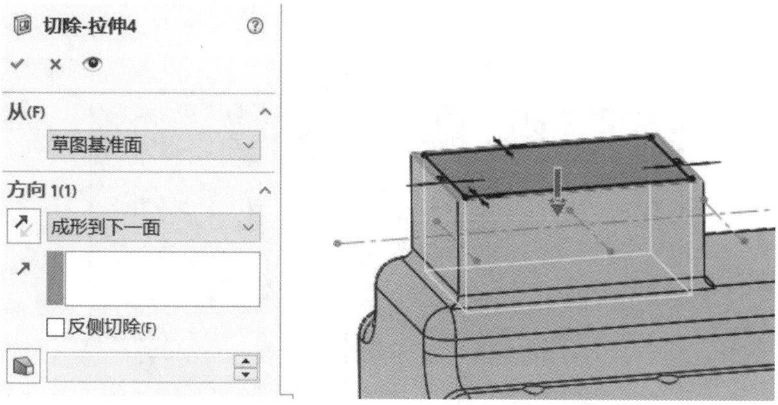

图 6-53　拉伸切除

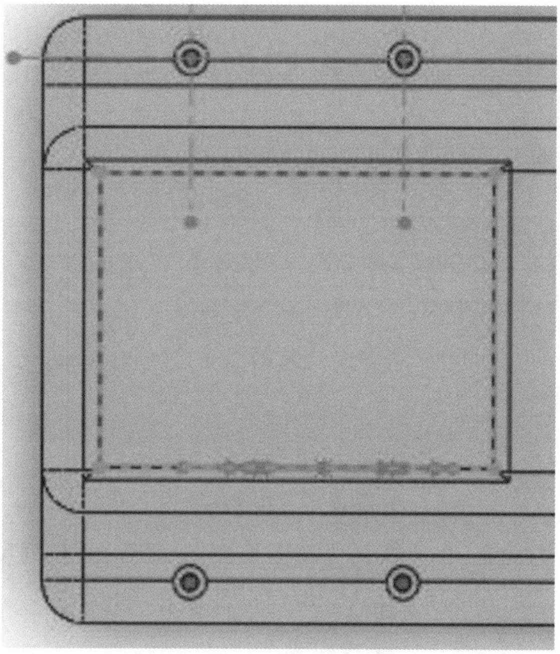

图 6-54　轮廓草图

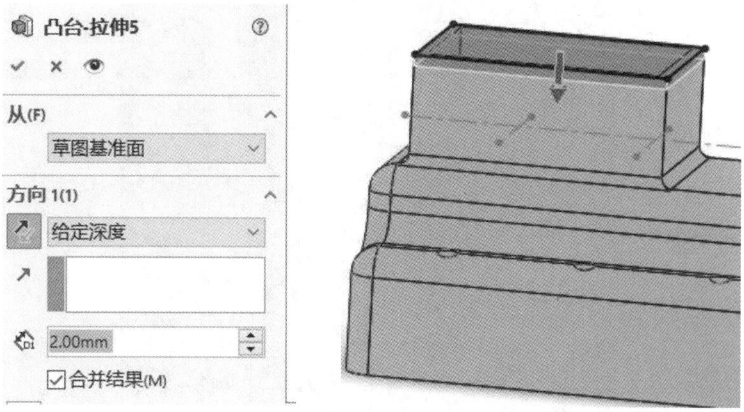

图 6-55　拉伸凸台

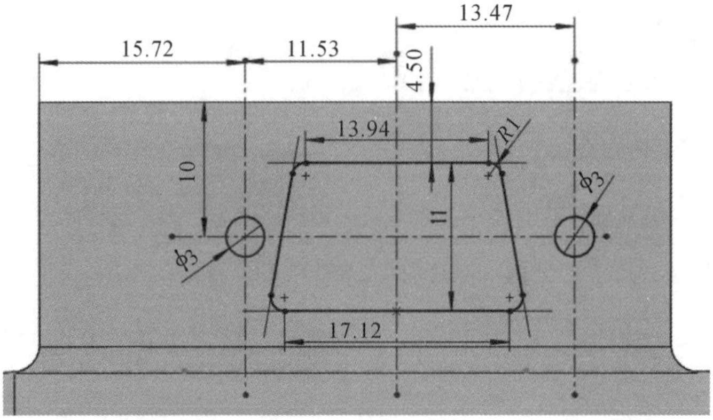

图 6-56　绘制草图

步骤 28　单击特征“拉伸切除”，从“草图基准面”，方向 1“成形到下一面”，如图6-57所示，然后单击“√”确定。

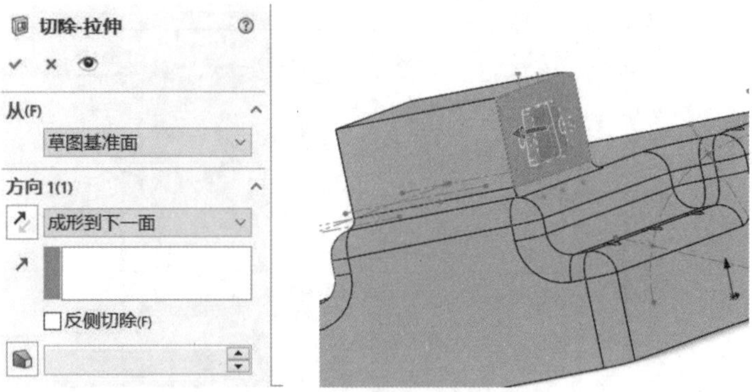

图 6-57　拉伸切除

步骤 29　选择凸台 1 的上表面为草图平面，绘制草图，长度尺寸为 29.56 mm，圆的直径分别为 1.78 mm、28 mm、34 mm、40 mm，如图 6-58 所示。

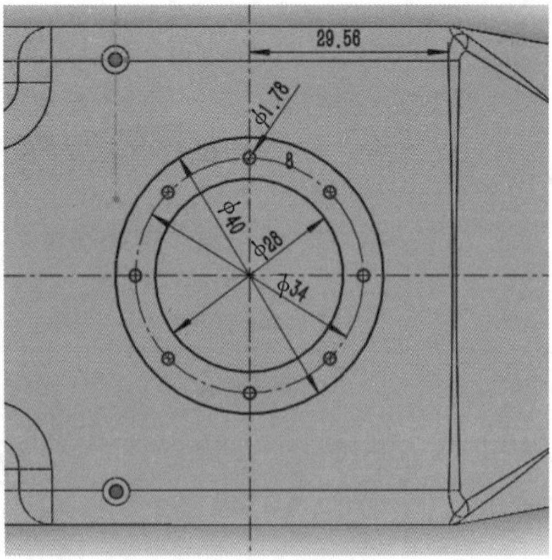

图 6-58　绘制草图

步骤 30 单击特征“拉伸凸台”，从“草图基准面”，方向 1“给定深度”，此处深度为“4. 00 mm”，如图 6-59 所示，然后单击“√”确定。

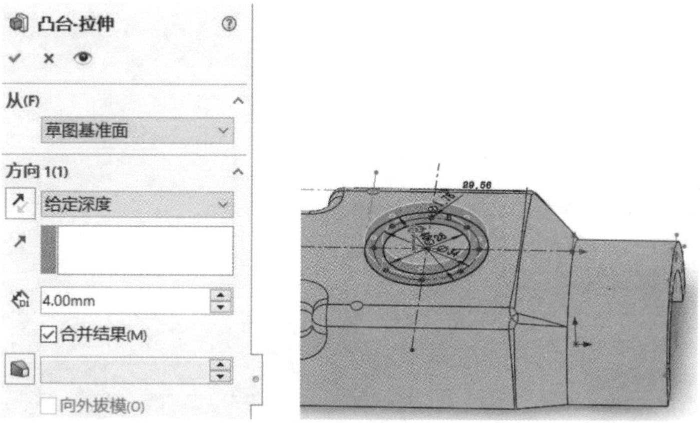

图 6-59 拉伸凸台

步骤 31 选择凸台 1 的下表面为草图平面，绘制直径为 32 mm 的圆，如图 6-60 所示。然后单击特征“拉伸切除”，从“草图基准面”，方向 1“给定深度”，此处深度为“2. 00 mm”，如图 6-61 所示，然后单击“√”确定。

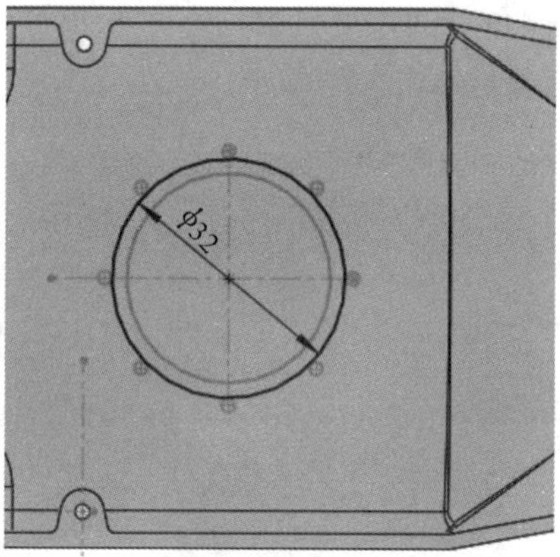

图 6-60 绘制草图

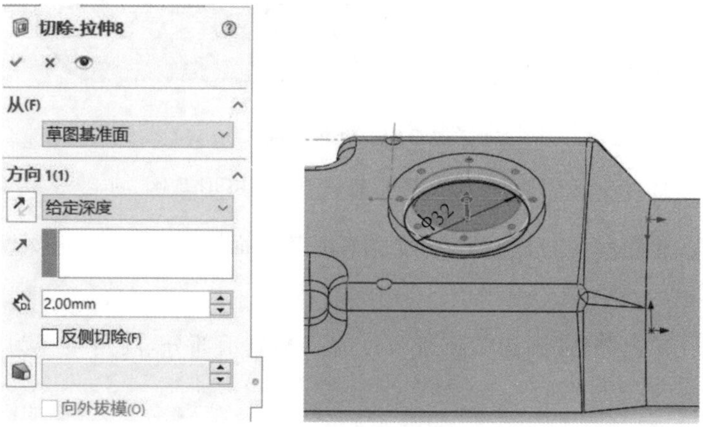

图 6-61 拉伸切除

步骤 32 单击特征“圆角”，圆角项目为高亮显示部分，圆角半径为“0. 50 mm”，如图 6-62 所示，然后单击“√”确定。

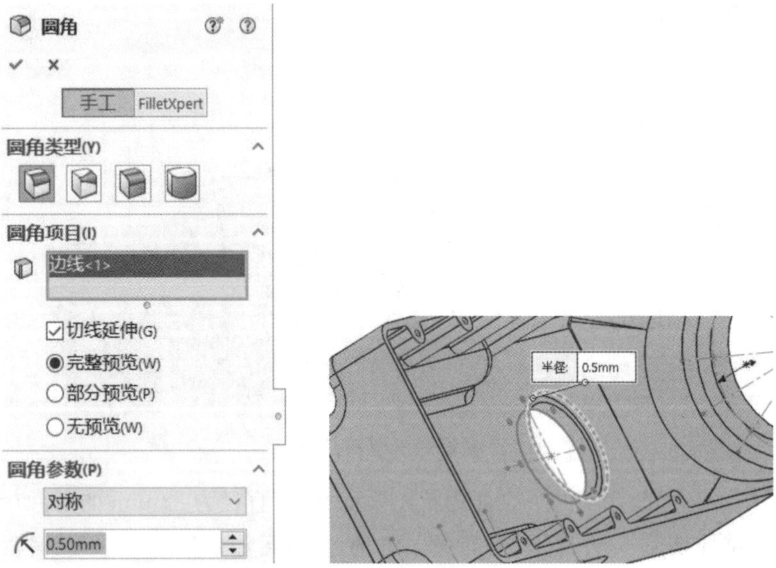

图 6-62 圆角特征

步骤 33 单击特征“倒角”，倒角项目为高亮显示部分，倒角距离为“0. 50 mm”，倒角度数为 45°，如图 6-63 所示，然后单击“√”确定。

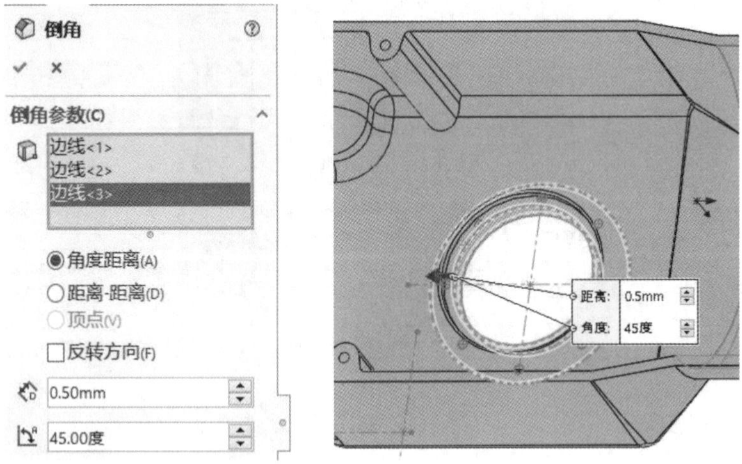

图 6-63 倒角特征

步骤 34 选择壳体内表面为草图平面，绘制一矩形草图，如图 6-64 所示。

步骤 35 单击特征“拉伸凸台”，从“草图基准面”，方向 1“给定深度”，此处深度为“6. 00 mm”，如图 6-65 所示，然后单击“√”确定。

步骤 36 单击特征“圆角”，圆角项目为高亮显示部分，圆角半径为“0. 50 mm”，如图 6-66 所示，然后单击“√”确定。

步骤 37 选择步骤 35 中的凸台的面为草图平面，绘制草图，如图 6-67 所示。

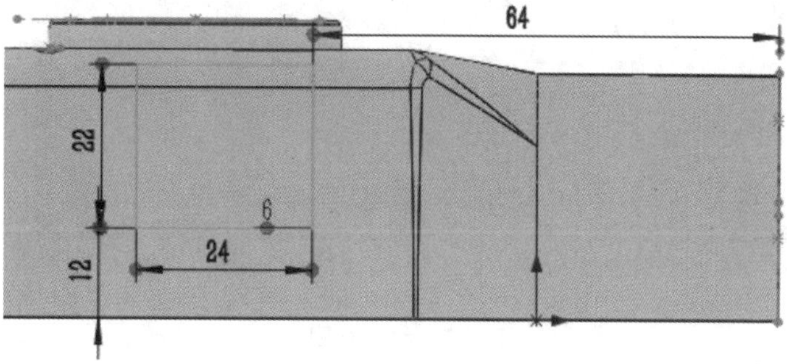

图 6-64 绘制草图

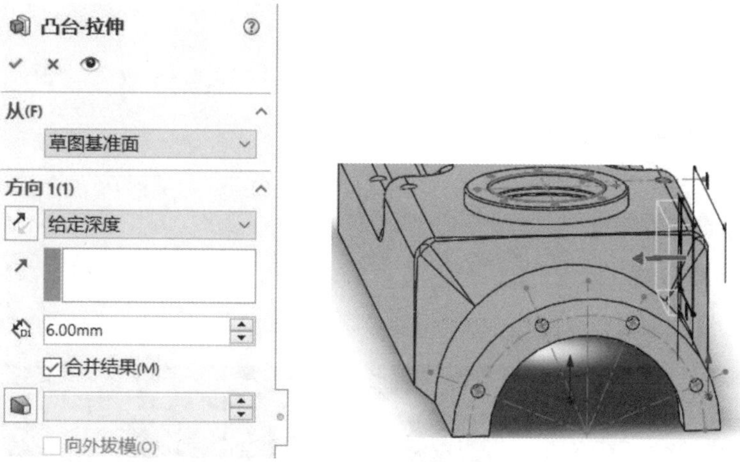

图 6-65 拉伸凸台

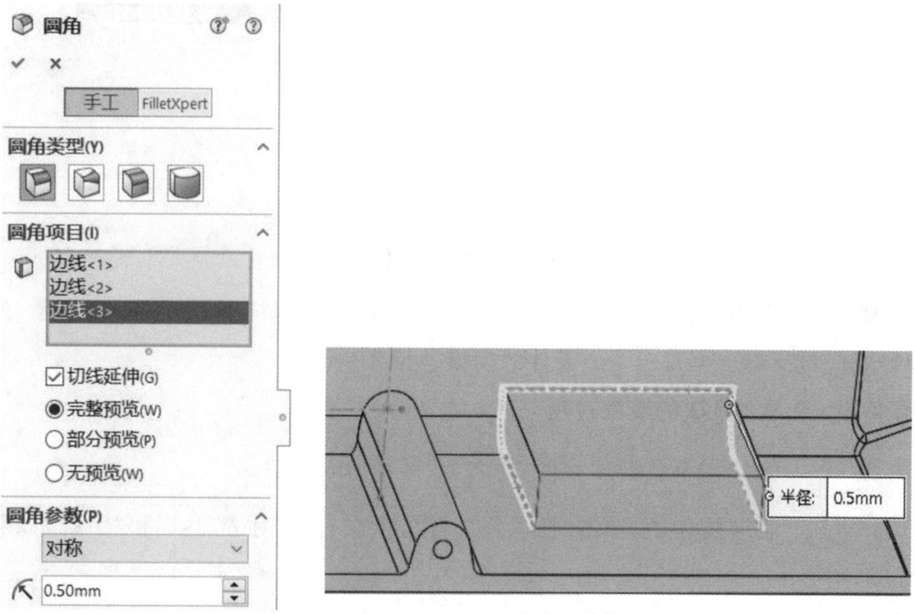

图 6-66 圆角特征

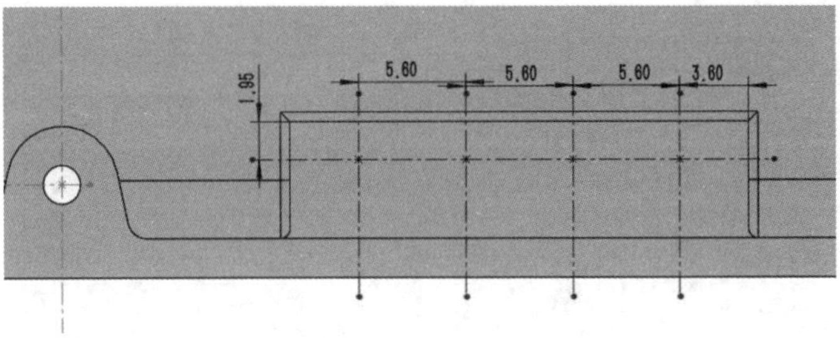

图 6-67　绘制草图

步骤 38　单击特征“异形孔向导”，孔直径为 1.60 mm，深度为 6.00 mm，孔位置插入步骤 37 中的 4 个点处，如图 6-68 所示，然后单击“√”确定。

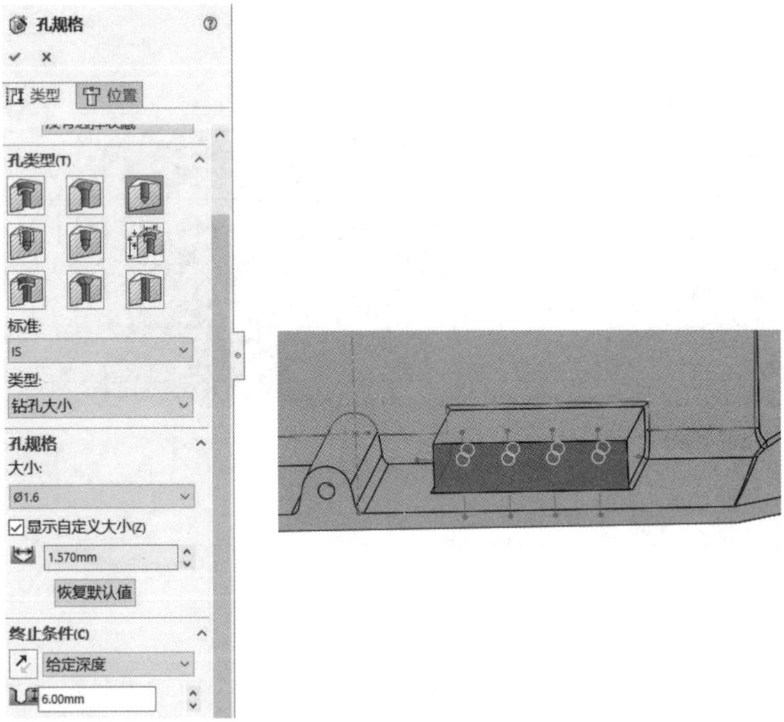

图 6-68　异形孔设置

步骤 39　单击特征“镜向”，选取“前视基准面”为镜向面，如图 6-69 所示，然后单击“√”确定，完成手腕上半部分 Js2 零件的建模。

3. 零件 Js1 和零件 Js2 的装配过程

步骤 40　新建一个装配体文件，命名为“手腕.sldasm”。

步骤 41　在装配体中，单击“插入零部件”，依次打开“手腕 Js1”和“手腕 Js2”零件，如图 6-70 所示。

步骤 42　单击装配体“配合”，配合选择两零件的圆弧端面的圆弧，配合关系为“重合”，如图 6-71 所示，然后单击“√”确定。

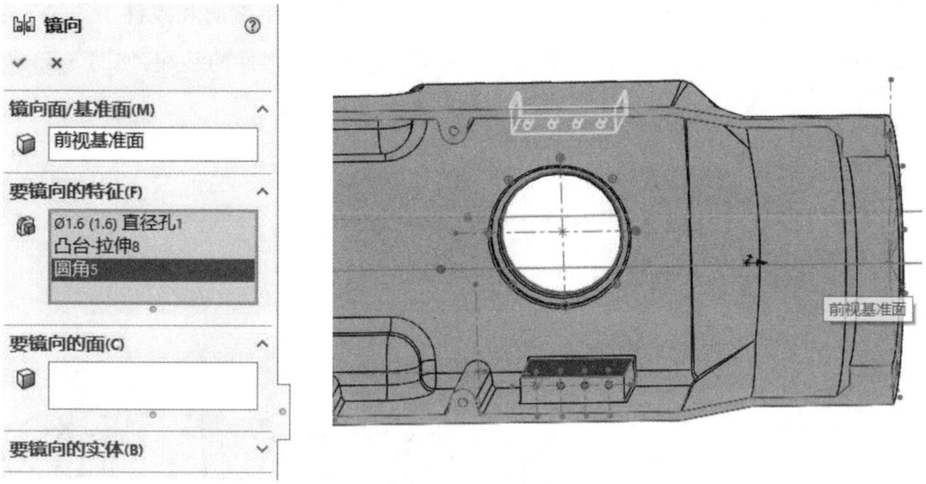

图 6-69　镜向特征

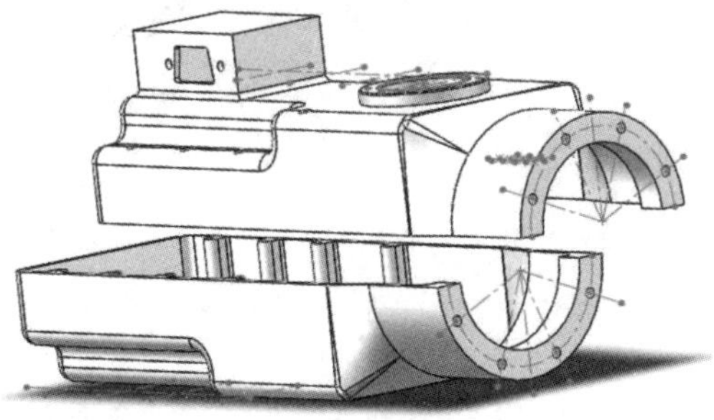

图 6-70　插入零件

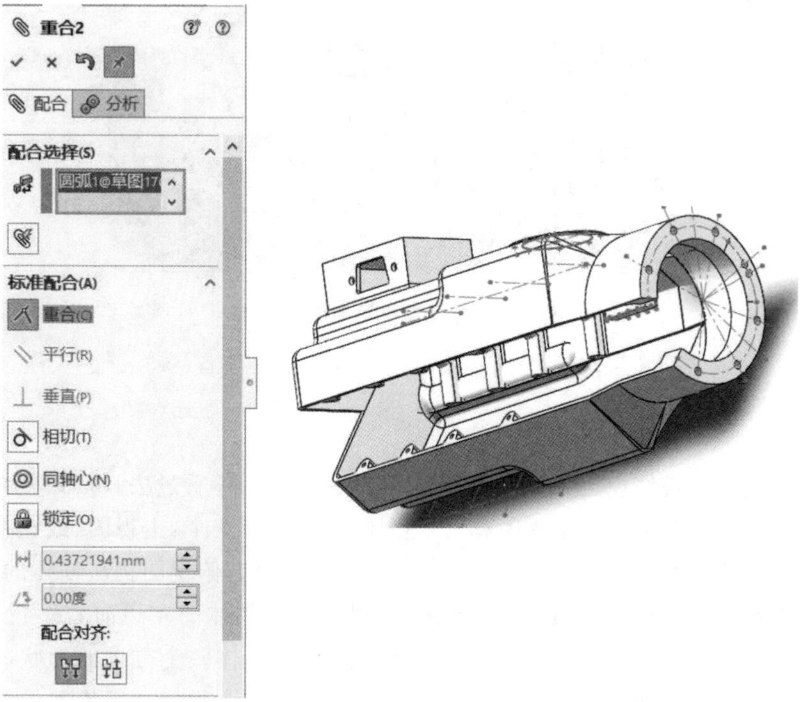

图 6-71　零件 Js1 和零件 Js2 的配合关系 1

步骤 43 单击装配体“配合”，配合选择零件 Js1 的上端面和零件 Js2 的下端面，配合关系为“重合”，如图 6-72 所示，然后单击“√”确定，完成手腕零件的装配，如图 6-73 所示。

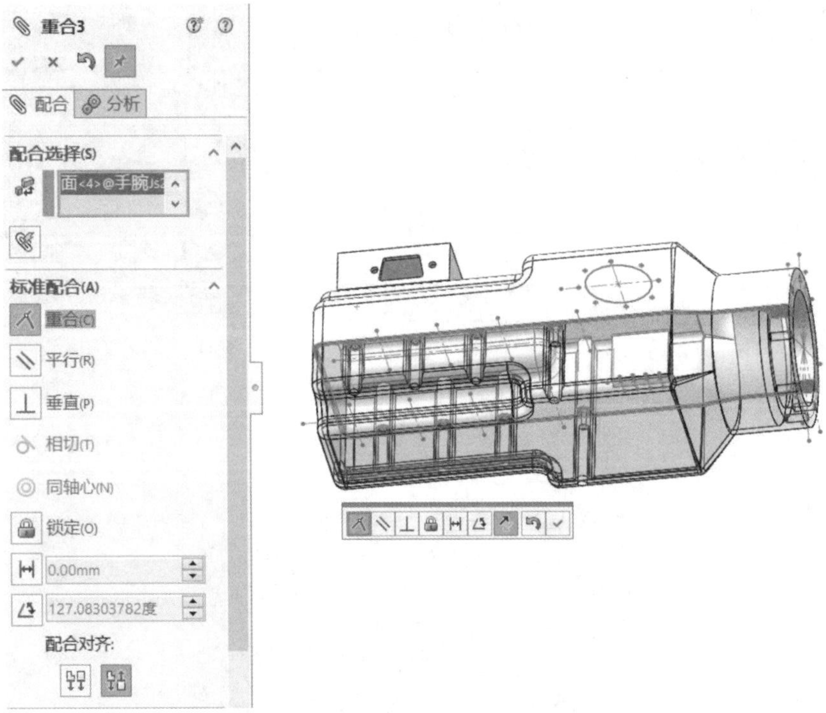

图 6-72 零件 Js1 和零件 Js2 的配合关系 2

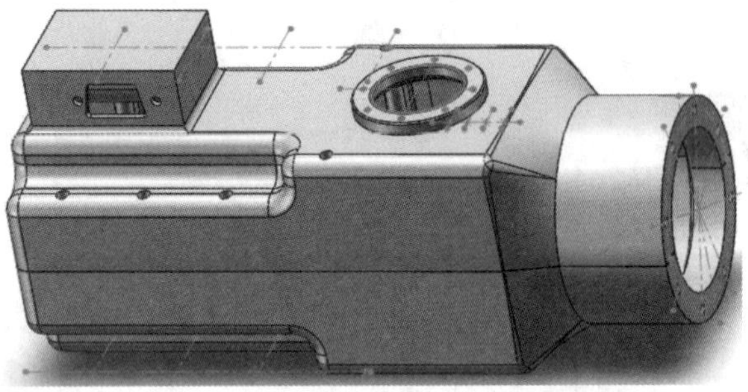

图 6-73 完成装配的手腕零件 J6

6.3 基座工程图创建

视图是指将人的视线规定为平行投影线，然后正对着物体看过去，将所见物体的轮廓用正投影法绘制出来的图形。一个物体有六个视图，常用的有三个：主视图（或正视图）指从物体的前面向后面投射所得的视图，它能反映物体的前面形状；俯视图指从物体的上面向下面投射所得的视图，它能反映物体的上面形状；左视图指从物体的左边向右边投射所得的视图，它能反映物体的左边形状。通常，一个视图只能反映物体一个方位的形状，不能完整反映物体的结构和形状。而三视图是从三个不同方向对同一个物体进行投射的结果，另外还有全剖视图、半剖视图等作为辅助，基本上能完整表达物体的结构。

1. 新建工程图

步骤 1 在 SolidWorks 软件中，单击“新建”，选择“工程图”，单击“高级”，在“模板”中选择 gb_a3 号图纸，单击“确定”按钮，进入工程图界面。将该工程图命名为“基座.slddrw”，保存文件到指定文件夹。

2. 生成工程图

步骤 2 在视图布局中，单击“模型视图”→“浏览”，找到基座所在文件夹，单击打开。

步骤 3 在左侧状态栏中，选择标准视图中的“前视图”（默认视图设置），显示样式选择“消除隐藏线”，保证其他选项为默认设置。将鼠标指针移至图纸左上方，按下鼠标左键，生成第一个视图；将鼠标指针向右拖动，生成第二个视图；将鼠标指针移动至第一个视图，然后向下拖动，在合适的位置生成第三个视图；将鼠标指针移至第一个视图，随后向右下角拖动，选择合适的位置放置轴测图，如图 6-74 所示，然后单击“√”确定。

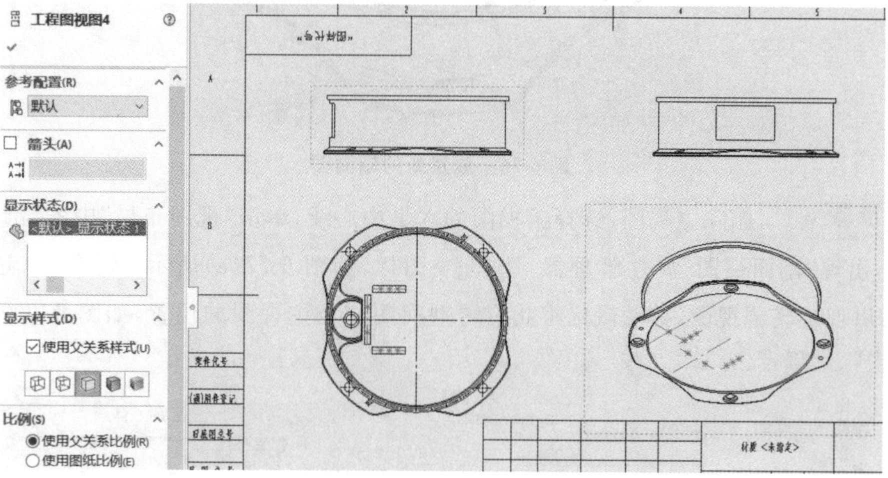

图 6-74 创建三个视图

步骤 4 在“注解”中，单击“中心线”，给主视图和左视图添加中心线，如图 6-75 所示，然后单击“√”确定。

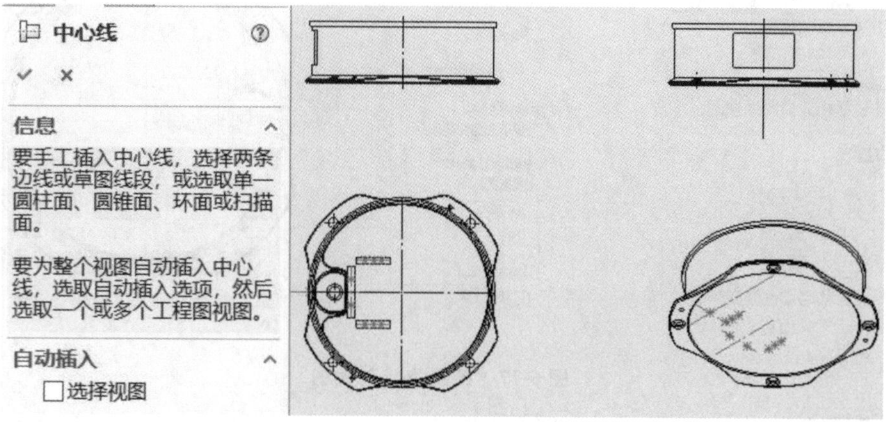

图 6-75 添加中心线

步骤 5 此处轴测图不能很清晰地展示基座内部结构，单击此视图，鼠标右击选择打开零件，在三维零件中选择想要的视图方向，并单击“视图定向”按钮，输入此视图的名字，再次返回工程图文件，选中轴测图，并右击鼠标，选择“模型视图”，选择想要视角的轴测图，放置在合适位置，并删除先前的轴测图，如图 6-76 所示。

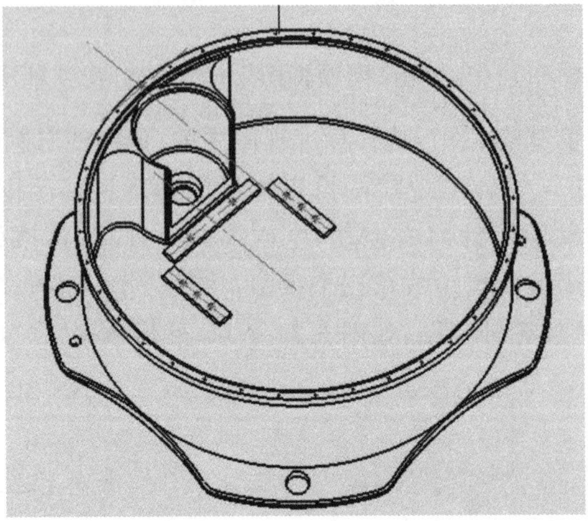

图 6-76 放置新的轴测图

步骤 6 删除主视图，选择俯视图的水平中心线，单击“视图布局”中的“剖面视图”按钮，出现“剖面视图”属性管理器，选择图标，如图 6-77(a)所示，按照要求选择三个点，然后出现旋转剖视图，移动鼠标将此旋转剖视图移至主视图的位置，如图 6-77(b)所示，然后单击“√”确定。

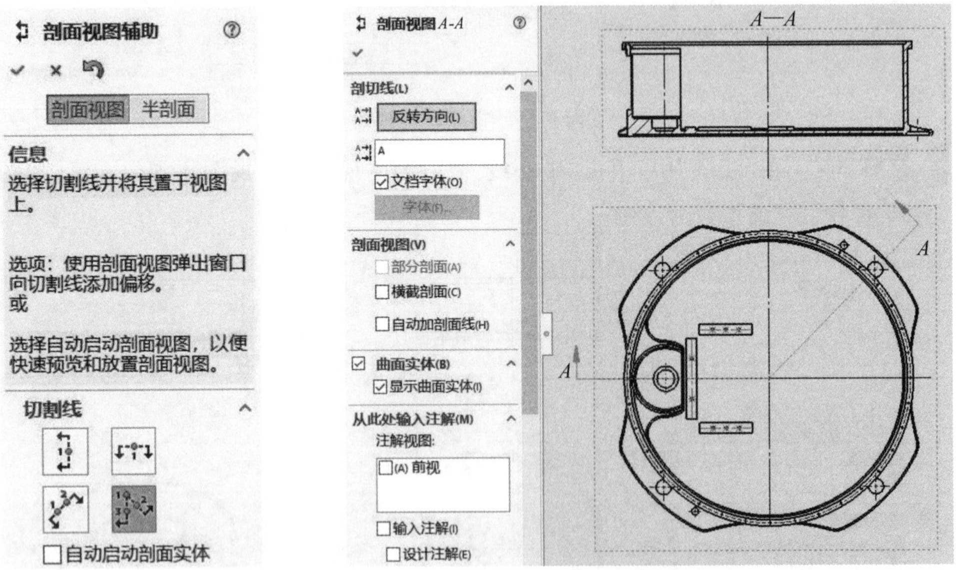

(a) (b)

图 6-77 绘制旋转剖视图

步骤 7 在视图布局中，单击“局部视图”，样式选择“依照标准”，比例选择“使用自定义比例 1∶1”，如图 6-78 所示，然后单击“√”确定。

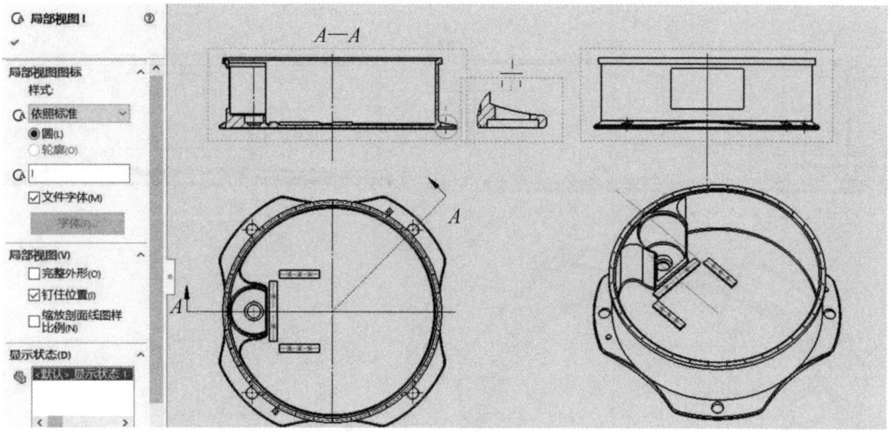

图 6-78　局部视图

3. 工程图尺寸标注

步骤 8　在“注解”中单击“模型项目”，目标选择整个模型，并勾选“将项目输入到所有视图”，为整个工程图进行尺寸标注，但生成的尺寸较乱，需要重新调整。调整方法如下：

(1) 双击需要修改的尺寸，在“修改”对话框中输入新的尺寸值，可修改尺寸。

(2) 在工程图视图中拖动尺寸文本，可以移动尺寸的位置，将其调整到合适的位置上。

(3) 如果觉得工程图中标注尺寸的字体太小，可单击尺寸，出现“尺寸”属性管理器，单击“其它”→“字体”→“点”，选择合适的字号，如图 6-79 所示，然后单击“确定”按钮，注意一定要将“使用文档字体”前面的“√”去除。

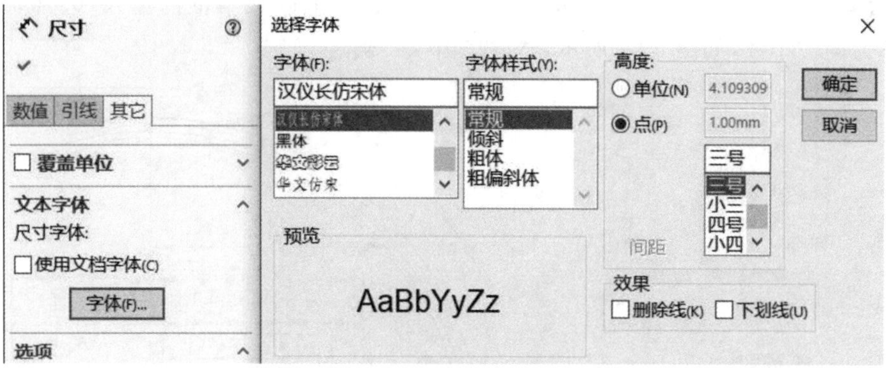

图 6-79　字体大小调整

(4) 在拖动尺寸时按住“Shift”键，可将尺寸从一个视图转移到另一个视图上。

(5) 在拖动尺寸时按住“Ctrl”键，可将尺寸从一个视图复制到另一个视图上。

(6) 右击尺寸，在快捷菜单中选择“显示选项”中的“显示成直径”命令，更改显示方式。

(7) 选择所需要更改引线方式的尺寸，单击“尺寸”，选择“引线”，可以更改各种不同的引线方式。

(8) 选择需要删除的尺寸，按住“Del”键即可删除选定尺寸，将带小数的尺寸圆整到个位。

(9) 可单击“智能尺寸”添加想要的尺寸，基座尺寸调整之后如图 6-80 所示，然后单击“√”确定。

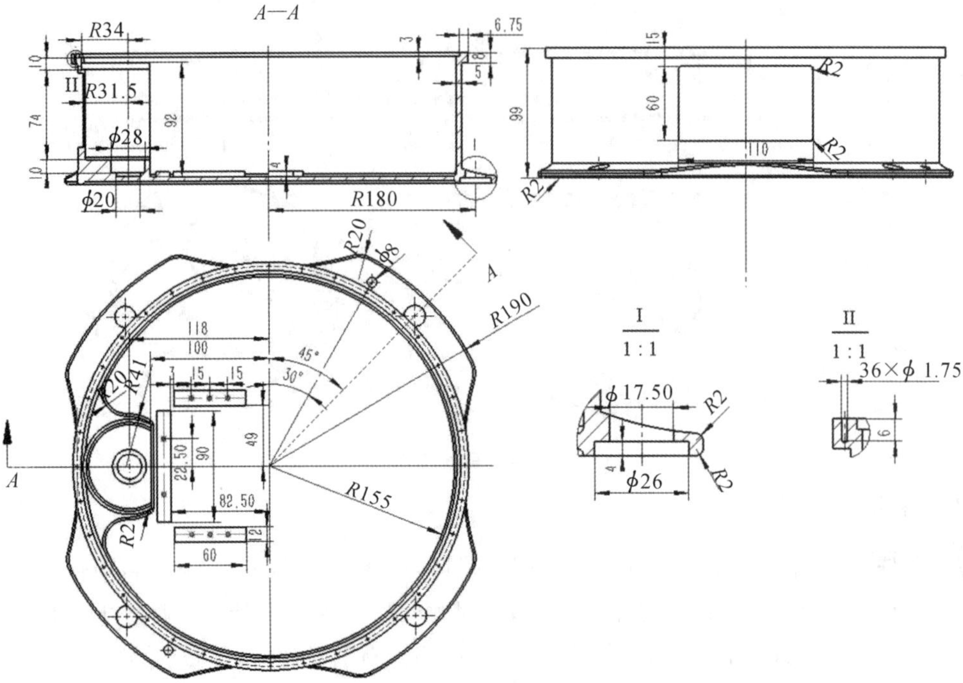

图 6-80　基座工程图尺寸

4. 标注尺寸公差

步骤 9　标注对称公差。选中尺寸数字“49”，出现“尺寸”属性管理器，从快捷菜单中选择“公差/精度”，在下拉菜单中单击“对称”选项，在上限文本框内输入“0. 10 mm”，将“精度”选为两位小数，如图 6-81 所示，然后单击“√”确定。

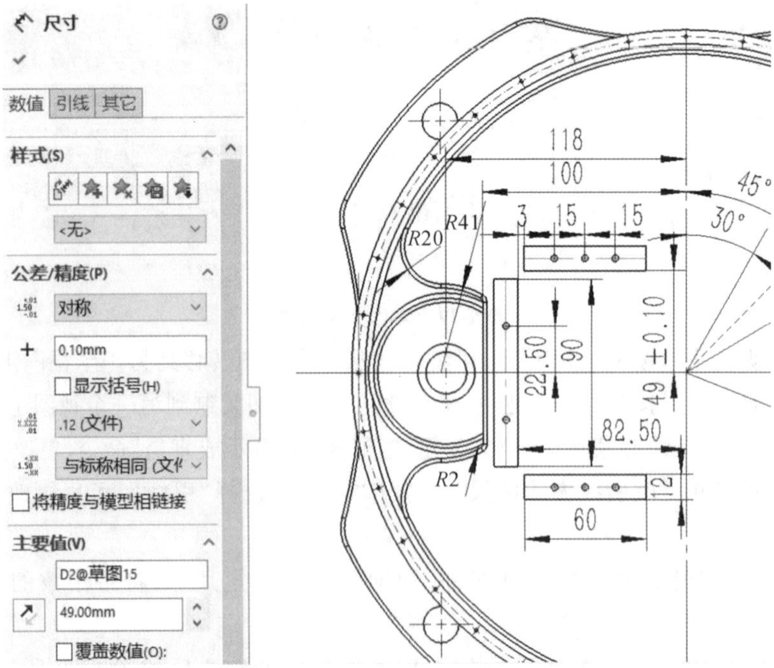

图 6-81　对称公差的标注

步骤 10 标注双边公差。单击尺寸“ϕ20”，出现“尺寸”属性管理器，选择“公差/精度”，在下拉菜单中单击“双边”选项，在上限文本框内输入“0.030 mm”，在下限文本框内输入“0.00 mm”，将“精度”选为三位小数，如图 6-82 所示，然后单击“√”确定。

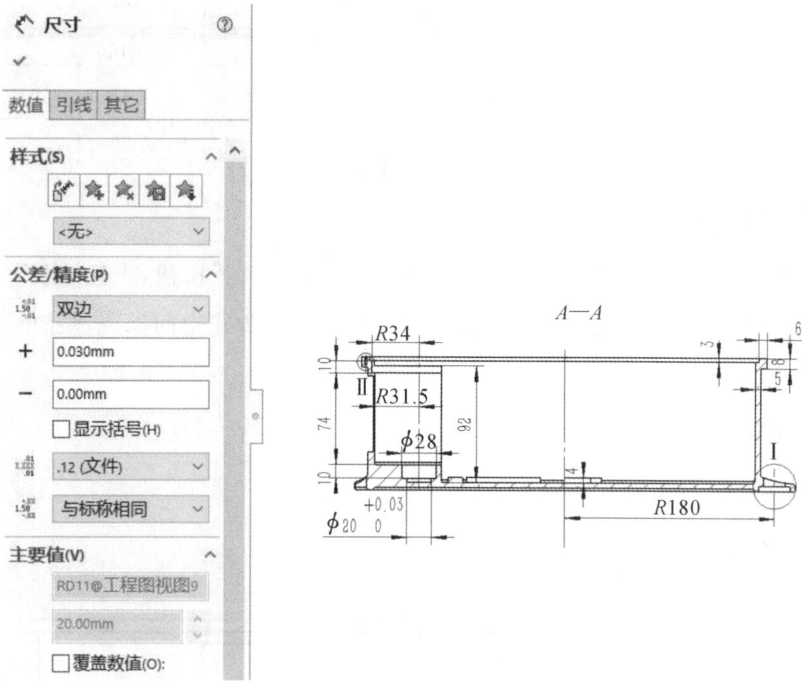

图 6-82 双边公差的标注

5. 标注几何公差

步骤 11 单击“注解”工具栏上的“基准特征”按钮，出现“基准特征”属性管理器，进行适当设置，选择要标注的基准并加以确认，拖动预览，完成基准的标注，如图 6-83 所示。

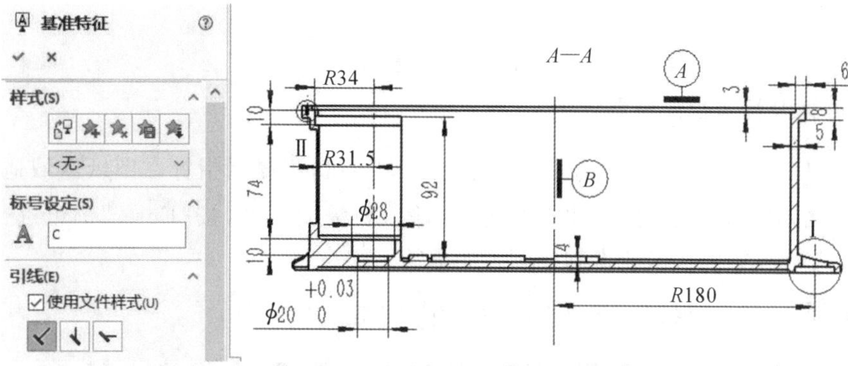

图 6-83 基准特征的标注

步骤 12 单击“注解”工具栏上的“形位公差”按钮，出现其属性对话框，选择几何公差符号，在“公差 1”文本框中输入公差值，在“主要”“第二”“第三”文本框中分别输入几何公差主要、第二、第三基准，如图 6-84(a)所示，并将此几何公差标注在合适的位置，如图 6-84(b)所示。

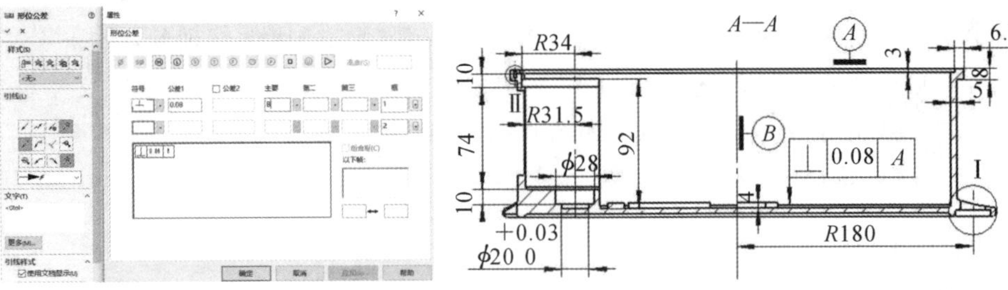

(a)　　(b)

图 6-84　形位公差标注

6. 标注表面粗糙度

步骤 13　单击"注解"工具栏上的"表面粗糙度符号"√按钮，出现"表面粗糙度"管理器，选择"要求切削加工"按钮，输入"粗糙度"数值，如"3.2"，并指向需要标注的表面上，如图 6-85 所示。

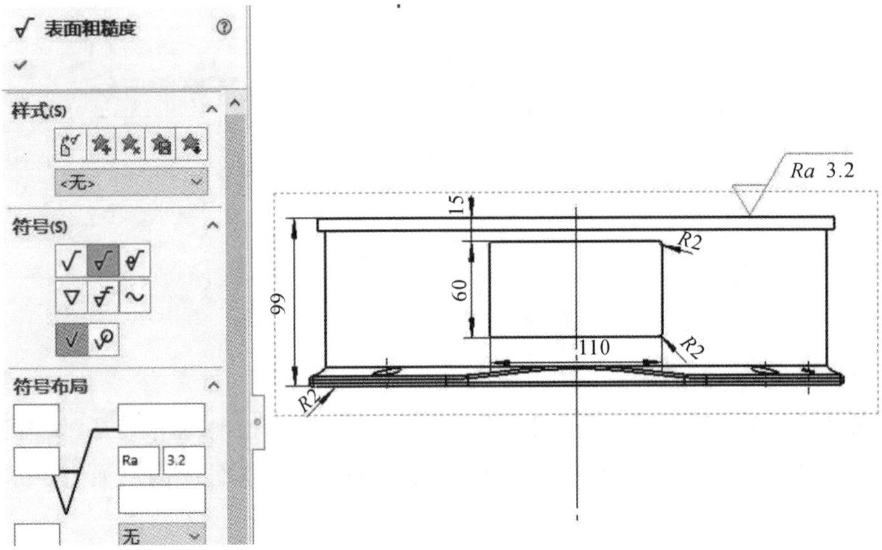

图 6-85　表面粗糙度标注

7. 技术要求及标题栏的设置

步骤 14　单击"注解"工具栏上的"注释"A按钮，用鼠标指针在图纸区域适当位置选取文本输入范围，单击文本区域出现光标后，输入所需的文本，按"Enter"键可进行换行，然后单击"√"确定，完成技术要求和标题栏的编写。

步骤 15　单击"保存"，将整个文件保存在指定文件夹中。

本章小结

本章首先简单说明了工业机器人的基本组成，以 SolidWorks 2016 三维软件为绘图平台，对工业机器人的基座及手腕进行了一步步详细建模，建模过程中多次使用了拉伸凸台、拉伸切除、镜向、圆周阵列和倒角等特征，通过手腕壳体零件的建模，介绍了如何创建草图、绘制草图基准面的选择，以及草图工具命令的应用方法；其次，以工业机器人的手腕为例，介绍了 SolidWorks 2016 的装配过程及方法；最后，以视图的概念说明了绘制工程图的重要性，并一步步详细讲解了基座工程图的创建过程，包括视图选择、尺寸标注、公差标注、标题栏的设置及相关注释。

本章习题

6-1　完成如图 6-86、图 6-87 所示的零件建模。

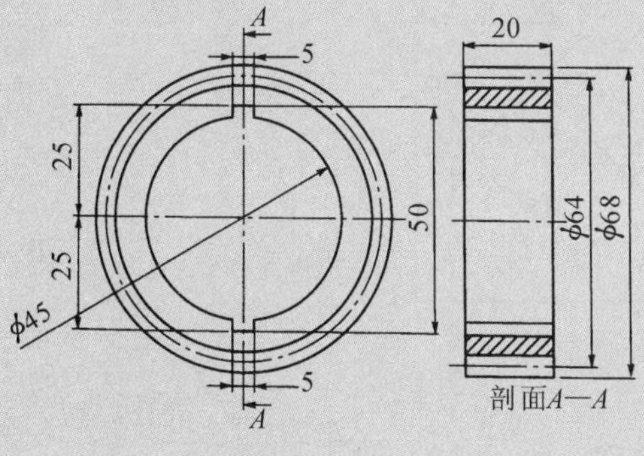

图 6-86　手腕直齿 1(32 齿，$m=2$)

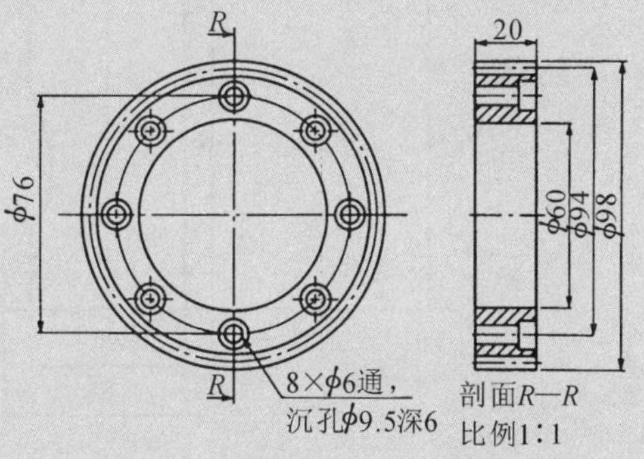

图 6-87　手腕直齿 2(47 齿，$m=2$)

6-2　完成如图 6-88 所示的零件建模。

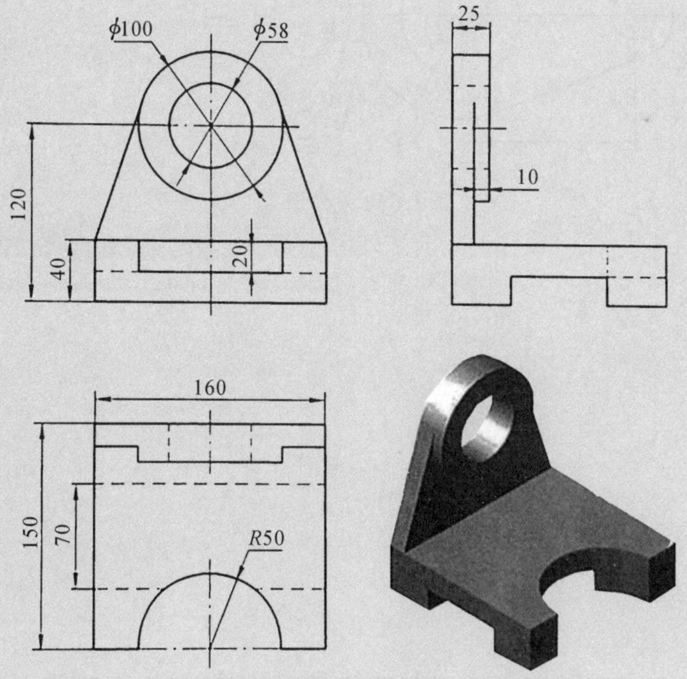

图 6-88　零件图 1

6-3 完成如图 6-89 所示的零件建模。

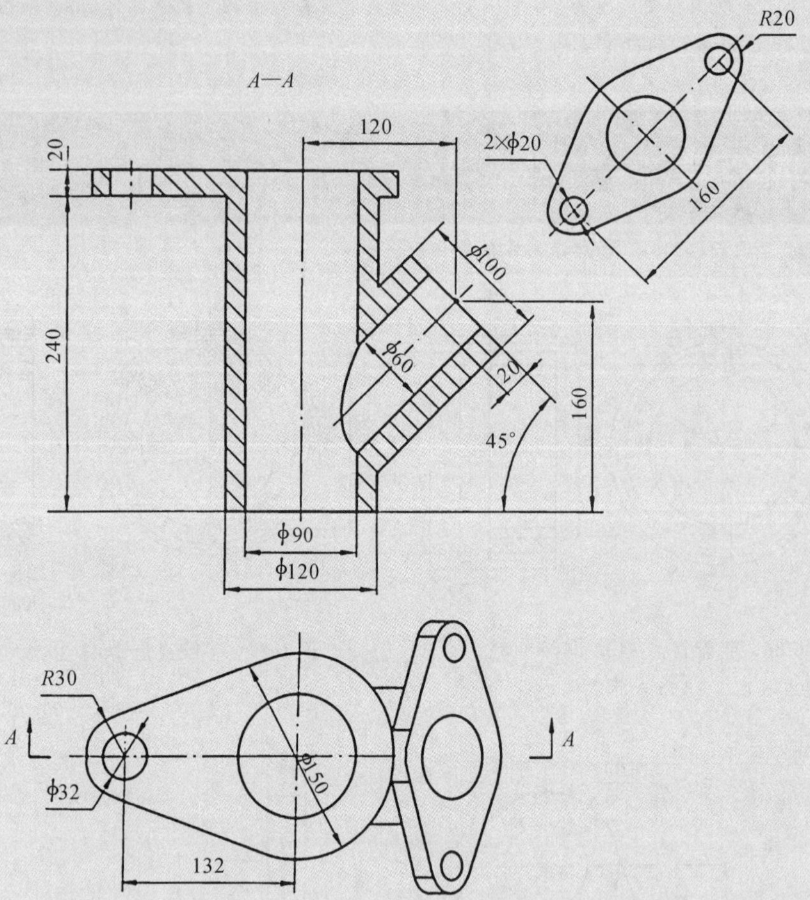

图 6-89 零件图 2

第7章 基于ADAMS的工业机器人动力学仿真

ADAMS是美国MSC公司开发的机械系统动力学自动分析软件，主要用于刚体的动力学建模、仿真，是进行动力学联合仿真非常强大的工具之一。借助ADAMS这样的虚拟样机技术使设计人员能在计算机上快速实验多种设计方案，直至得到最优化结果，而且免去了传统设计方法中物理样机的试制，从而大幅度缩短了开发周期，减少了开发成本，提高了产品质量。本章主要围绕工业机器人动力学仿真模型的搭建展开，以ADAMS 2014为仿真平台，针对工业机器人ADAMS建模的基本流程、方法、结果分析，以及经常遇到的问题进行重点讲解。

7.1 ADAMS/View模型元素

ADAMS/View(用户界面模块)是ADAMS系列产品的核心模块之一，采用以用户为中心的交互式图形环境，将图标操作、菜单操作、鼠标拾取操作与交互式图形建模、仿真计算、动画显示、优化设计、X-Y曲线图处理、结果分析、数据打印等功能集成在一起。一个复杂的机械系统其模型主要由部件、约束、驱动、力和力元等要素组成。ADAMS/View中的模型元素基本由这四类组成。

1. 部件

部件也称作构件，是机械系统的主要组成部分，可分为刚性部件和柔性部件。刚性部件是指在任何时候都不会发生改变的几何形体，有质量属性和惯性属性。刚体的一种特殊形式是点质量体，即仅有质量属性，但没有惯性属性。柔性部件与刚性部件唯一不同的是其几何形体会发生改变。

创建部件有下列两种方式。

(1) 通过在创建的机械系统中建立运动部件的物理属性来创建部件。

部件分为刚性部件和柔性部件，通过此种方法对这两种部件的创建方式是不同的，而且对具有不同几何实体类型的部件其创建方式也有所不同。

刚体是ADAMS/View中最常用的一类几何体，ADAMS/View提供几何构造工具和固体模型来创建刚体，也可以通过增加特性和进行布尔运算合并物体来优化几何形状。在缺省情况下，ADAMS/View使用刚体的几何信息来定义其质量和转动惯量，也可以将质量和转动惯量以数值的方式输入。

柔性体在受力的情况下会发生弯曲，ADAMS/View通过创建离散的柔性连杆来获得柔性体，也可以通过使用ADAMS/Flex(柔性分析模块)来导入复杂的柔性体工具。

(2) 在 ADAMS/View 中导入用三维造型软件建立的模型。

ADAMS/Exchange 用来导入 CAD 几何信息以实际地观察模型的行为。ADAMS/Exchange 可从其他使用标准格式，如 IGES、STEP、DXF/DWGHE Parasolid 的 CAD 软件中导入几何图形。

2. 约束

约束是定义不同部件之间的运动关系的模型元素，如各种铰约束、运动副等。通过约束，使模型中各个独立的部件联系起来形成有机的整体。ADAMS/View 中约束定义了构件(刚体、柔性体和点质量)间的连接方式和相对运动方式。ADAMS/View 为用户提供了一个非常丰富的约束库，主要包括以下四种类型的约束：

(1) 理想约束。包括转动副、移动副和圆柱副等。

(2) 虚约束。限制构件某个运动方向，例如约束一个构件始终平行于另一个构件运动。

(3) 运动产生器。驱动构件以某种方式运动。

(4) 解除限制。定义两构件在运动中发生接触时，是怎样相互约束的。

3. 驱动

驱动是对约束元素进行运动定义的模型元素。按驱动加在对象上的方式可分为点驱动和铰驱动；按驱动特点可分为平移驱动和旋转驱动。驱动和力都会引起物体的运动，但两者是有本质上的区别的，驱动产生确定的运动，可以消除物体的自由度，而力产生的运动是不确定的，不能消除物体的自由度。

在做工业机器人运动规划时，往往根据规划给出各个关节的运动轨迹，进行运动学分析，如果要查看该运动各个关节需要加的驱动力矩，可以右击鼠标选择相应的 motion，然后在下拉菜单中选择 measure，在出现的界面里面选择 Torque，再点击“确定”就会出现力矩曲线。

4. 力和力元

力有单分量力和多分量力，还包括力偶等；力元包括弹簧、梁、衬套等元素。在 ADAMS/View 中施加的作用力，可以是单方向的作用力，也可以是三个方向的力和力矩分量，或者是六个方向的分量(3 个力的分量，3 个力矩的分量)。单方向的作用力可以用施加单作用力的工具来定义，而组合作用力工具可以同时定义多个方向的力和力矩分量。

7.2 创建模型

7.2.1 直接建模法

ADAMS 具备一定的 CAD 功能，允许用户创建自己的实体模型，但作为一款强大的动力学仿真软件，其 CAD 功能并不是其核心功能，因此 ADAMS 中的 CAD 部分只适用于构型简单、运动约束少、对仿真外观要求不高的模型的直接创建，这样建立的模型节省时间且不易出错。

单击菜单栏中的“Setting”→“Interface Style”→“Classic”，将界面切换为经典界面，如图 7-1 所示，在经典界面操作要比默认界面简单便捷，在下文中主要用经典界面进行讲解，以简单的二连杆模型介绍创建步骤。

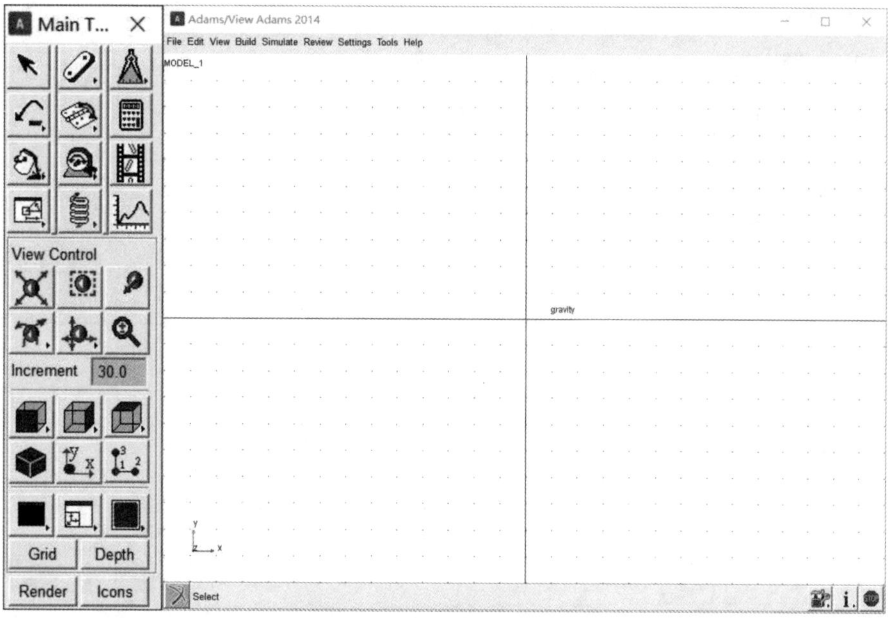

图 7-1　主窗口经典界面

1. 创建基座模型

步骤 1　在主工具箱中用鼠标右击几何模型工具按钮，如图 7-2 所示，选择立方体按钮。

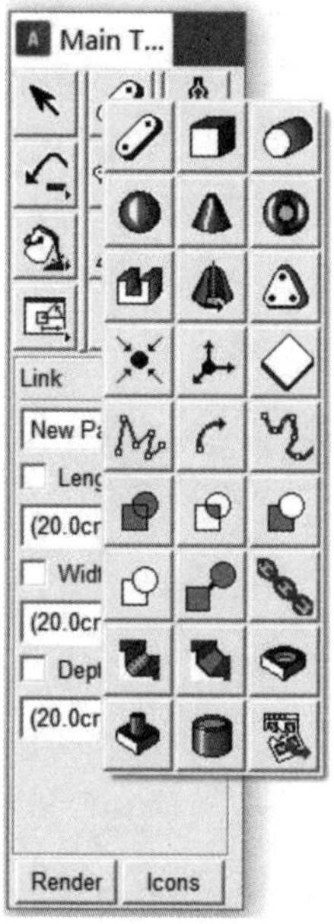

图 7-2　选择立方体

步骤 2　设置立方体的参数，长度、高度、深度都是 20.0 cm，在其属性前小括号中打钩，并在模型绘制界面合适位置用鼠标拖动出相应的模型，将它放置在合适的位置，如图 7-3 所示。

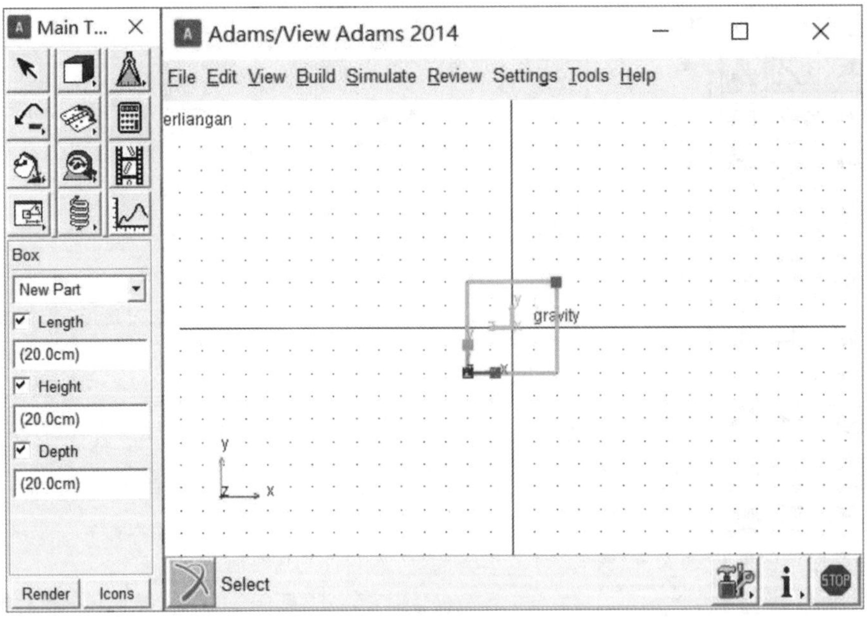

图 7-3 设置基座参数

2. 创建第一根连杆模型

步骤 3 在主工具箱中单击几何模型工具按钮，设置第一根连杆参数，长度为 55.0 cm，宽度为 7.0 cm，并将连杆的起点放置在基座的几何中心处，如图 7-4 所示。

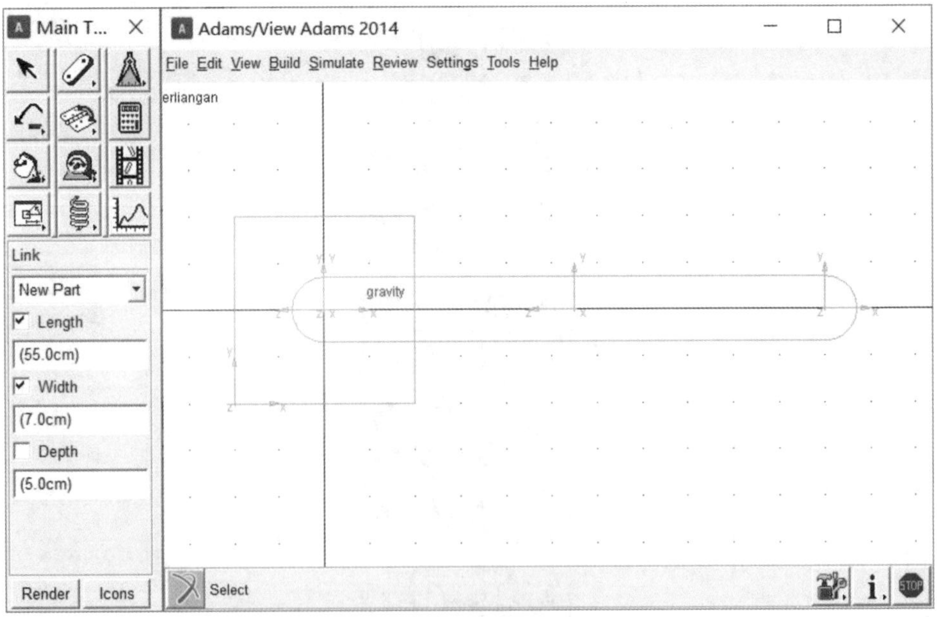

图 7-4 第一根连杆的创建

3. 创建第二根连杆模型

步骤 4 在主工具箱中单击几何模型工具按钮，设置第二根连杆参数，宽度为 7.0 cm，并将第二根连杆的起点放置在第一根连杆的末端处，然后拖动鼠标，在合适的位置确定第二根连杆的末端点，如图 7-5 所示。

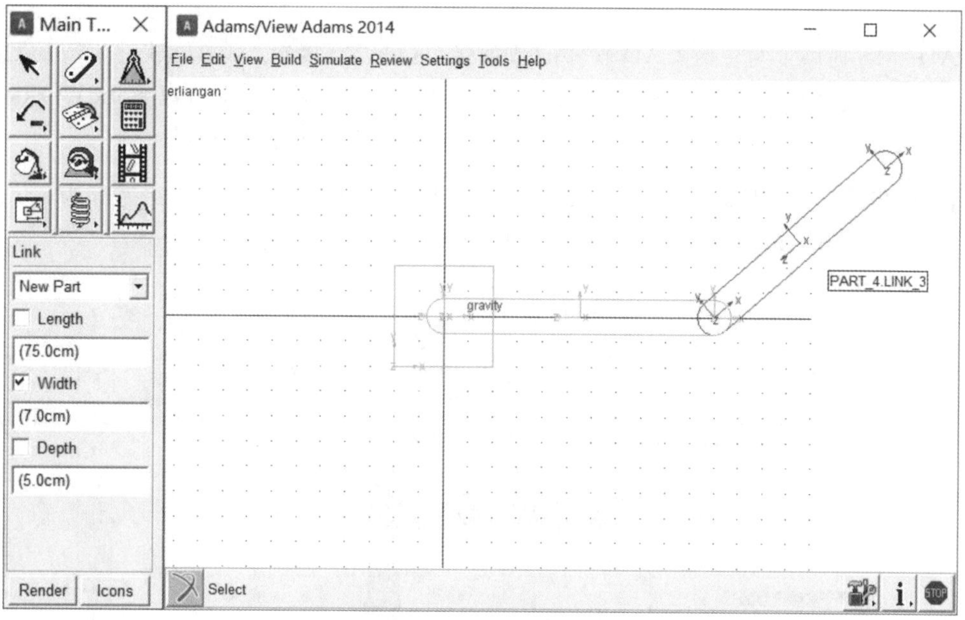

图 7-5　第二根连杆的创建

步骤 5　在主工具箱中单击“Render”(渲染)按钮，再单击主工具箱中的旋转按钮，查看此二连杆的三维视图，如图 7-6 所示。

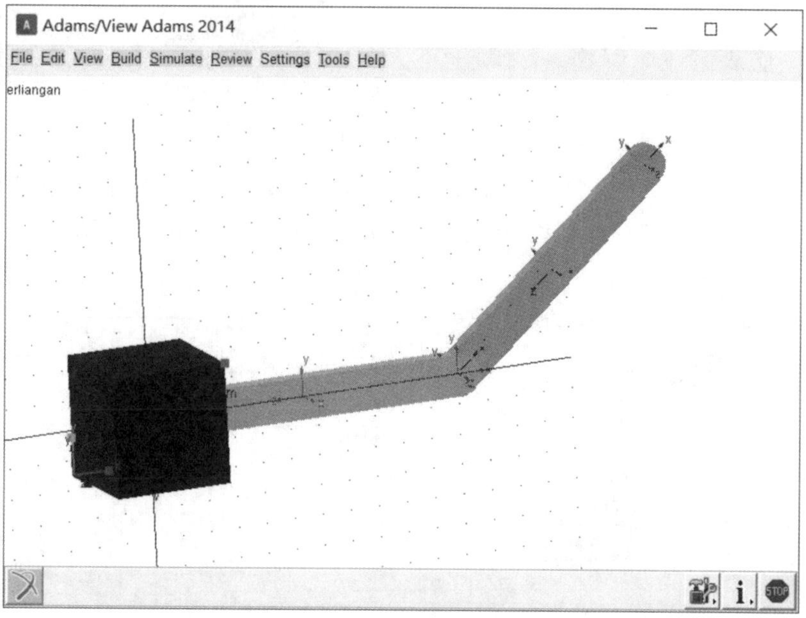

图 7-6　二连杆模型的三维视图

步骤 6　在 File 菜单中，选择 Select Directory 项，指定保存文件的目录，命名该模型，并单击保存按钮进行保存。

◆ 7.2.2 模型导入法

ADAMS 提供了与主流 CAD 软件的数据接口，可以直接导入 CAD 软件生成的几何模型，然后经过适当编辑就可以转换成 ADAMS 中的刚性构件。本小节以 SolidWorks 2016 为例，介绍如何将 SolidWorks 2016 中的复杂模型导入 ADAMS 2014 中。

步骤 1 使用 SolidWorks 2016 打开模型文件，如图 7-7 所示，并另存为 parasolid (*.x_t)格式文件，注意保存路径和命名不能出现中文。

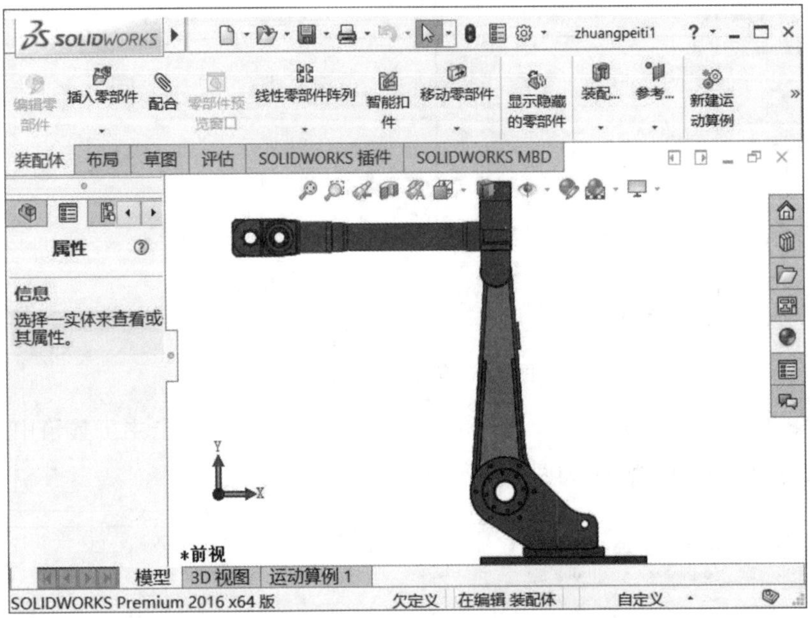

图 7-7 SolidWorks 2016 三维模型图

步骤 2 从“File”中单击“Import”，打开 ADAMS 导入选项，按照图 7-8(a)所示的模型格式、模型路径、命名模型名称，单击“OK”完成导入，如图 7-8(b)所示。

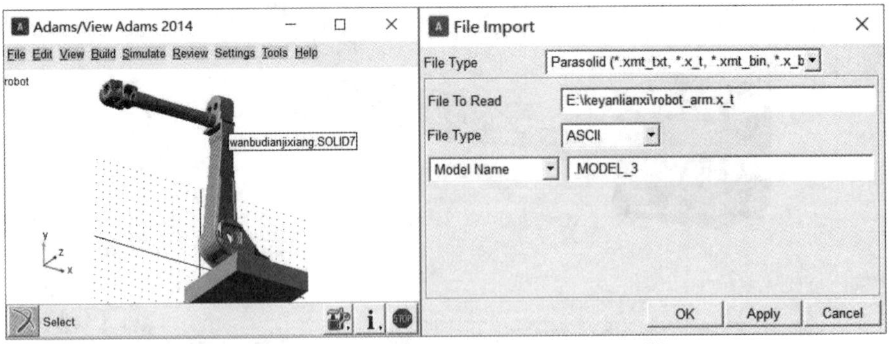

(a) (b)

图 7-8 ADAMS 模型导入

7.3 约束建模

约束用来连接两个部件，使它们之间形成一定的相对运动关系，通过约束可以将模型中各个独立的部件联系起来形成有机整体。通过 CAD 软件导入到 ADAMS 中的模型，部件之间的相对运动关系不会被保留，因此需要重新定义相关约束。

7.3.1 常用约束

ADAMS/View 为用户提供了 12 个常用的理想约束工具，通过这些运动副，可以将两个构件连接起来，约束它们的相对运动。被连接的构件可以是刚性构件、柔性构件或者是点质量。

对于工业机器人的动力学仿真而言，因为工业机器人的运动形式较为单一，主要是旋转和平移，所以常用的约束主要有四种：固定副、旋转副、平移副和圆柱副，其特性如表 7-1 所示。

表 7-1 工业机器人常用的运动副工具

图 标	名 称	图 解	功 能
	固定副	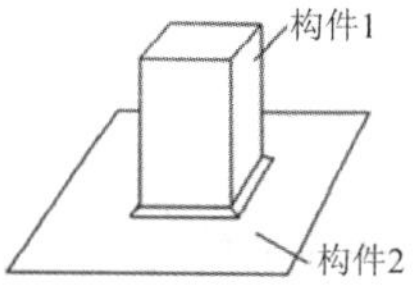	构件 1 相对于构件 2 固定 约束 3 个旋转和 3 个平移自由度
	旋转副	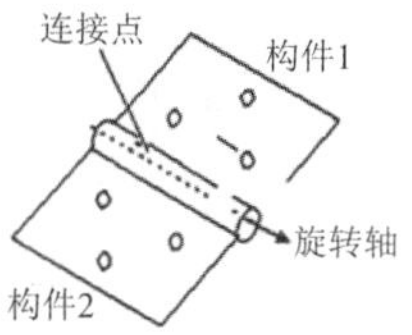	构件 1 相对于构件 2 旋转 约束 2 个旋转和 3 个平移自由度
	平移副	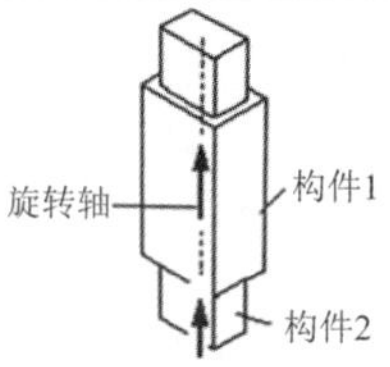	构件 1 相对于构件 2 平移 约束 3 个旋转和 2 个平移自由度
	圆柱副	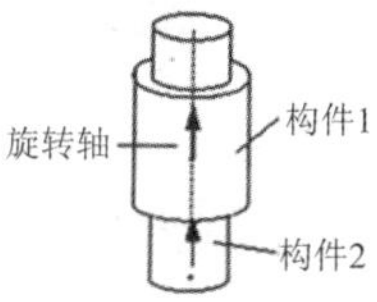	构件 1 相对于构件 2 既可以平移又可以旋转 约束 2 个旋转和 2 个平移自由度

7.3.2 创建约束

1. 创建二连杆模型的约束

步骤 1 在基座和第一根连杆间建立旋转副。在主工具箱中选择旋转铰接副，并设置参数：1 Location，Normal To Grid。在绘图区选择它们的旋转中心点，建立旋转副，如图 7-9 所示，系统自动命名为 Joint_1。

步骤 2 建立第一根连杆和第二根连杆间的旋转副。在主工具箱中选择旋转铰接副，并设置参数：1 Location，Normal To Grid。在绘图区选择它们的旋转中心点，建立旋转副，如图 7-10 所示，系统自动命名为 Joint_2。

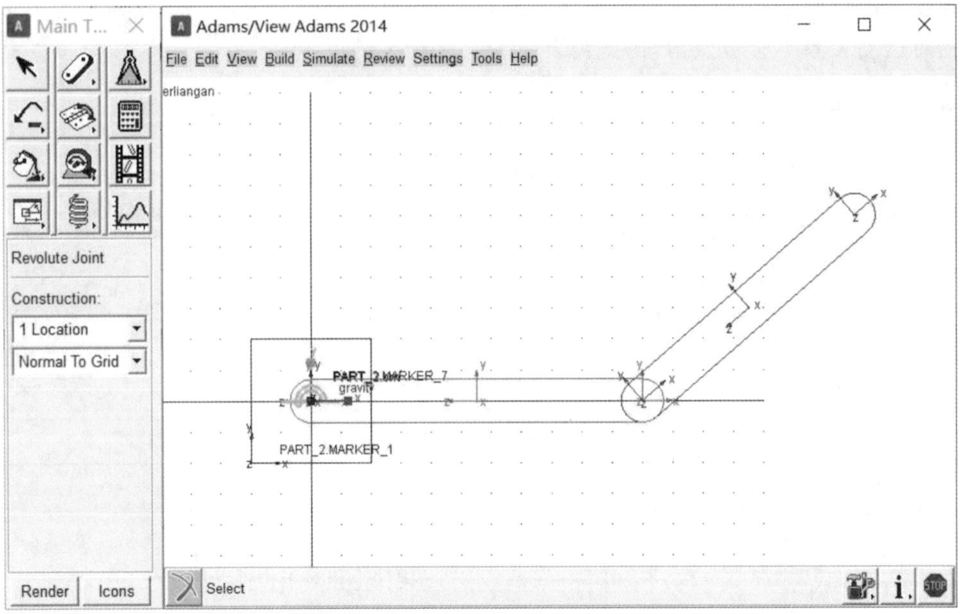

图 7-9　建立第一根连杆的旋转副

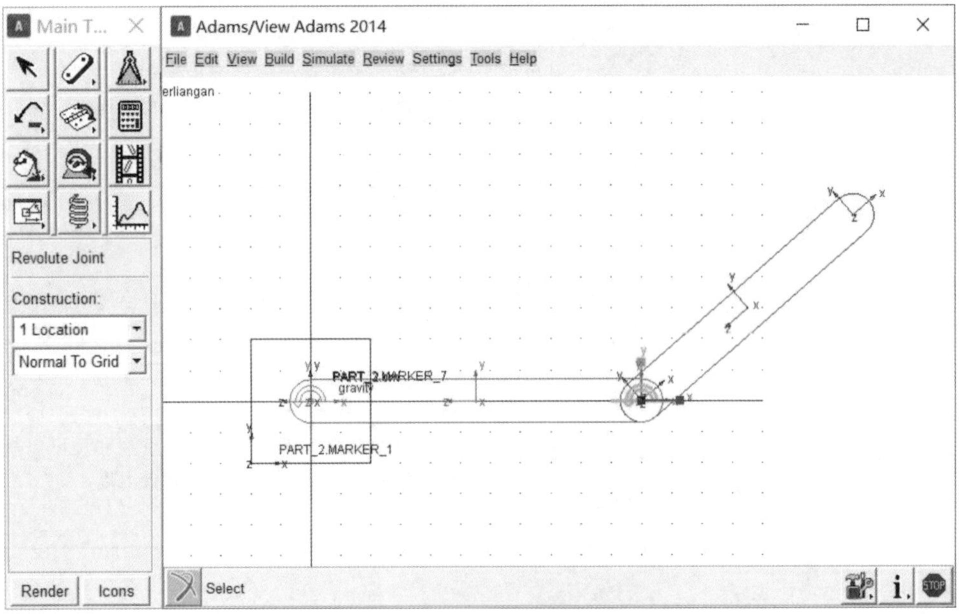

图 7-10　建立第二根连杆的旋转副

2. 创建工业机器人模型的约束

步骤 3　建立底座的固定副。在主工具箱中选择固定副，并设置参数：1 Location，Normal To Grid。在绘图区选择底座，建立底座固定副，如图 7-11 所示，系统自动命名为 Joint_1。

步骤 4　建立腰部的旋转副。在主工具箱中选择旋转铰接副，并设置参数：1 Location，Normal To Grid。在绘图区选择底座和身体的旋转中心点，建立旋转副，如图 7-12 所示，系统自动命名为 Joint_2。

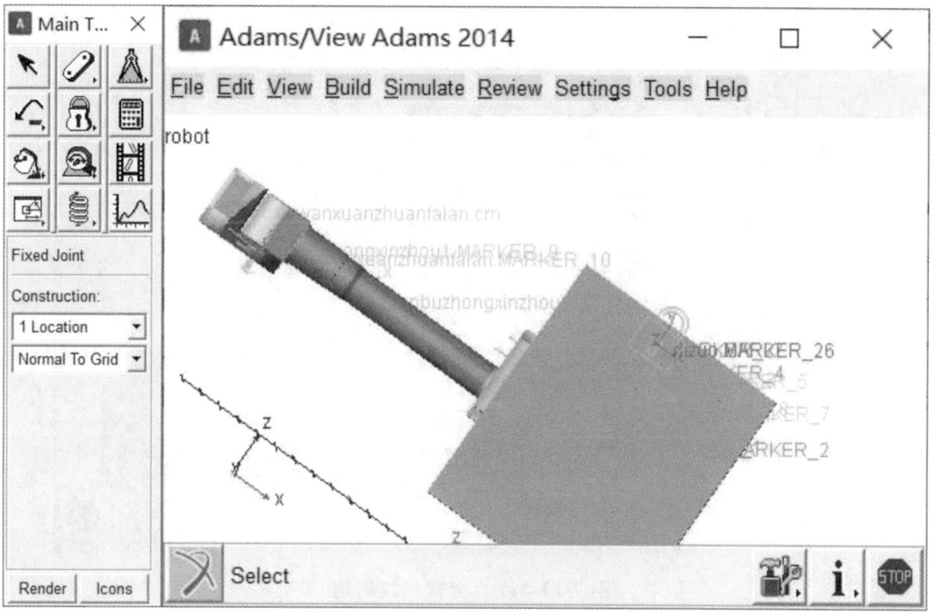

图 7-11　建立底座固定副

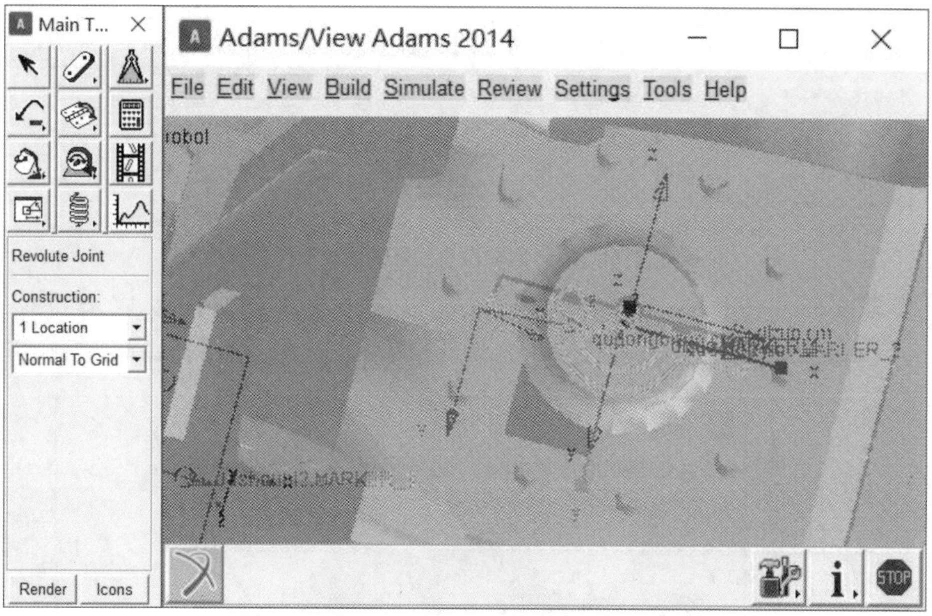

图 7-12　建立腰部旋转副

步骤 5　建立大臂的旋转副。在主工具箱中选择旋转铰接副，并设置参数：1 Location，Normal To Grid。在绘图区选择大臂的旋转中心点，建立旋转副，如图 7-13 所示。

注意：

若所自动建立的旋转副，其旋转的方向及位置不恰当，可右击鼠标选中此旋转副，选择下拉菜单中“Modify”，进行修改操作，点击按钮可改变其位置及转向，如图 7-14 所示。

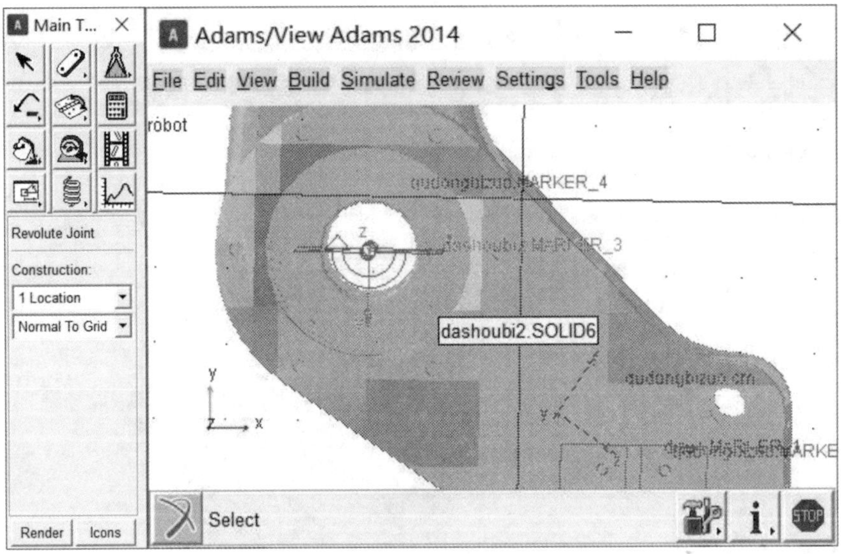

图 7-13　建立大臂的旋转副

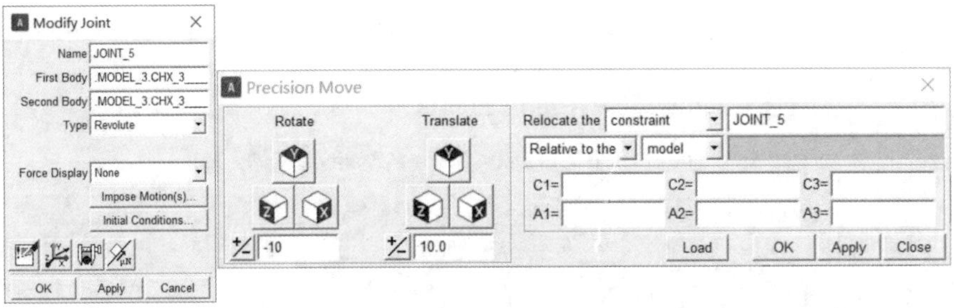

图 7-14　旋转副转向和位置的修改操作

步骤 6　建立小臂的旋转副。在主工具箱中选择旋转铰接副，并设置参数：1 Location，Normal To Grid。在绘图区选择小臂的旋转中心点，建立旋转副，如图 7-15 所示。

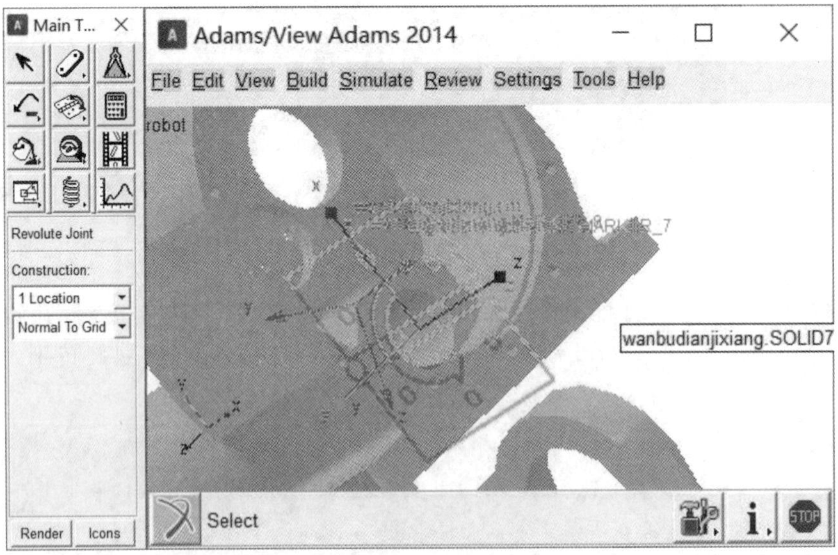

图 7-15　建立小臂的旋转副

步骤 7 建立手腕的旋转副。在主工具箱中选择旋转铰接副，并设置参数：1 Location，Normal To Grid。在绘图区选择手腕的旋转中心点，建立旋转副，如图 7-16 所示。

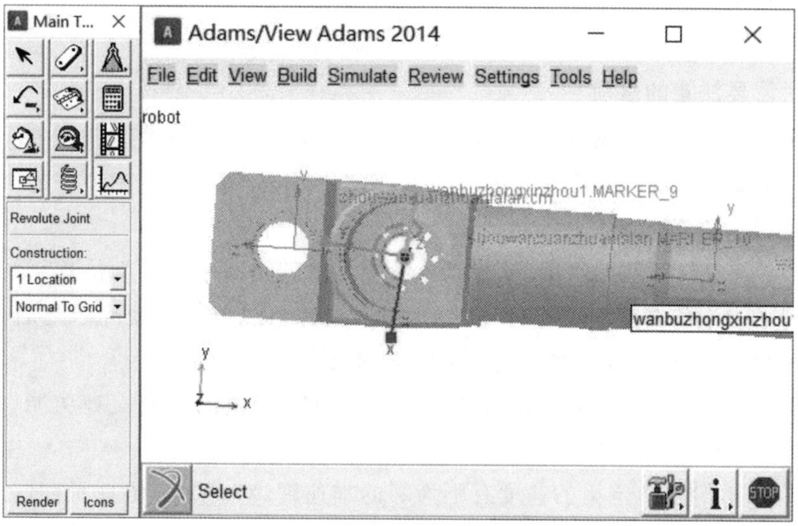

图 7-16 建立手腕的旋转副

7.4 驱动与仿真

驱动表明了一个部件的运动是时间的函数。根据驱动的特点，驱动可分为运动型驱动和力矩型驱动；根据驱动的对象，驱动又分为点驱动和铰驱动，点驱动是定义两点之间的运动，而铰驱动是定义特定约束的运动。

7.4.1 驱动类型

1. 运动驱动

运动驱动的驱动量是运动学量（位移、速度、加速度等）。例如要求平移副沿 Z 轴以 5 mm/s的速度运动。通过定义驱动可以约束机构的某些自由度，另一方面也决定了是否需要施加力来维持所定义的运动。

在默认情况下，驱动的速度定义为常数，但可以通过以下三种方法自定义驱动的大小。

（1）输入运动值。系统默认直接给定这种驱动方式，主要用于运动规律简单明了、可直接给出运动函数的情况，一般为角度或位移的简单函数。

（2）函数表达式。ADAMS 中有许多内置的函数，用户可以直接使用这些函数来定义机构的运动，适用于运动情况较为复杂的系统，应用较多。

（3）自编程序。当机构的运动非常复杂时，一般的运动函数无法详细描述其运动，用户可通过自编程序定义机构的运动，属于高级应用。

2. 力驱动

在 ADAMS 中有三种类型的力，其分别为作用力、柔性连接力和特殊力，它们不会增加或者减少系统的自由度。不论哪种类型的力，在定义力时，都需要说明力或者力矩属性、力作用的部件，以及力的作用点，力的大小、方向等基本属性。

可通过直接输入数值、输入函数表达式、输入子程序参数这三种方式来定义力的大小。对简单应用力来说，直接输入力或者力矩的大小即可完成力的建立；对柔性连接来说，可直接输入刚度系数 K、阻尼系数 C、扭转刚度系数 K_T、扭转阻尼系数 C_T 等。而第二种和第三种方式属于力的高级应用。

3. 建模时需要注意的事项

在进行 ADAMS 动力学建模的时候，注意以下几点会对模型建立及设置有不少帮助：

（1）约束建模应尽量避免重复的运动约束，两个物体之间尽量使用一个约束定义，可避免出现过约束影响仿真过程。

（2）如果系统没有外加力作用，也就是说系统本身就是一个运动学仿真系统，建议在对虚拟样机进行动力学仿真前先进行运动学的分析，这样可以避免出现问题之后无从下手处理，因为运动学分析可以排查一些像过约束之类的错误。

（3）必要的自由度检查。仿真之前先通过 ADAMS 提供的模型检查功能（在 Tools 菜单下选择 Model Verify 命令）对模型的自由度进行检查。

（4）如果在初始状态，定义的速度有不为零的加速度，对动力学仿真而言这是没有影响的，但是如果这里有关于速度或者加速度的传感器，那么在内部迭代运算过程中，传感器会输出错误结果，导致错误动作。

7.4.2 施加驱动

对于一般的工业机器人而言，铰驱动是其主要的驱动形式，此小节以施加铰驱动为例进行讲解，其他类型的驱动施加方法基本类似。

1. 二连杆模型添加驱动

步骤 1 给第一根连杆添加驱动。在主工具箱中点击旋转运动工具按钮，设置参数：在 Speed 栏输入（10 d），即每秒转动 10.0°。选择 Joint_1，建立旋转运动，窗口内出现标志转动的大箭头，如图 7-17 所示。

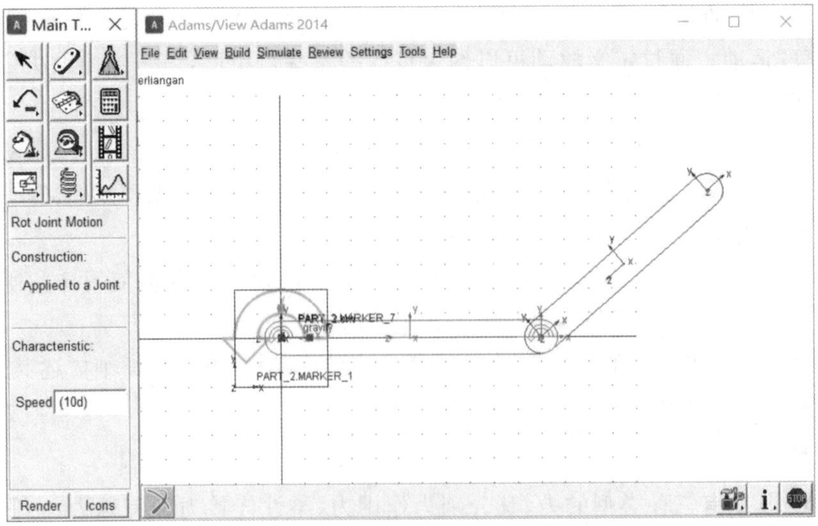

图 7-17 给第一根连杆添加驱动

步骤 2 给第二根连杆添加驱动。在主工具箱中点击旋转运动工具按钮，设置参数：在 Speed 栏输入（10 d），即每秒转动 10.0°。选择 Joint_2，建立旋转运动，如图 7-18 所示。

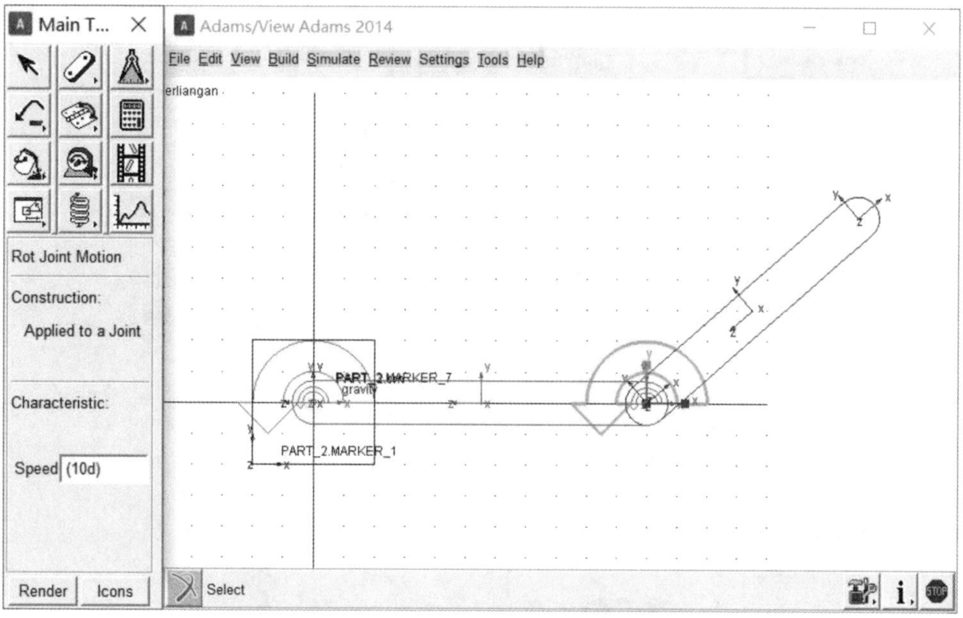

图 7-18　给第二根连杆添加驱动

2. 工业机器人模型添加驱动

步骤 3 给腰关节、肩关节、肘关节、腕关节添加驱动。在主工具箱中点击旋转运动工具按钮，设置参数：在 Speed 栏输入（10 d）。分别选择对应的 Joint，建立旋转运动，如图 7-19 所示。

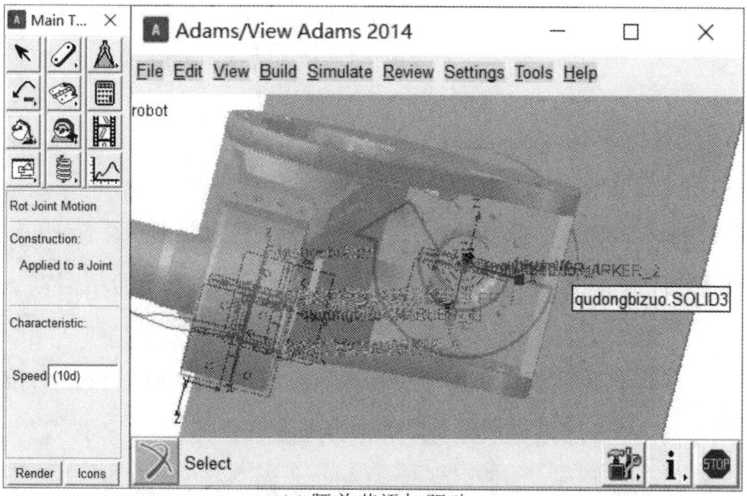

(a) 腰关节添加驱动

图 7-19　工业机器人模型添加驱动

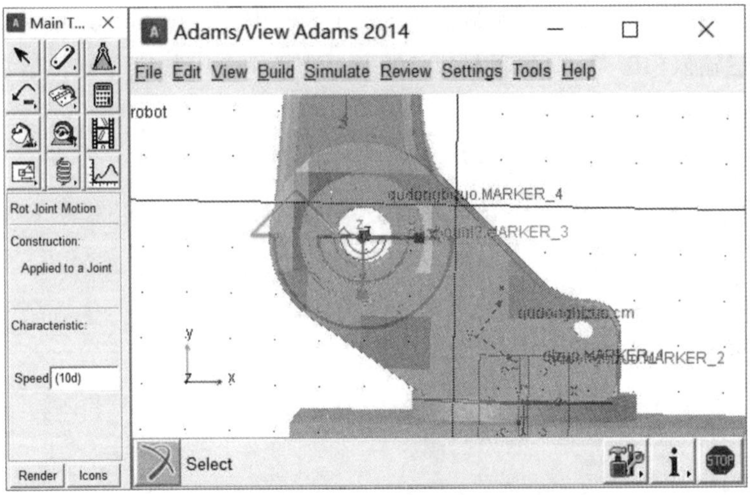

(b) 肘关节添加驱动

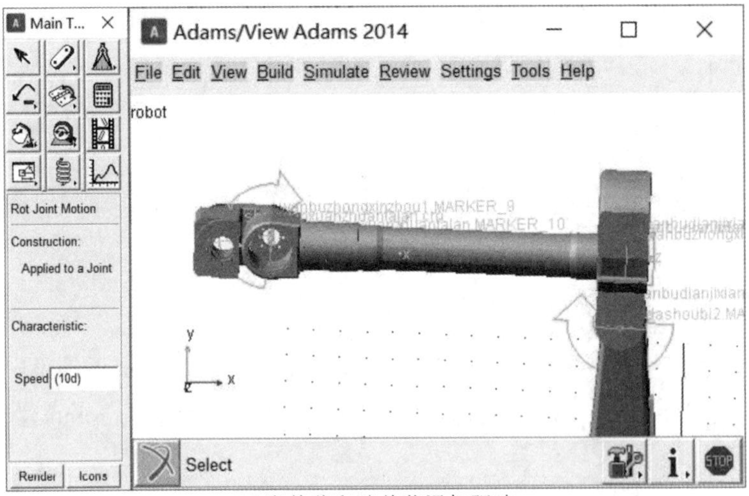

(c) 肩关节和腕关节添加驱动

续图 7-19

7.4.3 运动仿真

在工具箱中单击仿真控制图标，系统打开参数设置对话框，设置 End Time 为 5.0，Steps 为 50，单击开始仿真图标，模型开始运动，到了设置时间运动结束，二连杆模型和工业机器人模型运动仿真分别如图 7-20 和图 7-21 所示。

在仿真过程中，可以按停止按钮 ■ 结束仿真；仿真结束后，可以按返回按钮 ⏮ 返回至开始状态；仿真结束后，可以按重放按钮回放仿真过程。

注意：

若想实现反方向转动，对旋转运动(Motion)单击鼠标右键，选择“Modify”，在“Function”(Time)一栏的数据前面加上“－”，再单击“OK”按钮重新仿真。

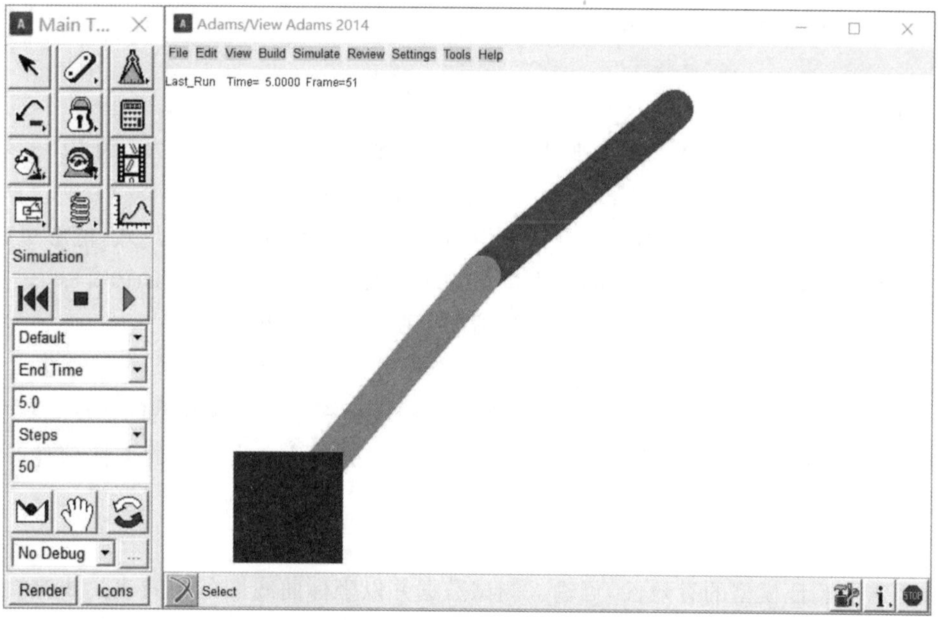

图 7-20　二连杆模型运动仿真

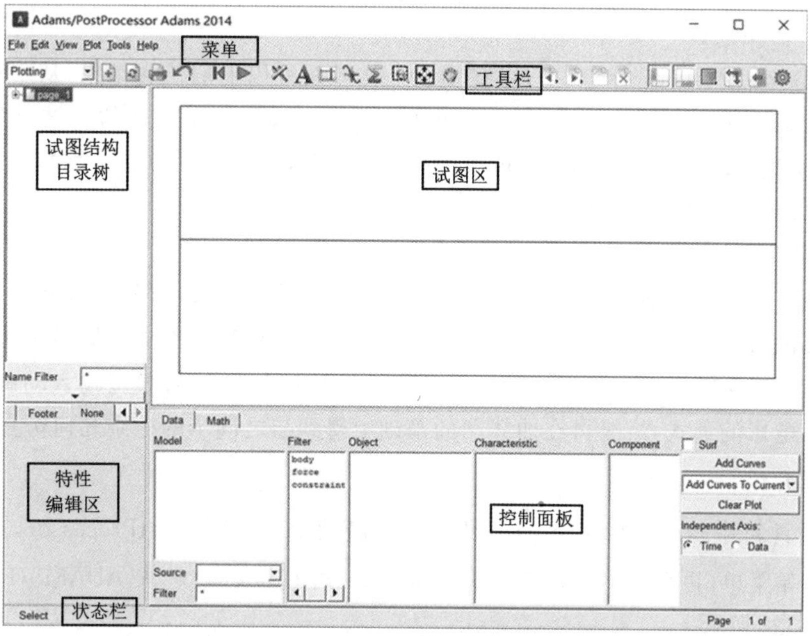

图 7-21　工业机器人模型运动仿真

7.5 后数据处理

后数据处理模块 PostProcessor 是 ADAMS/View 模块添加的后处理功能插件，可以灵活地对模型仿真结果进行观察和分析，使用户可以在仿真结束后调用到自己想要的数据，并根据分析的结果优化虚拟样机。

7.5.1 ADAMS/PostProcessor 简介

1. 用途

ADAMS/PostProcessor 绘制曲线和仿真动画的功能十分强大，利用 ADAMS/PostProcessor 可以使用户更清晰地观察其他 ADAMS 模块（如 ADAMS/View、ADAMS/Car）的仿真结果，也可将所得到的结果转化为动画、表格或者 HTML 等形式，能够更确切地反映模型的特性，便于对仿真计算的结果进行观察和分析。ADAMS/PostProcessor 在模型的整个设计周期中都发挥着重要的作用，其用途主要包括以下几点。

1）模型调试

在 ADAMS/PostProcessor 中，可以选择最佳的观察视角来观察模型的运动，也可向前、向后播放动画，从而有助于对模型进行调试，也可从模型中分离出单独的柔性部件，以确定模型的变形。

2）实验验证

如果需要验证模型的有效性，可输入测试数据并以坐标曲线图的形式表达出来，然后将其与 ADAMS 仿真结果绘制于同一坐标曲线图中进行比较，并可以在曲线图上进行数学操作和统计分析。

3）设计方案改进

在 ADAMS/PostProcessor 中，可在图表上比较两种以上的仿真结果，从中选择出合理的设计方案。另外，可通过单击鼠标操作更新绘图结果，如果要加速仿真结果的可视化过程，可对模型进行多种变化。用户也可以进行干涉检验，并生成一份关于每帧动画中构件之间最短距离的报告，帮助改进设计。

4）结果显示

ADAMS/PostProcessor 可显示运用 ADAMS 进行仿真计算和分析研究的结果。为增强结果图形的可读性，可以改变坐标曲线图的表达方式，或者在图中增加标题和附注，或者以图表的形式表达结果。为了增加动画的逼真性，可将 CAD 几何模型输入动画中，也可将动画制成小电影的形式，最终可在曲线图的基础上得到与之同步的三维几何仿真动画。

2. 窗口介绍

在主工具箱中点击 PostProcessor 图标  启动 ADAMS/PostProcessor，或者再单击 Windows 开始菜单，再单击“ADAMS-PostProcessor”可直接启动进入 ADAMS/PostProcessor 窗口，如图 7-22 所示。

ADAMS/PostProcessor 窗口中各部分的功能如下：

（1）视图区：显示当前页面，可在多个视图同时显示不同的曲线、动画和报告。

（2）菜单：包含几个下拉式菜单，完成后处理的操作。

（3）工具栏：包含常用后处理功能的图标，可自行设置需显示哪些图标。

（4）视图结构目录树：显示模型或页面等级的树形结构。

（5）特性编辑区：改变所选对象的特性。

（6）状态栏：在操作过程中显示相关的信息。

（7）控制面板：提供对结果曲线和动画进行控制的功能。

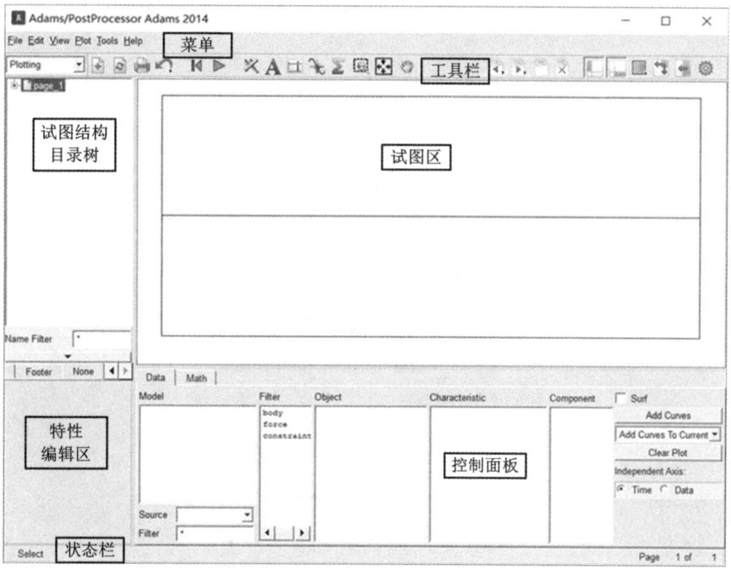

图 7-22 ADAMS/PostProcessor 窗口

7.5.2 输出仿真结果的动画

ADAMS/PostProcessor 的动画功能可以将其他 ADAMS 产品中通过仿真计算得出的动画画面进行重新播放，同时可以调节播放速度，更直观地显示系统运行的物理特性。

1. 动画类型

ADAMS/PostProcessor 可以加载两种类型的动画：时域动画和频域动画。

1）时域动画

简单来说时域动画就是基于时间单位的动画，当 ADAMS 的其他模块进行动力学分析的时候，分析引擎将每隔一个仿真步长对机械系统当前状态创建一个动画，画面会随输出时间步长而依次生成，称为时域动画，

2）频域动画

频域动画是通过对系统某一工作点处的特征值、特征矢量进行线性化，进而预测模型的下一步变形量，然后在正的最大变形量和负的最大变形量之间进行插值，来生成一系列动画，因为与频域参数有关，故称为频域动画。

2. 加载动画

在单独启动的 ADAMS/PostProcessor 中演示动画，必须导入一些相应的文件，或者打开已存在的记录文件(.bin)，然后导入动画。如果在使用其他 ADAMS 产品(如 ADAMS/View 等)的时候使用 ADAMS/PostProcessor，已经运行了交互式的仿真分析，所需的文件在 ADAMS/PostProcessor 中就已经是可用的了，只需直接导入动画即可。

对于时域动画，必须导入包含动画的图形文件(.gra)。该图形文件可由其他 ADAMS 产品如 ADAMS/View 和 ADAMS/Solver 创建。对于频域动画，必须导入 ADAMS/Solver 模型定义文件(.adm)和仿真结果文件(.res)。

(1) 导入动画：从“File”菜单中选择“Import”，然后输入相关的文件。

(2) 在视图窗口中载入动画：右键单击视窗背景，弹出载入动画选项菜单，如图 7-23 所

示，然后选择"Load Animation"载入时域仿真动画，或选择"Load Mode Shape Animation"载入频域仿真动画。

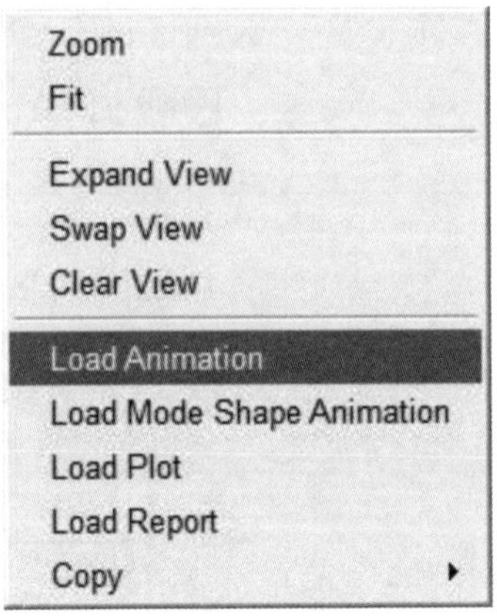

图 7-23　载入动画选项菜单

7.5.3　绘制仿真结果的曲线图

将仿真结果用曲线图的形式表达出来，能更深刻地了解模型的特性。ADAMS/PostProcessor能够绘制仿真自动生成结果的曲线图，包括间隙检查等，还可将结果以定义的量度或需求绘制出来，设置可以将输入的测试数据绘制成曲线。绘制出的曲线由数据点组成，每个数据点代表在仿真中每个输出步长上创建的输出点的数据。在后数据处理中可以对这些数据进行数学运算、数据过滤等操作，而这些操作的基础都离不开曲线绘制工作。

1. 曲线图的建立

在绘制曲线图模式下，用控制面板选择需要绘制的仿真结果。运行一次仿真后，可以安排结果曲线的布局，包括增加必要的轴线、确定量度单位的标签、曲线的标题、描述曲线数据的标注等。本小节以本章的工业机器人模型来介绍曲线图的建立方法与步骤。

步骤 1　工业机器人模型仿真结束之后，在肩关节处单击鼠标右键，在弹出的菜单中选择"Joint:JOINT_2"，在弹出的下拉式菜单中选择"Measure"，如图 7-24 所示。

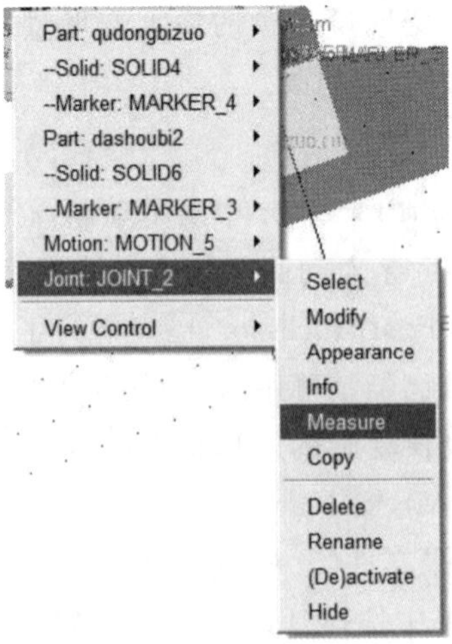

图 7-24　建立测量

步骤 2 在弹出的测量对话框中设置：Characteristic 为 Torque，即测量关节 1 的驱动力矩；Component 为 mag，即测量的是驱动力矩的大小，如图 7-25 所示。

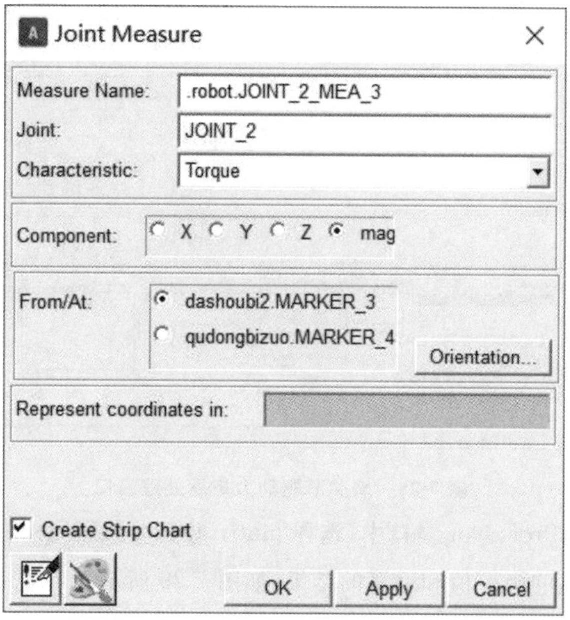

图 7-25 工业机器人肩关节的力矩测量

步骤 3 设置完毕，单击“OK”按钮，此时在屏幕上弹出一个肩关节驱动力矩的测量窗口，如图 7-26 所示。

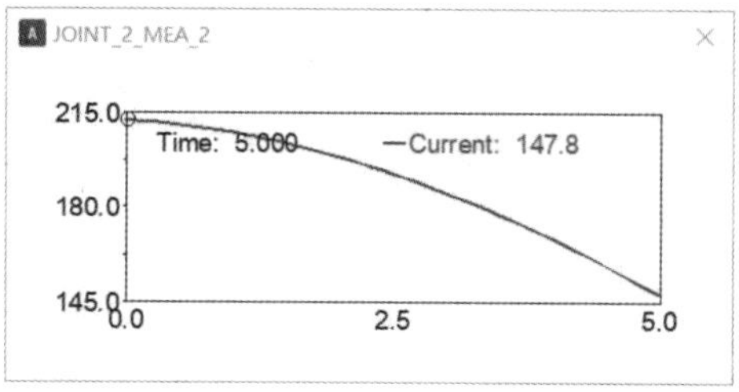

图 7-26 肩关节的驱动力矩测量曲线

步骤 4 在此力矩测量窗口空白处单击鼠标右键，在右键快捷菜单中选择“Plot：scht1”，再在弹出的下拉式菜单中选择“Transfer To Full Plot”，如图 7-27 所示，这样操作就将 ADAMS 切换至 PostProcessor 后处理模块窗口，力矩测量曲线在更大的窗口中显示，如图 7-28 所示，如果单击工具栏中 View 按钮，可以切换至 ADAMS/View 窗口。

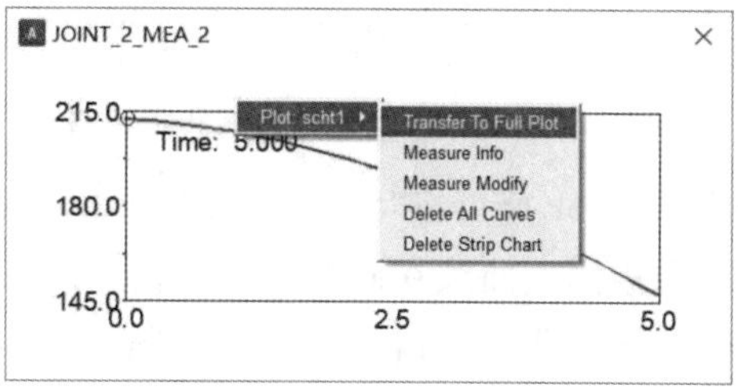

图 7-27 改变显示窗口

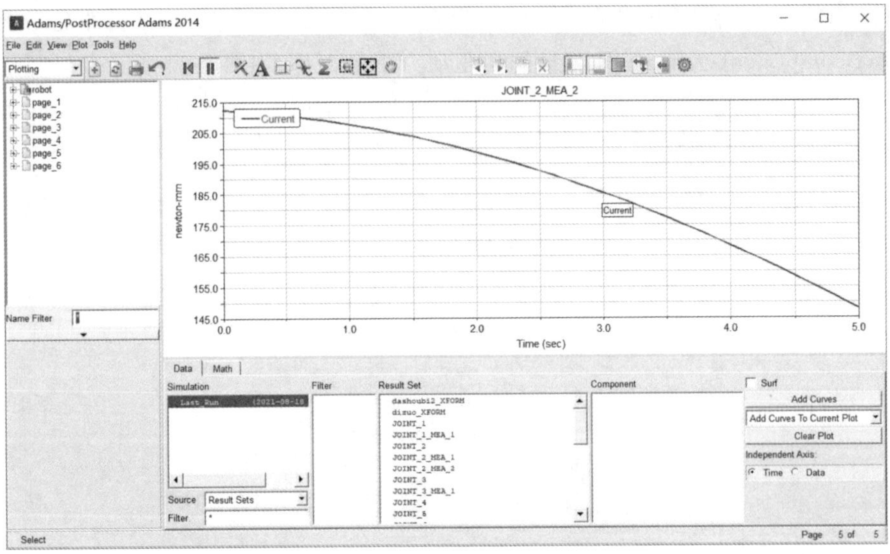

图 7-28　肩关节驱动力矩后处理窗口

在 ADAMS/PostProcessor 窗口中，选择 plot tracking 按钮，在工具栏下侧出现一排数字标签，显示当前点的坐标值和运算的结果，如图 7-29 所示。

X:	Y:	Slope:	Min:	Max:	Avg:	RMS:	# of Points:
2.0	198.6234	-11.1981	147.8312	212.3553	188.1718	189.1874	51

图 7-29　数字标签

重复本小节中步骤 1 到步骤 4 可以得到肘关节的驱动力矩测量曲线，如图 7-30 所示。

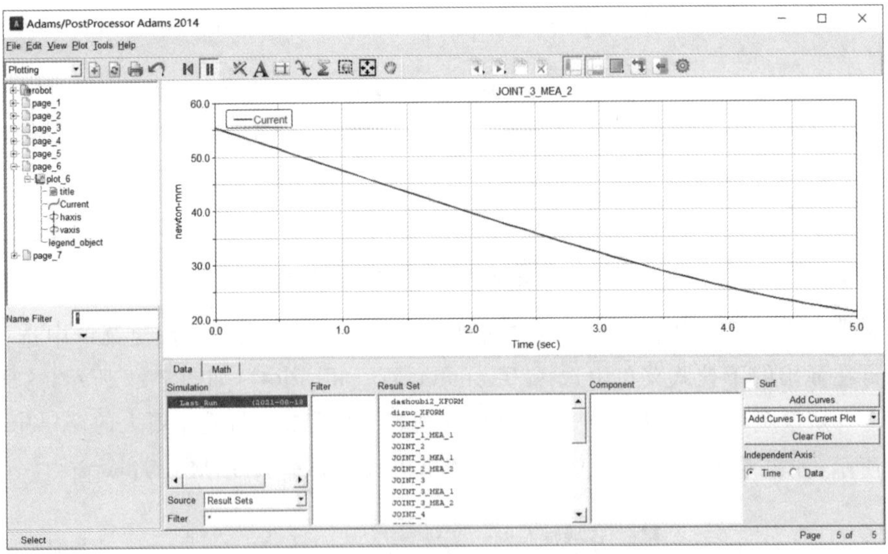

图 7-30　肘关节的驱动力矩测量曲线

步骤 5　在 PostProcessor 窗口将“Source”设为“Measures”，再单击“Add Curves”就将肩关节和肘关节的驱动力矩测量曲线在同一个窗口显示出来，如图 7-31 所示。

在当前曲线图页面上添加多条曲线，可将不同的曲线绘制在同一绘图页面上，这样可以方便数据对比，更直观得到想要的分析结果。当多条曲线绘制在当前曲线图页面上，

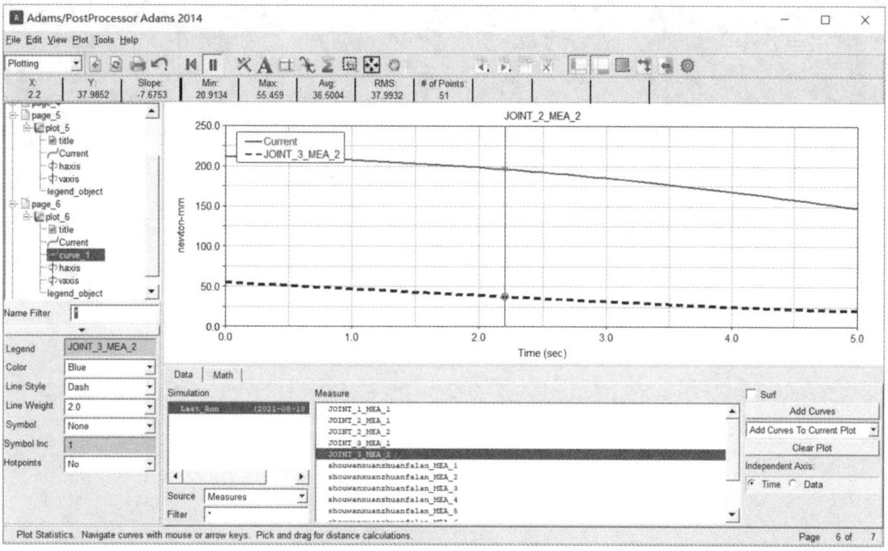

图 7-31　测量曲线同时显示

ADAMS/PostProcessor 将会为每条新曲线分配不同的颜色和线型以便将不同曲线区分开来，也可以对线条的颜色、线型和符号进行设置以突出关键数据。

2. 曲线图上的数学计算

ADAMS/PostProcessor 支持直接在曲线上进行简单的数学计算。注意这里的计算仅局限在同一绘图页面上。这些操作包括但不限于以下几种，此处仅做简单介绍：

（1）将一条曲线的值与另一条曲线的值进行加、减、乘。

（2）找出数据点绝对值或对称值。

（3）对曲线上的值进行插值以创建一条均匀分布采样点的曲线。

（4）按特定比例将曲线进行缩放。

（5）按特定值平移曲线，平移曲线就是沿相应轴转换数据。

（6）将一条曲线与另一条曲线的开始点对齐，或者将曲线的开始点挪至零点，将曲线对齐有助于比较曲线上的数据。

（7）用曲线上的值创建样条曲线。

（8）手动改变曲线上的值。

（9）过滤曲线数据。

本章小结

本章以 ADAMS 2014 为仿真平台，简单介绍了 ADAMS/View 和 ADAMS/PostProcessor 这两个模块的特点、应用与注意事项，并以最简单的二连杆模型和典型的工业机器人模型为例，来讲解 ADAMS 模型创建、添加约束、施加驱动、运动仿真及后数据处理的方法与步骤。

本章习题

7-1 试探讨动力学仿真的实质是什么？为什么要进行动力学仿真？

7-2 在一次动力学仿真中，ADAMS代表了动力学的哪一部分？

7-3 运用本章所学的知识，自行搭建一个6自由度工业机器人的运动学仿真模型，并进行仿真实验。若改变各关节的运动量，重新运行仿真，看仿真结果是否会有变化。

参考文献

[1] 李慧，马正先，逄波. 工业机器人及零部件结构设计[M]. 北京：化学工业出版社，2016.

[2] 刘勇，陆宗学，卞绍顺. 工业机器人码垛手爪的结构设计[J]. 机电工程技术，2014，43(2)：44-45.

[3] 韩建海. 工业机器人[M]. 3 版. 武汉：华中科技大学出版社，2018.

[4] 翟长龙. 汽车涂装喷涂机器人的换色及清洗[J]. 现代涂料与涂装. 2014，17(12)：9-11.

[5] 黄俊杰，张元良，闫勇刚. 机器人技术基础[M]. 武汉：华中科技大学出版社，2018.

[6] 高明辉，张扬，张少擎，等. 工业机器人自动钻铆集成控制技术[J]. 航空制造技术，2013，56(20)：74-76.

[7] 宋伟刚，柳洪义. 机器人技术基础[M]. 北京：冶金工业出版社，2015.

[8] 孙树栋. 工业机器人技术基础[M]. 西安：西北工业大学出版社，2006.

[9] 曹胜男，朱冬，祖国建. 工业机器人设计与实例详解[M]. 北京：化学工业出版社，2019.

[10] 吴芬，张一心. 工业机器人三维建模(微课视频版)[M]. 北京：机械工业出版社，2018.

[11] 郜海超. 工业机器人应用系统三维建模[M]. 北京：化学工业出版社，2017.

[12] 陈乃峰. SolidWorks 2010 中文版三维设计案例教程[M]. 北京：清华大学出版社，2014.

[13] 郭彤颖，安冬. 机器人学及其智能控制[M]. 北京：人民邮电出版社，2014.

[14] Blazic S. On periodic control laws for mobile robots[J]. IEEE Transactions on Industrial Electronics，2014，61(7)：3660-3670.

[15] Lee J，Chang P H，Jr. Jamisola R S. Relative impedance control for dual-arm robots performing asymmetric bimanual tasks [J]. IEEE Transactions on Industrial Electronics，2014，61(7)：3786-3796.

[16] Asif M，Khan M J，Cai N. Adaptive sliding mode dynamic controller with integrator in the loop for non-holonomic wheeled mobile robot trajectory tracking[J]. International

Journal of Control,2014,87(5):964-975.
[17] 林仕高.搬运机器人笛卡儿空间轨迹规划研究[D].广州:华南理工大学,2013.
[18] 宫鹏涵,胡仁喜,康士廷.ADAMS 虚拟样机 2014 从入门到精通[M].北京:机械工业出版社,2015.
[19] 张明辉,丁瑞昕,黎书文.机器人技术基础[M].西安:西北工业大学出版社,2017.
[20] 戎新萍.飞机装配制孔机器人振动抑制算法研究[D].南京:南京航空航天大学,2015.
[21] 闫昊.SCARA 机器人动力学分析及鲁棒性控制研究[D].哈尔滨:哈尔滨工业大学,2013.
[22] 蒋志宏.机器人学基础[M].北京:北京理工大学出版社,2018.
[23] 蔡自兴.机器人学[M].2 版.北京:清华大学出版社,2009.
[24] 王田苗,陶永.我国工业机器人技术现状与产业化发展战略[J].机械工程学报,2014,50(9):1-13.
[25] W Schiehlen. Computer generation of equations of motion, in computer aided analysis and optimization of mechanical system dynamics[M]. E J Haug, Editor. Berlin and New York: Springer-Verlag, 1984.
[26] R K Jain, S Majumder, A. SCARA based peg-in-hole assembly using compliant IPMC micro gripper[J]. Robotics and Autonomous Systems . 2013,61(3):297-311.
[27] 刘极峰,杨小兰.机器人技术基础[M].3 版.北京:高等教育出版社,2019.
[28] 林燕文,陈南江,许文稼.工业机器人技术基础[M].北京:人民邮电出版社,2019.
[29] 陆磐.四自由度串联机械臂运动规划与控制[D].兰州:兰州大学,2018.
[30] 王春,韩秋实.六自由度串联机械臂运动学及其工作空间研究[J].组合机床与自动化加工技术,2020(6):32-36.
[31] 强艳辉.工业机器人关节柔性分析与减振控制[D].北京:中国科学院大学,2012.
[32] 吴昊,毛新涛,刘鹭航等.柔性关节空间机械臂的自适应滑模控制[J].宇航学报,2019(6):703-710.
[33] 钱前,张爱华.多关节机械臂轨迹跟踪自适应神经网络滑模控制[J].自动化仪表,2018,47(12):39-42.
[34] 刘金琨.机器人控制系统的设计与 MATLAB 仿真[M].北京:清华大学出版社,2008.
[35] SONG Z S, YI J Q, ZHAO D B, et al. Acomputed torque controller for uncertain robotic manipulator systems: Fuzzy approach[J]. Fuzzy Set and Systems, 2005, 154(2):208-226.
[36] 刘福才,刘林,徐智颖.柔性关节空间机械臂奇异摄动模糊 PID 控制仿真研究[J].高技术通讯,2019,29(7):661-667.